大学生生态文明教程

沈满洪　施美红　主　编
钱志权　倪建均　副主编

中国环境出版集团·北京

图书在版编目（CIP）数据

大学生生态文明教程 / 沈满洪，施美红主编. -- 北京 : 中国环境出版集团, 2024.4

ISBN 978-7-5111-5759-1

Ⅰ. ①大… Ⅱ. ①沈… ②施… Ⅲ. ①生态环境建设－高等学校－教材 Ⅳ. ①X321.2

中国国家版本馆 CIP 数据核字(2023)第 253369 号

出 版 人 武德凯
责任编辑 宾银平
封面设计 彭 杉

出版发行 中国环境出版集团
（100062 北京市东城区广渠门内大街 16 号）
网 址：http：//www.cesp.com.cn
电子邮箱：bjgl@cesp.com.cn
联系电话：010-67112765（编辑管理部）
发行热线：010-67125803，010-67113405（传真）

印 刷 玖龙（天津）印刷有限公司
经 销 各地新华书店
版 次 2024 年 4 月第 1 版
印 次 2024 年 4 月第 1 次印刷
开 本 787×1092 1/16
印 张 12.5
字 数 312 千字
定 价 52.00 元

目　录

第一章　深入学习习近平生态文明思想

党的十八大以来，习近平总书记深刻回答了“为什么建设生态文明”“建设什么样的生态文明”“怎样建设生态文明”等重大理论和实践问题，形成了习近平生态文明思想，为推进美丽中国建设、实现人与自然和谐共生的现代化提供了方向指引和根本遵循。以习近平生态文明思想为指导，把自己培养成为生态文明建设的践行者和推动者，是当代大学生的历史使命。本章阐述习近平生态文明思想的形成、体系和意义。

第一节　习近平生态文明思想的形成

习近平生态文明思想的萌发和形成涉及方方面面。本节选取理念形成、战略谋划和制度创新三个视角阐述习近平生态文明思想的萌发与升华。[①]

一、习近平生态文明思想的萌发

（一）生态文明建设理念创新——绿水青山就是金山银山

浙江省是习近平生态文明思想的重要萌发地。2002 年年底习近平同志到浙江工作时，浙江省正面临“高投入、高消耗、高排放、高产出”的“成长中的烦恼”。习近平同志旋即开展了广泛的调查研究。2003 年 8 月 8 日，习近平同志首次概括了人类对生态环境保护认识的三个阶段（以下简称“人类认识三阶段论”）：第一个阶段为只要金山银山，不管绿水青山；第二个阶段为只管自家小环境，不管人家大环境；第三个阶段为地球是共同家园，环保是共同责任。[②] 2005 年 8 月 15 日，习近平同志在安吉县余村考察时，明确提出了绿水青山就是金山银山理念。回到杭州不久，习近平同志就在 2005 年 8 月 24 日的《浙江日报》上发表了《绿水青山也是金山银山》一文。2006 年 3 月 23 日，习近平同志在中国人民大学演讲时就“人类认识三阶段论”作出了更为严谨的表述：第一个阶段为只要金山银山，不要绿水青山；第二个阶段为既要金山银山，也要绿水青山；第三个阶段为绿水青山就是金山银山。[③] 这样，以绿水青山和金山银山为主线的“人类认识三阶段论”思想已经趋于成熟。这表明，只要金山银山不要绿水青山是特定阶段的产物，但是这种模式不可持续；绿水青山和金山银山均是一个系统的有机组成部分，两者要相互兼顾；在条件具备的情况下绿水青山可以转化为金山银山，要努力实现绿水青山的价值转化。

---

① 沈满洪. 习近平生态文明思想的萌发与升华[J]. 中国人口·资源与环境，2018（9）：1-7.

② 习近平. 之江新语[M]. 杭州：浙江人民出版社，2007：13.

③ 习近平. 之江新语[M]. 杭州：浙江人民出版社，2007：186.

（二）生态文明建设战略谋划——创建生态省，打造“绿色浙江”

习近平同志围绕如何加快浙江全面建设小康社会、提前基本实现现代化，亲自擘画了“八八战略”，即发挥“八个方面的优势”、推进“八个方面的举措”。“八八战略”的战略之五是：进一步发挥浙江的生态优势，创建生态省，打造“绿色浙江”。[①]习近平同志指出，生态省建设不再局限于生态建设，而是一项由生态环境保护、生态经济发展、生态人居建设、生态文化繁荣多方面构成的综合性工作。早在2006年习近平同志就强调：破坏生态环境就是破坏生产力，保护生态环境就是保护生产力，改善生态环境就是发展生产力，经济增长是政绩，保护环境也是政绩。[②]习近平同志认为浙江省发展循环经济的基本思路应当是要解决好以下几个方面的问题：一是把发展循环经济贯通于企业、区域、产业、社会等各个不同层面；二是把政府在发展循环经济中的主导作用，与企业的主体作用和市场的基础性调节作用有机结合起来；三是把改革创新作为发展循环经济的动力和保障。[③]这些观点已经触及循环经济的理论深处。习近平同志把生态文化建设也放在十分重要的地位。他就治水工作指出：上善若水，水是江南的灵魂，失去了“春来江水绿如蓝”的意境，“山水浙江，诗画江南”就失去了灵性。习近平同志向来具有强烈的宗旨观念，他指出：必须通过生态省建设，让人民群众喝上干净的水，呼吸上清洁的空气，吃上放心的食物；通过做好人口资源环境工作，让大自然休养生息，以更好地为人类服务，否则终将遭到自然界的报复。[④]

（三）生态文明建设驱动力量——积极推进生态文明制度建设

习近平同志十分重视区域生态文明建设驱动力量——制度创新。习近平同志在推进浙江生态省建设的进程中十分重视制度建设。他说：深化改革是建设节约型社会的动力。要充分发挥市场机制和经济杠杆的作用，注重运用价格、财税、金融手段促进资源的节约和有效利用。[⑤]在谈及发展循环经济工作时，他强调“两个机制”：一是充分发挥市场机制的作用，二是逐步建立健全生态补偿机制。[⑥]正因为习近平同志的积极倡导，浙江省生态补偿机制和生态产品价值实现机制的构建和实践均走在全国前列。浙江省在市场化改革进程中，经济体制改革走在全国前列；在生态省建设进程中，生态文明制度建设同样也走在全国前列。

将行之有效的制度法制化是浙江省生态文明制度建设的一个特征。在习近平同志的推动下，2003年至2007年，浙江省在生态文明建设领域出台了一系列法规、规章、规划和政策，如2003年出台了《浙江省大气污染防治条例》等，2004年出台了《浙江省海洋环境保护条例》等，2006年出台了《浙江省自然保护区管理办法》等。

---

① 习近平. 干在实处　走在前列[M]. 北京：中共中央党校出版社，2006：72.
② 习近平. 干在实处　走在前列[M]. 北京：中共中央党校出版社，2006：186.
③ 习近平. 干在实处　走在前列[M]. 北京：中共中央党校出版社，2006：195-196.
④ 习近平. 干在实处　走在前列[M]. 北京：中共中央党校出版社，2006：190.
⑤ 习近平. 干在实处　走在前列[M]. 北京：中共中央党校出版社，2006：192.
⑥ 习近平. 干在实处　走在前列[M]. 北京：中共中央党校出版社，2006：194.

二、习近平生态文明思想的升华

（一）生态文明建设理念的升华：从“人类认识三阶段论”到“三个重要论断”

绿水青山就是金山银山理念是习近平生态文明思想的灵魂和核心。习近平担任总书记后仍然在深入思考“绿水青山”和“金山银山”的关系。2013 年 9 月 7 日，习近平主席在哈萨克斯坦纳扎尔巴耶夫大学发表了题为《弘扬人民友谊　共创美好未来》的重要演讲，在回答学生提问时指出：我们既要绿水青山，也要金山银山。宁要绿水青山，不要金山银山，而且绿水青山就是金山银山。[①]这是习近平总书记关于“绿水青山”与“金山银山”关系的最完整、最全面的阐述（以下简称“三个重要论断”）。

从“人类认识三阶段论”到“三个重要论断”，总体上保持了绿水青山就是金山银山理念的主线，但是理论上进一步升华了。一是从总结人类对绿水青山与金山银山的关系的认识转变成党和国家领袖的英明论断；二是从有待进一步求证的绿水青山也是金山银山理念转变成铁板钉钉的绿水青山就是金山银山论断；三是从“兼顾论”“转化论”等进一步强调了“优先论”——“宁要绿水青山，不要金山银山”，为“生态优先，绿色发展”方针的提出奠定了基础。[②]

（二）生态文明建设战略的升华：生态省建设上升到美丽中国和美丽世界建设

“八八战略”是引领浙江科学发展的总纲，生态省建设是浙江生态文明建设的总牵引。生态省建设需要在空间上予以落地。时任浙江省委书记习近平做出了精准的策划，一方面抓美丽城市建设，另一方面抓美丽乡村建设。

2003 年，浙江省人民政府印发的《浙江生态省建设规划纲要》提出建设生态省，强调经过 20 年左右的努力，将浙江建设成具有比较发达的生态经济、优美的生态环境、和谐的生态家园、繁荣的生态文化，人与自然和谐相处的可持续发展省份。[③]以生态省建设为总牵引，浙江省涌现出了湖州市、丽水市、杭州市、宁波市等国家级生态文明建设先行示范区，杭州市成为“生态文明之都”，浙江省也用 15 年时间建设成为全国第一个通过国家验收的生态省。

有了浙江生态省建设和美丽乡村建设的坚实基础，习近平同志在主持起草党的十八大报告时，在阐述“大力推进生态文明建设”部分明确指出：努力建设美丽中国，实现中华民族永续发展。从语境上看，美丽中国是美丽经济、美丽环境、美丽家园、美丽文化等一系列范畴的总称。美丽中国也是习近平总书记“八八战略”在浙江生动实践——美丽乡村建设及其前身“千村示范、万村整治”工程（简称“千万工程”）的一个升华。

习近平总书记把生态文明建设作为关系中华民族永续发展的根本大计，强调生态兴则文明兴，生态衰则文明衰；走向生态文明新时代，建设美丽中国，是实现中华民族伟大复兴的中国梦的重要内容。[④]可见，建设生态文明的目标是建成美丽中国，建成美丽中国是

---

① 习近平. 论坚持人与自然和谐共生[M]. 北京：中央文献出版社，2022：40.
② 沈满洪. “两山”理念的真理光芒[J]. 解放军理论学习，2020（9）：55-59.
③ 习近平. 干在实处　走在前列[M]. 北京：中共中央党校出版社，2006：72.
④ 孙金龙. 深入学习贯彻习近平生态文明思想　努力建设人与自然和谐共生的现代化[N]. 光明日报，2022-12-27.

实现中国梦的重要组成部分。因此，从战略意义上看，建设美丽中国的意义不再局限于生态文明范畴，而要上升到中华民族伟大复兴中国梦的国家战略高度。

习近平总书记以共产主义者的广阔胸怀，在美丽中国建设的基础上致力于让“中国理念”“中国方案”“中国模式”走向世界。基于“我们只有一个地球”的事实，而且这个地球存在“一损俱损，一荣俱荣”的相互联系性，习近平总书记明确提出了“打造人类命运共同体”“建设美丽世界”的宏伟蓝图。习近平总书记在党的十九大报告中明确强调：我们呼吁，各国人民同心协力，构建人类命运共同体，建设持久和平、普遍安全、共同繁荣、开放包容、清洁美丽的世界。[①]

从生态省建设到美丽中国建设，从美丽中国建设到美丽世界和人类命运共同体建设，其中的理论逻辑实质上是一脉相承的。所以，以美丽中国为目标的习近平生态文明思想是马克思主义生态文明观在新时代创新发展的新成果，无论是对发展中国家还是对发达国家皆具有借鉴意义。

（三）生态文明建设制度的升华：从地方性法规规章上升到党章国法

习近平同志在浙江工作期间就十分重视“法治浙江”建设，并将生态省建设纳入法治轨道。

党的十八大以来，习近平总书记强力推进法治中国建设和美丽中国建设，把生态文明建设纳入法治轨道。《中共中央关于全面深化改革若干重大问题的决定》指出：建设生态文明，必须建立系统完整的生态文明制度体系，实行最严格的源头保护制度、损害赔偿制度、责任追究制度，完善环境治理和生态修复制度，用制度保护生态环境。[②]习近平总书记在关于做好生态文明建设工作的批示中强调：要深化生态文明体制改革，尽快把生态文明制度的“四梁八柱”建立起来，把生态文明建设纳入制度化、法制化轨道。[③]

党的十九大把绿水青山就是金山银山理念、生态文明建设、绿色发展理念、美丽中国建设等均纳入《中国共产党章程》。第十三届全国人民代表大会通过的《中华人民共和国宪法修正案》第 32 条明确指出：贯彻新发展理念，自力更生，艰苦奋斗，逐步实现工业、农业、国防和科学技术的现代化，推动物质文明、政治文明、精神文明、社会文明、生态文明协调发展，把我国建设成为富强民主文明和谐美丽的社会主义现代化强国，实现中华民族伟大复兴。[④]这段文字三处与生态文明建设密切相关：一是把包括“绿色发展”理念在内的新发展理念纳入宪法；二是把包括“生态文明建设”在内的“五位一体”总体布局纳入宪法；三是把“美丽中国”作为现代化强国建设的奋斗目标纳入宪法。同时，及时制定和修订生态文明建设的基本法和专门法。

由上可见，从法治浙江建设到法治中国建设，从生态省建设到美丽中国建设，从依法推进生态省建设到依法推进美丽中国建设，治国理政的思路一脉相承，依法推进生态文明建设的思路同样是一脉相承。

---

① 习近平. 决胜全面建成小康社会　夺取新时代中国特色社会主义伟大胜利——在中国共产党第十九次全国代表大会上的报告[M]. 北京：人民出版社，2017：59.

② 中共中央关于全面深化改革若干重大问题的决定[M]. 北京：人民出版社，2013：52.

③ 习近平. 论坚持人与自然和谐共生[M]. 北京：中央文献出版社，2022：157.

④ 中华人民共和国宪法修正案（2018 年 3 月 11 日第十三届全国人民代表大会第一次会议通过）[N]. 人民日报，2018-03-12.

三、习近平生态文明思想的确立

习近平总书记关于生态文明建设的一系列论述既有马克思主义生态文明思想的传承，又有当代中国马克思主义者结合中国实际的重大创新；既有社会主义生态文明思想的独创性贡献，又有指导中国生态文明建设的实践经验；既有立足中国国情的中国理念、中国方案、中国模式，又有放眼世界的全球观念、国际视野、命运共同体思想。

2018 年 5 月 18 日，全国生态环境保护大会正式确立了习近平生态文明思想。习近平总书记在会上做了重要讲话。本次会议把习近平生态文明思想具体概括为“六个坚持”：坚持人与自然和谐共生、坚持绿水青山就是金山银山、坚持良好生态环境是最普惠的民生福祉、坚持山水林田湖草是生命共同体、坚持用最严格制度最严密法治保护生态环境、坚持共谋全球生态文明建设。[①]“六个坚持”实际上就是人地和谐论、绿色发展论、生态惠民论、生态系统论、生态法治论、全球共谋论等一系列论断的核心观点。[②]

习近平生态文明思想是一个开放的体系、发展的体系和不断丰富的体系。全国生态环境保护大会以来，习近平生态文明思想又有进一步的丰富和发展。《习近平生态文明思想学习纲要》将习近平生态文明思想的科学内涵由原来的“六个坚持”拓展为“十个坚持”，即坚持党对生态文明建设的全面领导、坚持生态兴则文明兴、坚持人与自然和谐共生、坚持绿水青山就是金山银山、坚持良好生态环境是最普惠的民生福祉、坚持绿色发展是发展观的深刻革命、坚持统筹山水林田湖草沙系统治理、坚持用最严格制度最严密法治保护生态环境、坚持把建设美丽中国转化为全体人民自觉行动、坚持共谋全球生态文明建设之路。[③]“十个坚持”实际上就是党的领导论、生态优先论、人地和谐论、绿色发展论、生态惠民论、绿色革命论、生态系统论、生态法治论、全球共谋论等一系列论断的核心观点。

第二节　习近平生态文明思想的体系

一、习近平生态文明思想的哲学理论

（一）坚持生态兴则文明兴

习近平总书记在 2013 年 5 月的中共十八届中央政治局第六次集体学习时做了《建设美丽中国，努力走向社会主义生态文明新时代》的重要讲话，指出：历史地看，生态兴则文明兴，生态衰则文明衰。古今中外，这方面的事例众多。他还列举了美索不达米亚、希腊、小亚细亚以及其他各地的居民为了得到耕地，毁灭了森林，变成不毛之地的例子。[④] 2018 年 5 月的全国生态环境保护大会上，习近平总书记再次强调：生态兴则文明兴，生态衰则文明衰。生态环境是人类生存和发展的根基，生态环境变化直接影响文明

---

① 习近平. 论坚持人与自然和谐共生[M]. 北京：中央文献出版社，2022：9-13.
② 沈满洪. 习近平生态文明思想研究——从“两山”重要思想到生态文明思想体系[J]. 治理研究，2018（2）：5-13.
③ 龚维斌. 以习近平生态文明思想引领新时代生态文明建设[N]. 光明日报，2022-08-26.
④ 习近平. 论坚持人与自然和谐共生[M]. 北京：中央文献出版社，2022：29-30.

兴衰演替。[1]在2019年中国北京世界园艺博览会开幕式上，习近平主席指出：纵观人类文明发展史，生态兴则文明兴，生态衰则文明衰。工业化进程创造了前所未有的物质财富，也产生了难以弥补的生态创伤。杀鸡取卵、竭泽而渔的发展方式走到了尽头，顺应自然、保护生态的绿色发展昭示着未来。[2]在2020年9月的联合国生物多样性峰会上，习近平主席指出：生态兴则文明兴。我们要站在对人类文明负责的高度，尊重自然、顺应自然、保护自然，探索人与自然和谐共生之路，促进经济发展与生态保护协调统一，共建繁荣、清洁、美丽的世界。[3]习近平总书记关于生态兴则文明兴的重要论述有三点启示：第一，生态环境是人类文明的基础。没有良好的生态环境基础，经济社会的发展必将走向衰落。第二，生态兴衰是衡量执政水平和能力的标志。执政党必须高度重视生态文明建设。这也是党的十八大以来把生态文明建设提到政治高度的原因。第三，生态文明是继史前文明、农业文明、工业文明后的人类文明新形态，人与自然和谐共生是中国式现代化的重要特征之一。这种人类文明新形态不仅是中国的，也是世界的。

（二）坚持人与自然和谐共生

2016年1月，习近平总书记在省部级主要领导干部学习贯彻党的十八届五中全会精神专题研讨班上开宗明义指出：绿色发展，就其要义来讲，是要解决好人与自然和谐共生问题。人类发展活动必须尊重自然、顺应自然、保护自然，否则就会遭到大自然的报复，这个规律谁也无法抗拒。[4]紧接着，习近平总书记进一步指出：人因自然而生，人与自然是一种共生关系，对自然的伤害最终会伤及人类自身。只有尊重自然规律，才能有效防止在开发利用自然上走弯路。[5]2017年10月18日，党的十九大报告把“坚持人与自然和谐共生”纳入新时代中国特色社会主义基本方略。在党的十九届五中全会上，习近平总书记强调，我国现代化是人与自然和谐共生的现代化。党的二十大报告以“推动绿色发展，促进人与自然和谐共生”为题阐述了生态文明建设，把“人与自然和谐共生的现代化”作为中国式现代化的重要特征。习近平总书记关于“坚持人与自然和谐共生”的重要论述，是马克思主义与中国实际相结合的产物，是当代中国的马克思主义与中国传统优秀文化相结合的产物。习近平总书记多次引用恩格斯在《自然辩证法》中的经典论述：我们不要过分陶醉于我们人类对自然界的胜利。对于每一次这样的胜利，自然界都对我们进行报复。[6]中国自古以来就有丰富的生态智慧和文化传统，中华民族几千年能够生生不息在很大程度上是因为人民尊重自然、热爱自然，并且形成了“天地与我并生，而万物与我为一”这样的“天人合一”思想，成为中华文明独具魅力的体现。习近平生态文明思想根植于中华优秀传统生态文化，深刻阐述了人与自然和谐共生的内在规律和本质要求。坚持人与自然和谐共生，就要尊重自然、保护自然、顺应自然、敬畏自然，而不可轻蔑自然、破坏自然、对抗自然、藐视自然。自然界是人类生存和发展的基础。自然界可以没有人类，人类离不开自然界。因此，人类一定要与自然界和谐相处。只有尊重自然规律，谋求人与自然和谐发

① 习近平. 论坚持人与自然和谐共生[M]. 北京：中央文献出版社，2022：2.
② 习近平. 论坚持人与自然和谐共生[M]. 北京：中央文献出版社，2022：230.
③ 习近平. 论坚持人与自然和谐共生[M]. 北京：中央文献出版社，2022：261.
④ 习近平. 论坚持人与自然和谐共生[M]. 北京：中央文献出版社，2022：133.
⑤ 习近平. 论坚持人与自然和谐共生[M]. 北京：中央文献出版社，2022：135.
⑥ 马克思恩格斯选集（第1卷）[M]. 北京：人民出版社，1995：559.

展，人类社会才能正常存在和发展。反之，人类社会就难以为继。

二、习近平生态文明思想的经济学理论

（一）坚持绿水青山就是金山银山

绿水青山就是金山银山理念既是认识论和发展观，又是世界观和方法论。首先是绿色发展观。2016 年 11 月，习近平总书记对做好生态文明建设工作作出批示，指出各地区各部门要切实贯彻新发展理念，树立“绿水青山就是金山银山”的强烈意识，努力走向社会主义生态文明新时代。[①] 习近平总书记关于“绿水青山就是金山银山”的理念深刻阐述了“三个重要论断”：一是兼顾论——“既要绿水青山，也要金山银山”，统筹兼顾环境保护和经济增长；二是优先论——“宁要绿水青山，不要金山银山”，在环境保护和经济增长难以兼顾的情况下要坚持“生态优先”，因为“留得青山在，不怕没柴烧”；三是转化论——“绿水青山就是金山银山”，生态环境是宝贵资源，努力把生态优势转化为经济优势，做到生态经济化，同时把经济发展的环境代价降下来，做到经济生态化。

“绿水青山就是金山银山”是习近平生态文明思想的核心理念，深刻揭示了发展与保护的本质关系，更新了关于自然资源的传统认识，指明了实现发展与保护内在统一、相互促进和协调共生的方法论，丰富和拓展了马克思主义生产力理论的内涵。

（二）坚持绿色发展是发展观的深刻革命

2015 年 10 月 29 日，在中共十八届五中全会第二次全体会议上，习近平总书记明确提出了“坚持创新、协调、绿色、开放、共享的发展理念”。[②]2017 年 5 月 26 日，习近平总书记在主持中共十八届中央政治局第四十一次集体学习时指出“推动形成绿色发展方式和生活方式是发展观的一场深刻革命”。[③]2022 年 10 月 16 日，习近平总书记在党的二十大报告中系统阐述了“推动绿色发展，促进人与自然和谐共生”，指出了“加快发展方式绿色转型。推动经济社会发展绿色化、低碳化是实现高质量发展的关键环节”，强调了“积极稳妥推进碳达峰碳中和”。[④]习近平总书记关于“绿色发展是发展观的深刻革命”的重要论述表明：第一，发展方式的绿色转型是“黑色生产”转向“绿色生产”，“线性生产”转向“循环生产”，“高碳生产”转向“低碳生产”的变革，因此是“产业革命”；第二，发展方式的绿色转型是“黑色消费”转向“绿色消费”，“线性消费”转向“循环消费”，“高碳消费”转向“低碳消费”的变革，因此是“消费革命”；第三，发展方式的变革是一个层层递进的革命过程，完成了“黑色增长”向“浅绿色发展”的转型后，还需要继续从“浅绿色发展”向“深绿色发展”变革；第四，西方国家的现代化是工业化、绿色化、低碳化相继推进的，中国式现代化则是工业化、绿色化、低碳化同步推进，因此，要积极稳妥推进碳达峰碳中和。

总之，绿色革命是能源的绿色革命，是产业的绿色革命，是消费的绿色革命，更是科技的绿色革命。只有以绿色革命的精神才能实现绿色低碳转型。

---

① 习近平. 论坚持人与自然和谐共生[M]. 北京：中央文献出版社，2022：157.
② 习近平. 论坚持人与自然和谐共生[M]. 北京：中央文献出版社，2022：104.
③ 习近平. 论坚持人与自然和谐共生[M]. 北京：中央文献出版社，2022：167.
④ 本书编写组. 党的二十大报告辅导读本[M]. 北京：人民出版社，2022：45-47.

三、习近平生态文明思想的政治学理论

（一）坚持党对生态文明建设的全面领导

党的十九大报告明确指出：坚持党对一切工作的领导。党政军民学，东西南北中，党是领导一切的。[①]因此，党的十八大以来，我党加强对生态文明建设的全面领导，把生态文明建设摆在全局工作的突出位置，作出一系列重大战略部署。生态文明建设是中国特色社会主义事业总体布局的重要组成部分，是关系中华民族永续发展的根本大计，是关系党的使命宗旨的重大政治问题。以习近平同志为核心的党中央加强对生态文明建设的全面领导，把生态文明建设摆在全局工作的突出位置，把生态文明建设纳入中国特色社会主义事业“五位一体”总体布局，把绿色发展纳入新发展理念，把污染防治纳入“三大攻坚战”，把美丽中国纳入现代化强国的基本要求，把坚持人与自然和谐共生纳入新时代中国特色社会主义基本方略。坚持党对生态文明建设的全面领导，是由生态文明建设的重要性、系统性、艰巨性所决定的。第一，重要性。生态文明建设不仅具有重要的生态意义和经济意义，而且具有重要的政治意义和社会意义。第二，系统性。生态文明建设是一项系统性工程，不是一时一地的工作，而是长期性全局性系统性的工作。第三，艰巨性。生态文明建设不是简单工作，而是复杂工作，需要做长期克难攻坚的思想准备。

（二）坚持良好生态环境是最普惠的民生福祉

2013 年，习近平总书记在海南考察时强调：良好生态环境是最公平的公共产品，是最普惠的民生福祉。[②]2016 年 1 月，习近平总书记在省部级主要领导干部学习贯彻党的十八届五中全会精神专题研讨班上指出：让良好生态环境成为人民生活的增长点、成为展现我国良好形象的发力点，让老百姓呼吸上新鲜的空气、喝上干净的水、吃上放心的食物、生活在宜居的环境中、切实感受到经济发展带来的实实在在的环境效益。[③]2018 年 5 月 18 日，习近平总书记在全国生态环境保护大会上指出：良好生态环境是最普惠的民生福祉。环境就是民生，青山就是美丽，蓝天也是幸福。发展经济是为了民生，保护生态环境同样也是为了民生。既要创造更多的物质财富和精神财富以满足人民日益增长的美好生活需要，也要提供更多优质生态产品以满足人民日益增长的优美生态环境需要。要坚持生态惠民、生态利民、生态为民，重点解决损害群众健康的突出环境问题，加快改善生态环境质量，提供更多优质生态产品，努力实现社会公平正义，不断满足人民日益增长的优美生态环境需要。[④]习近平总书记关于“良好生态环境是最普惠的民生福祉”的重要论述彰显了三个重要论点：第一，生态福祉论。良好的生态环境是事关民生的一种福祉，保护生态环境就是保护生产力。第二，生态为民论。中国共产党领导下的社会主义国家必须坚持以人民为中心的保护观，努力改善生态环境质量，提高生态环境福祉。第三，生态普惠论。生态环境是最普惠的民生福祉，这为生态共富理论和政策提供了重要依据。

---

① 习近平. 决胜全面建成小康社会　夺取新时代中国特色社会主义伟大胜利——在中国共产党第十九次全国代表大会上的报告[M]. 北京：人民出版社，2017：20.

② 中共中央宣传部，中华人民共和国生态环境部. 习近平生态文明思想学习纲要[M]. 北京：学习出版社，人民出版社，2022：35.

③ 习近平. 论坚持人与自然和谐共生[M]. 北京：中央文献出版社，2022：136.

④ 习近平. 论坚持人与自然和谐共生[M]. 北京：中央文献出版社，2022：11.

（三）坚持把建设美丽中国转化为全体人民自觉行动

2017 年，习近平总书记对河北塞罕坝林场建设者事迹作出批示，对“牢记使命、艰苦创业、绿色发展”的塞罕坝精神予以充分肯定，号召全党全社会要“弘扬塞罕坝精神，持之以恒推进生态文明建设，一代接着一代干，驰而不息，久久为功”。[①]2018 年 5 月 18 日，习近平总书记在全国生态环境保护大会上指出，生态文明是人民群众共同参与共同建设共同享有的事业，要把建设美丽中国转化为全体人民自觉行动。每个人都是生态环境的保护者、建设者、受益者，没有哪个人是旁观者、局外人、批评家，谁也不能只说不做，置身事外。[②]习近平总书记关于“坚持把建设美丽中国转化为全体人民自觉行动”的重要论述表明：一是美丽中国共同事业观。美丽中国是全国人民的共同理想，建设美丽中国应成为全体人民共同的事业，形成人人、事事、时时崇尚生态文明的社会氛围。二是社会主义生态文化观。生态文化是中国特色社会主义文化的重要组成部分，生态文化能否根植于全社会，取决于其行为准则与价值观是否自觉地体现在整个社会的各个层面和生产生活的方方面面，要建立健全以生态价值观念为准则的生态文化体系，让生态文化成为全社会的共同价值理念。三是全民践行生态行为观。生态文明贵在每个人付诸行动，如果政府崇尚绿色治理，企业崇尚绿色生产，居民崇尚绿色消费，就建成了生态文明社会。

四、习近平生态文明思想的治理学理论

（一）坚持统筹山水林田湖草沙系统治理

2013 年 11 月 9 日，习近平总书记在中共十八届三中全会上作《关于〈中共中央关于全面深化改革若干重大问题的决定〉的说明》时指出：山水林田湖是一个生命共同体，人的命脉在田，田的命脉在水，水的命脉在山，山的命脉在土，土的命脉在树。[③]2018 年 5 月的全国生态环境保护大会上，习近平总书记强调，山水林田湖草是生命共同体。生态是统一的自然系统，是相互依存、紧密联系的有机链条。[④]习近平总书记在党的二十大报告中指出：坚持山水林田湖草沙一体化保护和系统治理，统筹产业结构调整、污染治理、生态保护、应对气候变化，协同推进降碳、减污、扩绿、增长，推进生态优先、节约集约、绿色低碳发展。[⑤]习近平总书记用“命脉”把人与山水林田湖草沙连在一起，生动形象地阐述了人与自然之间唇齿相依、唇亡齿寒的一体性关系。习近平总书记关于“坚持山水林田湖草沙系统治理”的重要论述表明：一方面，生态系统内在的相互关联性，深刻阐释了自然生态各要素之间、生态子系统和子系统之间、生态系统与环境之间相互联系、相互影响、相互制约的依存关系，揭示了生态环境的整体性、系统性及其内在发展规律，为推进生态文明建设和生态环境保护提供了基本遵循；另一方面，生态环境治理的系统性，治理生态环境要坚持系统观念、系统思维、系统方法，坚持统筹兼顾地上与地下、山上和山下、

---

① 习近平. 论坚持人与自然和谐共生[M]. 北京：中央文献出版社，2022：184.
② 习近平. 论坚持人与自然和谐共生[M]. 北京：中央文献出版社，2022：11-12.
③ 习近平. 论坚持人与自然和谐共生[M]. 北京：中央文献出版社，2022：42.
④ 习近平. 论坚持人与自然和谐共生[M]. 北京：中央文献出版社，2022：12.
⑤ 本书编写组. 党的二十大报告辅导读本[M]. 北京：人民出版社，2022：45.

岸上和水下、上游和下游、左岸和右岸、陆地和海洋的系统性治理、全局性治理。

（二）坚持用最严格制度最严密法治保护生态环境

2014 年 10 月，习近平总书记在中共十八届四中全会第一次全体会议上指出：只有实行最严格的制度、最严明的法治，才能为生态文明建设提供可靠保障。①2014 年 12 月，习近平总书记在中央经济工作会议上指出：要坚持不懈推进节能减排和保护生态环境，不仅要有立竿见影的措施，更要有可持续的制度安排。②2017 年 11 月，习近平主席在亚太经合组织工商领导人峰会上做主旨演讲时指出：加快生态文明体制改革，坚持走绿色、低碳、可持续发展之路，实行最严格的生态环境保护制度。③2018 年 5 月 18 日，习近平总书记在全国生态环境保护大会上指出：用最严格制度最严密法治保护生态环境。要加快制度创新，增加制度供给，完善制度配套，强化制度执行，让制度成为刚性的约束和不可触碰的高压线。④习近平总书记关于“坚持用最严格制度最严密法治保护生态环境”的重要论述表明：一是必然选择。保护生态环境必须依靠制度、依靠法治。党的十八大召开之前，正是我国生态环境质量急剧恶化的时期，由此出现了一系列生态环境问题引发的群体性事件。重典治乱、重典治污，是环境形势十分严峻时期的必然选择。二是坚强决心。建设生态文明，是一场涉及生产方式、生活方式、思维方式和价值观念的革命性变革。正是党的十八大以来，中央采取了强有力的铁腕手段，才使得我国生态环境质量实现历史性、转折性、全局性的变革。最严格的制度、最严密的法治足以体现我国真抓严管的坚强决心。三是狠抓落实。要解决体制不健全、制度不严格、法治不严密、执行不到位、惩处不得力等突出问题，在制度创新、制度供给、制度配套、制度执行上下功夫，保证党中央关于生态文明建设的决策部署落地生根见效。

（三）坚持共谋全球生态文明建设之路

2015 年 9 月，习近平主席在第七十届联合国大会一般性辩论上指出：人类是命运共同体，建设绿色家园是人类的共同梦想。保护生态环境是全球面临的共同挑战，任何一国都无法置身事外。国际社会应该携手同行，共谋全球生态文明建设之路，共建清洁美丽的世界。⑤2021 年 4 月 22 日，在“领导人气候峰会”上，习近平主席指出：面对全球环境治理前所未有的困难，国际社会要以前所未有的雄心和行动，勇于担当，勠力同心，共同构建人与自然生命共同体。⑥习近平总书记关于“坚持共谋全球生态文明建设之路”的重要论述表明：一是生态文明建设是全球事业。世界正处于百年未有之大变局，但建设绿色家园是人类的共同追求和梦想，也是全球公民要为之奋斗的共同事业。生态文明是不同文化、不同地区、不同国家的最大公约数。地球上区域和区域之间、国家和国家之间是一个命运共同体，都生活在同一个地球村上，是“一损俱损，一荣俱荣”的相互依存关系。任何一

---

① 习近平. 论坚持人与自然和谐共生[M]. 北京：中央文献出版社，2022：44.
② 习近平. 论坚持人与自然和谐共生[M]. 北京：中央文献出版社，2022：44.
③ 习近平. 论坚持人与自然和谐共生[M]. 北京：中央文献出版社，2022：45.
④ 习近平. 论坚持人与自然和谐共生[M]. 北京：中央文献出版社，2022：13.
⑤ 习近平. 携手构建合作共赢新伙伴　同心打造人类命运共同体——在第七十届联合国大会一般性辩论时的讲话[J]. 中国投资，2015（11）：20-22.
⑥ 习近平. 论坚持人与自然和谐共生[M]. 北京：中央文献出版社，2022：274.

个地区、任何一个国家都不可能独善其身。二是生态文明建设的大国担当。一方面，中国会努力谋求生态文明建设的互利共赢，防止零和博弈；另一方面，中国会主动承担大国责任、展现大国担当，强化公民生态文明意识，把建设美丽中国内化于心、外化于行，提升公民参与全球环境治理的深度和广度，推动构建保护自然、绿色发展的生态体系，为发展中国家绿色转型提供中国经验，为全球可持续发展提供中国智慧，为全球生态环境治理提供中国方案，为保护人类赖以生存的地球家园贡献中国力量。

第三节　习近平生态文明思想的意义

一、习近平生态文明思想的认识论意义

如何认识人与自然的关系是一个极其重要的认识论问题。树立正确的认识论，就可以准确把握自然发展规律、经济发展规律和社会发展规律。习近平总书记反复强调坚持人与自然和谐共生的方略。这就把准了生态文明建设的总钥匙。

坚持人与自然和谐共生，就要正确认识自然、正确认识人类、正确认识人类与自然的关系。人类是自然的有机组成部分，人类不是自然的主宰。大自然是人类赖以生存发展的基本条件。自然可以没有人类，人类不可以没有自然。①正因为如此，习近平总书记反复告诫我们要尊重自然、顺应自然、保护自然，还要求我们敬畏自然。

坚持人与自然和谐共生，就要牢固树立和践行绿水青山就是金山银山的理念。“自然”集中反映在与“绿水青山”密切关联的生态环境保护上，“人类”集中反映在与“金山银山”密切关联的经济社会发展上。在条件许可的情况下，要坚持“兼顾论”，即“既要绿水青山，也要金山银山”，实现生态环境保护与经济社会发展的兼顾；在条件不许可的情况下，要坚持“优先论”，即“宁要绿水青山，不要金山银山”，做到“生态优先”；总体的发展和演变趋势则是“转化论”，即“绿水青山就是金山银山”，既要追求经济生态化，又要追求生态经济化，实现绿色发展。

坚持人与自然和谐共生，就要坚决做到“生态优先，绿色发展”，真正认识到：保护生态环境就是保护生产力，破坏生态环境就是破坏生产力，改善生态环境就是发展生产力。这样，才能以正确的认识论指导正确的政绩观，以正确的政绩观指导正确的生态文明建设的伟大实践。

二、习近平生态文明思想的方法论意义

推进美丽中国建设既是现代化建设系统工程的重要组成部分，又是一个庞大的系统工程。习近平总书记亲自擘画了“美丽中国”，并不断强调“建设美丽中国”，明确了美丽中国建设的“总目标”“时间表”“路线图”。

（一）“美丽中国”是中国式现代化的有机组成，自身又是一个庞大的系统工程

一方面，“美丽中国”是“建设富强民主文明和谐美丽的社会主义现代化强国”的中

---

① 沈满洪. 生态文明建设的认识论方法论和实践论[N]. 中国青年报，2022-10-18.

国梦的重要组成部分。因此，要从大系统中来谋划“美丽中国”建设。正如习近平总书记所讲的，中国式现代化是人与自然和谐共生的现代化，因此，生态文明建设要贯穿和渗透于经济建设、政治建设、文化建设和社会建设的各个方面和全过程。另一方面，“美丽中国”建设本身就是一个伟大的系统工程。美丽中国包括美丽的生态文化、美丽的生态经济、美丽的生态环境、美丽的生态人居等丰富的内涵。生态文明建设要以生态文化为引领，生态经济为重点，生态环境为基础，生态人居为追求。随着经济社会的发展，人的需要层次是不断上升的。因此，要不断满足人民日益增长的优质生态产品、优质生态环境、优质生态人居、优质生态服务的需要。

（二）生态系统存在多样性和多层次性，要坚持山水林田湖草沙一体化保护和系统治理

生态系统是由一系列子系统构成的，子系统与子系统之间、子系统与环境之间、物种与物种之间存在高度的相互依存关系，形成一系列相互联系、相互影响的“食物链”和“食物网”。如果“食物链”大截大截地断裂，如果“食物网”出现巨大的空洞，那么，人类的生存基础也就不复存在。因此，必须以系统观念、系统思维、系统方法解决长期存在的“九龙治水”“九龙治海”“环保不下水，水利不上岸”等部门分割问题；必须统筹兼顾地上地下、岸上水下、陆地海洋、上游下游、左岸右岸，通过“一体化保护和系统治理”实现“1+1＞2”的系统优化效果；必须妥善处理“条”与“条”的关系、“块”与“块”的关系、“条”与“块”的关系，防止“地方保护主义”，反对“部门利益至上”。

（三）统筹产业结构调整、污染治理、生态保护、应对气候变化，协同推进降碳、减污、扩绿、增长

坚持系统观念就要统筹推进各方面工作。第一，环境污染根源在于生产和生活。只有通过生产方式和生活方式的变革才能实现环境改善。因此，要统筹经济增长和污染治理。第二，节能、降碳和治污往往具有经济学意义上的“范围经济”效果，几个方面“分治”的效果之和不如“统治”的效果。第三，节约和减排具有方向上的一致性。一定程度上资源能源的减量化使用就是废弃物的减量化排放。因此，要大力推进各种资源的高效节约集约利用。

三、习近平生态文明思想的实践论意义

党的十八大报告和党的十九大报告十分重视生态文明制度建设。基于我国生态文明制度体系已经基本建立并不断完善，党的二十大报告着重阐述了生态文明建设实践的四个重点领域。

（一）加快推动绿色低碳转型

党的十八大以来，我国绿色发展已经取得了明显成效。总体上看，我国完成了从“黑色增长”向“浅绿色发展”的转型，但是尚未转向“深绿色发展”。从碳排放情况看，我国实现了碳排放强度的递减，但尚未实现碳排放总量的递减。未来一个时期是“浅绿色发展”与“深绿色发展”并存、“绿色化”与“低碳化”并存的多重任务叠加的时期。在这

一特定时期，必须通过绿色科技革命、低碳能源革命实现生产方式和消费方式的绿色低碳转型。没有经济发展的绿色低碳转型就不可能实现 2030 年前实现碳达峰、2060 年前实现碳中和的宏伟目标。加快推动绿色低碳转型是生态文明建设向纵深推进的重要标志。

（二）深入推进环境污染防治

在以习近平同志为核心的党中央的坚强领导下，我国的生态环境质量实现了“天更蓝、山更绿、水更清”的效果。但是，“生态环境质量好转”并未达到令人满意的程度。改善后的生态环境质量仍然处于环境库兹涅茨倒“U”形曲线的“环境阈值线”以上。提高以后的资源效率仍然处于资源依赖性倒“U”形曲线的“资源集约线”以上。也就是说，生态环境质量有待进一步改善，资源能源效率有待进一步提高。因此，需要持续深入打好蓝天、碧水、净土保卫战。确保生态环境质量的持续好转且不至于反复。深入推进环境污染防治是生态文明建设向更高标准迈进的重要标志。

（三）加强生物多样性保护

我国在重大生态屏障保护、自然地保护、生态修复工程建设等方面已经取得了显著成效。构建人与自然命运共同体，就要求把生物多样性保护提上重要的议事日程，不仅立足当前的生态安全，而且立足长远的生态可持续。党的二十大报告就此做出了谋划。“提升生态系统多样性、稳定性、持续性，加快实施重要生态系统保护和修复重大工程，实施生物多样性保护重大工程”。[①]加强生物多样性保护是谋求生态文明建设泽被子孙、更可持续的重要标志。就此，需要深入探究规律、谋划工程、狠抓落实。

（四）积极稳妥推进碳达峰碳中和

我国的工业化进程远远迟于发达国家。发达国家往往是先工业化、再绿色化，然后是低碳化。我国则面临工业化、绿色化、低碳化多重任务叠加的形势。因此，必须采取非常手段、非常措施推进碳达峰碳中和工作。一是推进能源革命，提高能源效率，改善能源结构，加快构建绿色低碳能源体系；二是推进产业转型，以壮士断腕、腾笼换鸟的决心实现浴火重生、凤凰涅槃的产业绿色低碳转型；三是推进科技革命，通过绿色低碳科技创新实现“绿色且经济”和“低碳且经济”的目的；四是推进制度创新，进一步完善和优化绿色低碳制度体系，实现制度创新的迭代升级。积极稳妥推进碳达峰碳中和是创新能力、治理能力的重要标志。

上述四个重点领域中，加快推动绿色低碳转型、深入推进环境污染防治属于在原有基础上提高标准和要求，加强生物多样性保护、积极稳妥推进碳达峰碳中和则属于新时期生态文明建设的新的重点。这充分表明，我国生态文明建设在继承中改革创新，在传承中迭代升级。当代大学生在深入推进以美丽中国为目标的生态文明建设中大有可为，在这一伟大的历史进程中必须承担起时代使命和责任担当。

---

① 本书编写组. 党的二十大报告辅导读本[M]. 北京：人民出版社，2022：46.

第二章　科学认识生态经济系统

生态经济学重视人与自然关系的剖析，旨在消除人对自然的剥夺[①]。生态兴则文明兴[②]，要站在人与自然和谐共生的高度谋划发展，持续增强发展的潜力和后劲[③]。大力推进生态文明建设，开创生态惠民、生态利民、生态为民伟大实践，着力守护良好生态环境这个最普惠的民生福祉[④]，持续增强人民群众源自生态环境的获得感、幸福感、安全感是时代使命。生态经济系统是生态经济学的研究对象，是由生态系统和经济系统有机耦合而成的复合系统。认识和解决生态经济系统的基本矛盾是推动生态经济系统协调发展、促进人与自然和谐共生的重要途径。本章主要围绕生态系统、经济系统及其有机耦合而成的生态经济系统的内涵、构成、特性和生态经济系统的协调发展规律等方面展开。

第一节　生态系统

一、生态系统的内涵和生态学的空间维度

（一）生态系统的内涵

系统是由相互作用和相互依赖的组成部分构成的有机整体。自然界中存在四个相互依存的系统：岩石圈、水圈、大气圈、生物圈。[⑤] 生物圈是地球上生命存在的地方，也是全球最大的生态系统。

生态系统是生态学最重要的概念之一。生态系统就是在一定空间中共同栖居着的所有生物（生物群落）与其环境之间由于不断地进行物质循环和能量流动过程而形成的统一整体。[⑥] 生态系统是具有物质循环、能量转化和信息传递功能的生物及其环境的结构单元。[⑦] 森林、草原、荒漠、湿地、海洋、湖泊、河流等的外貌和生物组成各异，但它们都是物质不断循环、能量持续流动、信息有效传递的生态系统。

---

① 李周. 生态经济理论与实践进展[J]. 林业经济，2008（8）：10-16.

② 习近平. 生态兴则文明兴——推进生态建设　打造“绿色浙江”[J]. 求是，2003（13）：42-44.

③ 习近平. 高举中国特色社会主义伟大旗帜　为全面建设社会主义现代化国家而团结奋斗——在中国共产党第二十次全国代表大会上的报告[M]. 北京：人民出版社，2022.

④ 李干杰. 守护良好生态环境这个最普惠的民生福祉[J]. 环境保护，2019，47（11）：8-10.

⑤ Common M，Stagl S. Ecological economics：an introduction[M]. Cambridge：Cambridge University Press，2005.

⑥ 牛翠娟，娄安如，孙儒泳，等. 基础生态学[M]. 3 版. 北京：高等教育出版社，2015：196.

⑦ 沈满洪. 生态经济学[M]. 3 版. 北京：中国环境出版集团，2022：29.

（二）生态学的空间维度

生态学的空间维度从小到大包括单个生物体、种群、群落、生态系统。单个生物体是在自然界中能独立生存的有生命的个体，包括单体生物和构件生物。单体生物是指由受精卵直接发育而来的生物，其器官、组织等保持高度稳定，如哺乳类、鸟类等。构件生物指由一套构件组成的生物体。构件生物的受精卵先发育成一结构构件，再发育成更多的构件形成分支结构，构件通常脱离母体可独立生长，如大多数植物、珊瑚等。种群是在同一时空同种生物的集合。它是同种个体通过种内关系组成的统一体，是群落的基本组成单位。它既可指具体的生物种群，也可以抽象地泛指所有种群。在大多数情况下，由于种群分布空间的异质性和连续性，种群边界往往不明显。群落是在相同时间栖息在同一地域中的不同物种种群的集合。群落处于种群与生态系统之间，具有一定的种群组成、结构和动态特征，各物种间相互联系，具有一定的分布范围和边界。当群落由种群组成为新的层次结构时，就产生新的群体特征，如群落的结构、演替、多样性、稳定性等。生态系统强调一定地域中生物之间、生物与非生物环境之间功能上的统一性。生态系统的范围可大可小，大至各大洲的森林、荒漠等生物群系，甚至整个地球上的生物圈，小至动物体内消化管中的微生态系统。

二、生态系统的组成和结构

（一）生态系统的组成

生态系统的组成包括非生物环境和生物群落。[①]生物群落由生产者、消费者和还原者共同构成。非生物环境包括参与物质循环的无机元素和化合物（如 N、CO_2、Ca、P、K 等），联系生物和非生物成分的有机物（如蛋白质、糖类和腐殖质等），以及气候等。生产者是能以无机物制造食物的自养生物，包括绿色植物、蓝绿藻和光合细菌。生产者生产的有机物为自身、消费者和分解者的生存、生长提供物质和能量。消费者是直接或间接地依赖生产者制造的有机物而生存和繁衍的生物，是异养生物，包括食草动物、以食草动物为食的食肉动物、以食肉动物为食的大型食肉动物或顶级食肉动物。分解者是把动植物的复杂有机物分解为简单化合物并释放出能量的异养生物。如果没有分解者，物质不能循环，生态系统将毁灭。分解者包括软体动物、无脊椎动物、细菌和真菌等。

（二）生态系统的结构

生态系统的结构是指各组分的时空分布，以及各组分间物质循环、能量流动、信息传递的途径与传递关系，主要包括形态结构和营养结构。

生态系统均包括 3 个亚系统，即生产者亚系统、消费者亚系统和分解者亚系统。生态系统的结构模型见图 2-1[②]。图 2-1 还表示了系统组分间的主要相互作用。生产者通过光合作用合成有机物，使自身生物量增加，称为生产过程。消费者摄食有机物，通过消化吸收再合成为自身所需的有机物，增加自身生物量，也是生产过程，所不同的是生产

---

① 牛翠娟，娄安如，孙儒泳，等. 基础生态学[M]. 3 版. 北京：高等教育出版社，2015：197.
② 牛翠娟，娄安如，孙儒泳，等. 基础生态学[M]. 3 版. 北京：高等教育出版社，2015：199.

者是自养的，消费者是异养的。分解者把有机物分解为无机物，称为分解过程。生产者、消费者、分解者和非生物环境系统（图 2-1 中简化为无机营养物和 CO_2）是生态系统维持生命活动所必不可少的成分。生态系统是一个生物间、生物与环境间协调共生，维持持续生存和相对稳定的系统。它是地球上生物与环境、生物与生物长期共同进化的结果。人类自诞生以来就一直依附于生态系统，向生态系统寻找这些协调共生、持续生存和相对稳定的机制，从而给人类科学地管理地球这个人类生存的支持系统以启示，达到持续发展的目的。

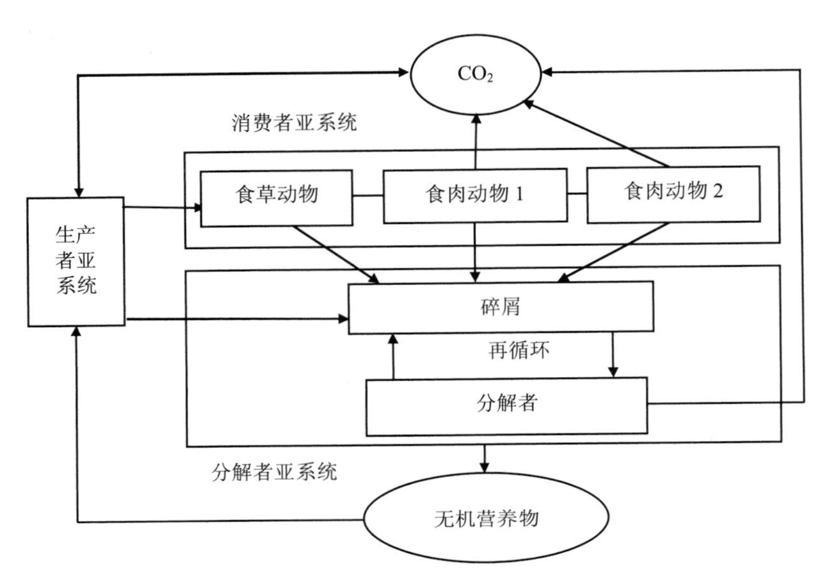

图 2-1　生态系统的结构模型

不同生态系统的组成不同，营养结构也不一样，生物之间通过营养结构形成以食物养分为中心的链锁关系叫作食物链，包括捕食链、寄生链和腐生链。在食物链中，当某种生物大量增加时，一般会导致作为其食物的上一营养级数量减少，作为其天敌的下一营养级数量增加，各营养级生物之间相互制约，使它们的数量始终处于动态变化中。食物链上的每一环节称为营养级。在生态系统中有许多食物链，多条食物链相互交织、连结在一起形成复杂的食物网。同一种消费者在不同的食物链中，可以占有不同的营养级。在食物网中，两种生物之间可能既有捕食关系，又有竞争关系。食物网的复杂程度取决于有食物联系的生物种类。在食物网中，能量通过营养级逐级减少，从一个营养级到下一个营养级能量的传递率大致为 10%，按不同营养级单位时间储存的化学能顺序排列分析生态系统结构而形成金字塔图形[①]（图 2-2），称营养金字塔。

① 沈满洪. 生态经济学[M]. 3 版. 北京：中国环境出版集团，2022：31.

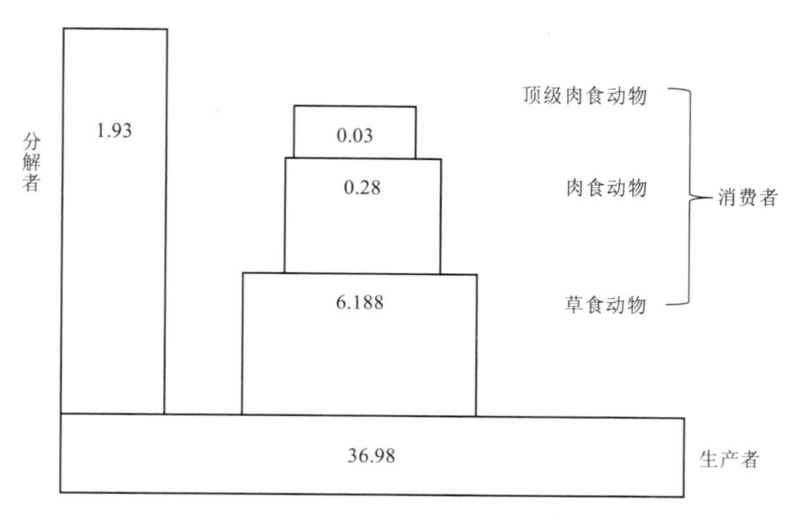

图 2-2 营养金字塔［单位：MJ/（m^2·a）］

三、生态系统的类型

根据人类社会经济活动的干预程度，生态系统可分为自然生态系统、半自然生态系统和人工生态系统。①

（一）自然生态系统

自然生态系统是指未受人类干扰，在一定时空范围内，依靠生物和环境的自我调节能力来维持相对稳定的生态系统。主要包括森林生态系统、草原生态系统、荒漠生态系统、冻原生态系统、湿地生态系统和海洋生态系统。森林生态系统是森林群落及其环境所形成的具有一定的结构、功能和自我调控能力的自然综合体。它是陆地生态系统中最大、最重要的自然生态系统。② 2022 年，全球森林面积为 40.6 亿 hm^2，森林覆盖率为 31%；我国森林面积为 2.31 亿 hm^2，森林覆盖率为 24.02%。海洋生态系统是海洋生物及海洋所构成的生态系统。它是地球最大的连续生态系统，约为 3.6 亿 km^2，覆盖了 71%的地球表面，生物种类非常丰富。

（二）半自然生态系统

半自然生态系统又称半人工生态系统，是指在自然生态系统的基础上，人类通过人工调节管理，使自然生态系统更好地为人类服务的生态系统。包括农田、人工林、人工草地、牧场、养殖水面等。这类生态系统具有生态和经济的双重功能。由于人类的干扰，半自然生态系统在地球上的地盘越来越小。

（三）人工生态系统

人工生态系统是指以人类活动为中心，按照人类意愿建立起来并受人类活动强烈干

① 沈满洪. 生态经济学[M]. 3 版. 北京：中国环境出版集团，2022：31.
② 张建国. 森林生态经济学（二）：森林生态系统的自然、经济地位[J]. 生态学杂志，1983（2）：52-55.

预，由自然环境、社会环境和人类活动有机组成的生态系统。如城镇、工矿区、宇宙飞船、实验室微生物生态系统等，城镇生态系统最为常见。人工生态系统受到人类社会的强烈干预，并随人类活动而发生变化，自我调控能力差，本身不能自给自足，依赖于外部系统，并受外部的调控，其运行目的不是维持自身平衡，而是为了满足人类需要。

第二节　经济系统

一、经济系统的概念和结构

（一）经济系统的内涵

经济系统是社会再生产有机体中的物质资料再生产、人口再生产和精神品再生产的地域分布、部门分布及其体制层次构成的国民经济结构和功能单元。物质和能量的流动是经济系统价值的基本来源，也是财富创造的过程。在传统的经济系统中失去价值的废物和废能的流动过程则是消耗财富的过程。从物质和能量流动的角度看，经济系统是生态系统内部运行的一个生命系统。①

（二）经济系统的结构

经济系统一般由生产力系统和生产关系系统组成。任何生产都是在相应的生产力水平下进行的，生产关系的形成以生产力水平为基础。生产力是指人们通过科学技术或使用生产工具对生态系统进行利用和改造，以取得人类所需物质产品的能力。它反映了人类的生产水平和人类利用、改造自然的程度。生产力系统的发展需要一定的条件，这些条件也都是经济系统构成的重要因素。生产关系系统，从静态上看包括生产资料所有制、社会集团在生产中的地位及相互关系和产品分配形式。从动态上看也叫经济运行系统，包括生产、交换、分配和消费 4 个环节。其中生产是基础，为消费创造条件，生产水平的高低和规模决定着分配、交换和消费的水平；而消费和交换对生产起反作用，消费是生产的动力和目的，只有消费才能使产品成为商品，通过交换使生产得以畅通。分配、交换是沟通生产和消费的渠道和桥梁。经济系统的结构可分为：经济部门，如农业、工业、商业、交通运输、能源、文教卫生等；经济环节，包括生产、分配、交换和消费结构；经济体制，包括个体经济、国有经济、集体经济、股份经济等。

二、生态系统与经济系统的关系

作为生态系统的一部分，经济系统依赖并影响着当地、区域和全球的生态系统；输入经济系统的物质和能源主要来源于生态系统。

（一）相似性

基本原理相同。生命是一个稳态的热力学非平衡系统，依靠环境中低熵值的物质和能

---

① 韩凌，李书舒，王佳，等. 经济系统与生态系统的类比分析[J]. 中国人口·资源与环境，2006，16（4）：13-16.

量，通过生物体自身的新陈代谢，排放出高熵值的物质和能量，使生命远离死亡这一平衡状态。[①]同样地，经济系统也是一个热力学非平衡系统，一切有用的经济活动都要消耗组织和能量，这是这些活动所付出的生物学成本。[②]经济系统通过农业和采掘业不断从环境中吸收低熵值的物质和能量，再通过工业等活动生产人类所需的物品和服务，排放出高熵值的物质和能量即废弃物和消费剩余物，实现人类的繁衍与发展。因此，经济系统和生态系统的基本原理是一致的，其核心均是新陈代谢。生态系统的合成代谢就如经济生产，分解代谢则似经济消费，连接合成代谢和分解代谢的是食物链；经济学中则是通过流通渠道实现产品的分配。

整体属性相似。经济系统和生态系统都是开放的热力学非平衡系统，具有系统本身的整体协调性，它们远离平衡态，与环境进行着物质循环、能量转换和信息传递，并且在系统内都以物质循环和能量流动为基本内容表现出一定的层次，即都具有整体性、开放性和层次性。

演化属性相似。从时间维度看，经济系统和生态系统都是处于演化中的系统。经济系统与生物有机体一样，具有从幼年期到成熟期的发育过程，处于演替和进化中，在不同阶段表现出不同的经济特征，经济就是在不断的演化和与生态系统进行交流的过程中得到发展的。同样地，生态系统也处于不断的动态演化过程中，一般来说，生态系统发育进化的总趋势是复杂性和有序性的增加，对物理环境控制或内部稳定性的加大，以及对外界干扰达到最小的影响。

地域属性相似。从空间维度看，经济系统和生态系统都具有一定的地域属性，而在不同空间表现出差异性。经济系统的空间分布差异来源于自然环境条件和经济社会因素两方面，如我国的经济系统呈现出东、中、西部的显著差异，生态系统因经度、纬度、海拔相似而呈现相似性，也因经纬度、海拔不同而呈现显著差异。

（二）差异性

反馈模式差异。经济系统的反馈是正反馈模式，是指在经济要素的投入物不受限制、经济机制的改变不会影响经济的原有运行状态或经济机制不会改变等约束条件下，不断地投入要素，由于经济机制本身的“乘数”“加速”等原理，经济的投入产出不断演变，从而实现经济的发展。这是一种动态的、单向的增长。生态系统的反馈是负反馈模式，这一机制主要通过营养关系进行。通过这一模式，生态系统调节着种群生物量的增减，使整个生态系统维持动态平衡。

分解者的作用差异。在经济系统中，由于不经消费者而直接流向分解者是毫无意义的，因此由生产者直接转到分解者的量很少。经济系统中的分解者主要是从事资源回收再利用和最终处置的团体和个体，他们在社会组织结构中无论是在数量上还是在规模上都显得微不足道。因此，资源回收再利用一直处于边缘地位，分解者很弱小，分解功能不完善，与合成功能完全不匹配，导致资源和环境问题日益严峻。在生态系统中，发达的分解作用保障了物质循环和能量传递的实现。生产者的大部分产品都直接转到分解者那里，分解者将绝大多数的物质再还给生产者再利用，分解者在物质循环中占主导地位。

---

① Schrodinger E. What is life？[M]. New York：Macmilan，1945：45.

② Hobson J A. Economics and ethics[M]. Boston：Health，1929：12.

多样性差异。经济系统在单位空间上的多样性是很缺乏的，而这正是导致物质特别是生产工艺过程和生活消费中排放的废弃物不能得到充分循环的主要原因。而成熟的生态系统往往具遗传基因、物种和系统等多样性。多样性是生态系统最关键的特点。正是因为多样性，才保证了物质循环的顺利发生和运行。

系统目标的差异。经济系统的目标是追求利润最大化，在该目标的驱使下，人类对物质的消费需求可能超出生态系统阈值，从而对环境造成破坏。生态系统的目标是多重的，或者说从全球尺度来看，还没有研究能确切地论证生态系统的发展是有明确目标的。不过可以明确的是，生态系统从来不以产量最大化为自己的追求目标。追求系统的稳定性可能是生态系统存在和演化的主要目标。[①]

第三节　生态经济系统

一、生态经济系统及其亚系统

（一）生态经济系统的概念

生态经济系统是由生态系统和经济系统通过技术中介以及人类劳动过程所构成的物质循环、能量转化、价值增值和信息传递的结构单元和复合系统，是生态系统和经济系统的有机结合与统一。[②]生态系统与经济系统必须在劳动过程中通过技术中介才能相互耦合为整体，形成价值并实现增值。

生态经济系统具有双重结合性和矛盾统一性。双重结合性是指它由生态系统和经济系统复合而成，其运行同时受生态规律和经济规律的制约。矛盾统一性则指生态和经济两个子系统的运行方向和要求既是矛盾的，又是统一的。矛盾性体现在经济系统的要求是对生态系统“最大的利用”，而生态系统的要求是对自己“最大的保护”；统一性体现在经济系统对生态系统不仅要短期利用，更要长期利用，这就需要对之进行保护，从而使经济和生态的要求得到统一。

（二）生态经济系统的亚系统

生态经济系统由生态系统、经济系统和技术系统 3 个亚系统构成，这 3 个亚系统有各自不同的地位和作用，并在生态经济系统内部存在联系。

从生态经济亚系统的地位来看，生态系统是基础。生态系统的基础地位主要表现在生态经济系统进行生产和再生产所需要的物质和能量，无一不是直接或间接来源于生态系统。经济系统是主体。经济系统的主体地位主要表现在经济系统的主导作用。人作为经济活动的主体，通过调节控制使经济系统的再生产过程成为有目的的社会活动，并以技术系统为中介影响和改造生态系统，强化或者改变生态系统的结构和功能，使之为自己服务。技术系统是中介。技术是人类利用、开发和改造自然物的物质手段、精神手段和信息手段的总和。在生态经济系统中，技术是联系经济系统与生态系统并使二者融为一体的媒介。

---

① 韩凌，李书舒，王佳，等. 经济系统与生态系统的类比分析[J]. 中国人口·资源与环境，2006，16（4）：13-16.

② 沈满洪. 生态经济学[M]. 3 版. 北京：中国环境出版集团，2022：39.

如生态系统中矿物质输入经济系统并转化为电能或其他经济产品，是通过勘探、采掘、冶炼等技术实现的。在一定程度上说，没有技术这个中介，也就没有生态经济系统。

人类经济活动与生态系统的关系是生态经济系统的最基本关系。人类为了满足自身需要，不断地同生态系统进行物质交换；同时把人类社会的一些有用物质或废弃物给予生态系统。人类活动对生态系统的影响包括两类：适度利用改造型，即人类对生态系统的影响一直维持在生态平衡的限度内，人类的生存利用、享受需求和创新发展，都不损害生态平衡；破坏性改造型，即人类对生态系统的影响超出了生态系统的耐受度而发生系统失衡。例如，森林过度采伐导致生态系统退化甚至失调。人类经济活动与技术的关系：人类活动主体与技术手段的关系是生态经济系统结构关系的重要组成部分，没有人与技术的关系，也就不可能产生生态经济系统。技术是人类劳动的结晶，同时对人类活动有限制作用。技术与生态系统的关系：一切技术要素或依附在人的劳动过程中，或存储在人的活劳动中，或作为传导手段被人掌握。一定生态系统的规模和特殊自然规律，必然要求与之相适应的技术手段；同一个生态系统的不同发展水平以及同一水平不同的发展时期，都要求不同的技术与之相适应；同一个生态系统在特定时空内，由于系统内在的变化，同样要求一定的技术手段与之相适应。例如，应用于水田生态系统的技术不适用于旱田生态系统，农田生态系统的技术手段不适用于水域生态系统等。

二、生态经济系统的特性

生态经济系统主要有整体性、层次性、地域性、融合性、协调有序性和动态演潜性等特性，[①]把握这些特性，有助于人类社会主动调适、促进生态经济系统良性循环。

（一）整体性

生态经济系统具有严密的整体性，系统中某一要素发生变化可引起整个系统的变化。如生态系统与经济系统的关系，一旦生态系统遭到破坏，必然引起气候变化、生物多样性丧失等问题，从而导致经济系统的失调。因此，要把生态系统和经济系统的各要素置于生态经济系统中，用系统观点研究整体与要素、要素与要素之间的相互关系，并研究整体内由于某一要素的变化而引起的其他要素和整体的变化。

（二）层次性

生态经济系统是多层次的复合系统。从横向层次可划分为：第一层次，全球型，即由生物圈和人类经济社会构成的生态经济系统；第二层次，国别型，即某国的自然生态与经济社会构成的生态经济系统；第三层次，地域型，即某地域的自然生态与经济社会构成的生态经济系统。

从纵向层次可划分为：第一层次，部门型，即由部门经济和自然生态构成的生态经济系统，如农业、工业和服务业生态经济系统等；第二层次，专业型，即专业生态经济系统，如农田、森林、草原和渔业等生态经济系统。

---

① 沈满洪. 生态经济学[M]. 3 版. 北京：中国环境出版集团，2022：43-45.

（三）地域性

生态系统有地域性差异，不同地域的生态系统随着环境变化，其内部结构、功能等都会有或大或小的差异，而这些差异就成为制约各地区经济发展的重要因素。生态经济系统地域性特点要求人们以不同生态系统的地域差异为依据，因地制宜地进行合理区划布局，采用现代技术和管理手段充分发挥不同地域生态经济系统的优势和潜力。例如在我国精准扶贫政策中，对于地处生态系统脆弱区的人们采取"下山脱贫""大搬快聚"等方式，使他们离开生态系统难以支持他们生产生活的区域，进入比较容易获得就业机会和生产资料的区域进行就业、创业等，从而实现精准脱贫，并推动生态系统进展演替。

（四）融合性

融合性包括内部融合性和外部融合性。内部融合性体现在生态经济系统的再生产是自然再生产、经济再生产和人类自身再生产的相互交织。生态经济系统在人的主导作用下，由自然力和人类劳动相结合共同创造使用价值和实现价值增值。外部融合性体现在生态经济系统是开放系统，与周围的自然与社会环境有着物质、能量、价值与信息的输入输出关系，使生态经济系统保持稳定。

（五）协调有序性

协调有序性是生态系统有序性与经济系统有序性的融合。生态系统有序性是生态经济系统有序性的基础，经济系统遵循有序运动规律，不断地同生态系统进行物质、能量、信息等交换活动，以维持自身的稳定性。当经济系统相较于生态系统较小时，世界是"空的世界"，此时，经济系统对生态系统的物质、能量吸收与废物排放是永恒的；随着经济系统扩张，当经济系统充斥生态系统各方面时，世界变成"满的世界"，经济系统对生态系统的物质、能量吸收与废物排放就不再是永恒的了，生态系统与经济系统就不再协调有序了。[①]因此，这两个层次有序性必须相互协调，并融合为统一的生态经济系统有序性。生态系统与经济系统之间物质、能量和信息的交换过程中各要素的协同作用，使两大系统协调耦合起来，也使耦合后的生态经济系统具有新的有序特征。

（六）动态演替性

生态经济系统是与实践有着紧密联系的理论范畴，随实践深化而发展演替。生态经济系统演替是经济社会系统演替与自然生态系统演替的统一，是经济社会主导的演替过程。生态经济系统演替与一定的历史发展阶段、同一历史阶段经济发展的不同时期以及同一时期的不同经济活动相联系。从进展演替看，大致经历了原始型生态经济系统、掠夺型生态经济系统和协调型生态经济系统三个阶段。它们分别代表不同的生产力和人们对自然界的认识水平，它们的发展是一个由低到高的演变过程。协调型生态经济系统是人类社会发展进入新的生态时代后，经济系统通过科技手段与生态系统结合，高效、高产、低耗、优质、多品种输出、多层次相互协同进化发展的协调演替方式。其特征是科技和生产力更快、更

---

① 孙勇. 从"空的世界"到"满的世界"——对循环经济理论假设的思考[J]. 经济问题探索，2004（12）：16-20.

高水平发展，生态经济系统结构走向协调。这种生态经济系统是当前人们正在努力建造，今后要普遍存在的理想的生态经济系统。协调型生态经济系统的形成和发展，将引导人类社会进入生态经济协调和可持续发展的状态。

三、生态经济系统的功能

生态经济系统具有物质循环、能量流动、信息传递和价值增值四大功能。

（一）物质循环

生态经济系统的物质循环是生态系统的生态物质循环和经济系统的经济物质循环有机结合、相互转化的循环运动过程。生态物质循环是经济物质循环的基础。生态物质循环会参与一定经济系统的物质循环运动。例如，森林中的一些幼树经过市场交换被移植到新的林地，则其物质循环运动就具有森林生态经济系统的物质循环特征。经济物质循环是生物圈物质循环的一个过程，是在人的主导作用下有目的的运动。例如，种子、肥料等在市场上流通属经济物流，一旦在田里播种就构成生态经济系统的物质循环。生态系统的物质与经济系统的物质相互融合是在社会生产过程中完成的。生态经济系统的物质循环是由生态物质与经济物质相结合、交换和转化融合而成的。人类通过社会再生产充分发挥物质循环和能量流动的功能，创造出丰富的物质财富和优美的生态环境以满足人类生存和发展的需要。因此，生态经济系统的物质循环实质上是人类通过社会生产与自然界进行物质交换。在此过程中改变生态物质的形态加工成人类所需的物质产品，以满足人类生活和生产的需要，使人类的再生产不断维持和发展。物质循环的本质是自然的人化过程。人类在生态经济系统中协调人、社会和自然界之间的物质循环与转化关系，控制生态物质循环，创造经济物质循环，促进物质循环畅通。

（二）能量流动

能量流动是自然界物质运动的基本规律，也是最重要的生态经济功能。生态经济系统的能量流动是指各种形态的能量在生态经济系统内部及系统间的流动状况及其动态传递。能量流动是恒定的、单向的，是不可逆的过程。能量既不能创造，也不能消灭，只能从一种形式转化为另一种形式。输入系统的能量必定等于系统储存和耗散的能量。能量在生态经济系统内及系统之间流动是逐级递减的。生态经济系统的能量流动表现为生态能流向经济能流的转化和经济能流的逐级流动以及向生态系统的耗散。生态能流向经济能流的转化主要表现在经济能源的生产过程之中。转化方式主要有：自然能源直接利用，如狩猎、采集等；通过农牧业生产和化石能源开采等间接利用。经济能流的逐级流动与耗散则是经济能流在其逐级流动利用中，总会有一部分能量转化为热能而耗散在环境中，这就是经济能流向生态能流的转化，这实际上是经济能流在利用中的损失。因此，农业食物链不可拉得过长。

（三）信息传递

生态经济系统的信息传递是指在生态经济系统内部和系统之间进行的信息获取、储存、加工、传递和转化的过程。它是物质循环、能量流动、价值增值及其相互转换时的基本属性，表现为物质、能量和价值运动的状态和方式，是物质流、能量流和价值增值的外化形式。

信息传递来源于物质的变化和运动，可以相对独立地被传递和变换。生态经济系统是一种人工调控的耗散结构系统，信息在传递过程中不可避免地有一定的损失，而损失掉的信息在系统内是不可能再恢复的。在进行信息传递时，每一阶段的信息均不会因为传输而减少，可无限地共享使用。信息既有从输入到输出的信息传递，又有从输出到输入的信息反馈。人类可以按照这些传递和反馈信息来改变信息的内容或数量以便对被控制对象产生影响。信息传递需要载体又控制着这些载体，有效地利用信息可以节约时间、人力和财力。信息的利用可以提高人们的认识，给观察者提供关于事物运动状态的知识，但不一定能了解事物未来的状态。因此，应不断地捕捉新的信息。

（四）价值增值

生态经济系统的价值增值是人类通过有目的的劳动把生态物质转化成经济产品，价值随着产品的生产不断地形成、增值和转移，并通过商品交换实现其价值的过程。它在本质上是物化的社会必要劳动的表现。生态经济系统可以通过延长产业链实现加环增值，也可以根据生物量金字塔和能量传递的“十分之一定律”实现减环增值，还可以利用地域间商品流动的不均质性、质量性状、季节变更、特殊需求习惯等实现差异度增值。价值增值最主要的特征就是价值是逐级递增的，是一种有回路的特殊信息流。社会再生产过程使价值量沿着生产链的各部门和各环节转移逐级增加。价值增值的源泉是劳动。人类劳动是活劳动和物化劳动与生态系统相结合的过程，活劳动创造新价值，物化劳动转移旧价值。它从本质上反映了社会再生产是物质循环、能量流动、价值增值的融合过程。

生态经济系统的价值形态包括经济价值、社会价值和生态价值等。经济价值是用货币计量的市场价值，其高低取决于社会必要劳动时间和市场供求状况。它是生态经济系统追求的主要目标。社会价值是社会有用性的货币表现，它可以促进社会、经济和生态环境一体化的持续发展。生态价值包括生态文化价值和生态景观价值。生态文化价值是生态经济系统的改善和建设所显示的不可计量的价值。它表明人类对自然界的责任和义务。生态景观价值是指自然生态景观、历史名胜古迹等用以满足人们精神需求而产生的环境欣赏价值。

第四节　生态经济系统的协调发展规律

一、生态经济系统结构及其优化

（一）生态经济系统结构

生态经济系统结构是指系统内部各组成成分之间在空间或时间方面有机联系或相互作用的方式，即各生态经济要素之间按照特定的生态经济关系的相互组合、相互配置方式及其相互关系的总称。生态经济结构是经济循环运动、生态循环运动及技术运动的有机统一整体。

（二）生态经济系统结构优化理论

生态经济系统结构是否合理，关系到生态平衡与否和经济发展的速度和方向。评价生态经济结构应掌握稳定性、高效性和持续性三条基本标准。稳定性是指生态经济系统内部要素变化或在受到外部干扰时，并不改变系统本身的结构特征，并有消除干扰继续保持其高效性的能力。稳定性表现为均衡性、复杂性和开放性。均衡性是指生态经济要素之间的属性特征、规模特征、时序特征相互适应。复杂性是指生态经济要素之间联系的复杂程度。一般而言，复杂程度越高，系统就越稳定。开放性是指生态经济系统不断地与外界交换物质和能量，并在一定时空保持有序的状态。高效性是指生态经济系统物质循环、能量流动、信息传递和价值增值等功能的高效性。物质循环的高效性，包括自然资源综合利用率、"三废"循环利用率、劳动生产率等的高效性。能量流动的高效性，表现为能源的利用率和转化率高。信息传递的高效性，包括市场信息、科学技术、经济政策等传递的准确性和高效性。价值增值的高效性，包括投入产出率、成本利润率、人均收入等的高效性。持续性是指从动态发展来看，生态经济系统高效功能的持久维持和稳步提高，并允许系统有适当波动。如发展合乎生态学要求的现代产业，构建以国内大循环为主体、国内国际双循环相互促进的新发展格局以促进我国强国经济的发展。稳定性、高效性和持续性是生态经济结构优化必须同时具备、缺一不可的三个特征。高效性以稳定性为基础，稳定性必须是高效性的前提，持续性是稳定性和高效性在动态发展上的综合特征。

生态经济系统结构决定功能。只有保持稳定、高效、持续的结构，才能发挥生态经济系统的最大功能。[①]生态经济系统结构优化应遵循以下四个原则：一是要素择优配置原则。生态经济结构优化设计就是把系统的各要素以最适合的方式配置在一起。要素择优配置应根据社会需求、经济效益、生态特点等选择最优的配置目标；应选定最有益于增强功能、稳定结构的配置要素；应从可行的配置方式中选定最优配置方式。二是限制性要素优先配置原则。在生态经济系统中必有一个或几个要素是限制性因素，其变化制约着其他因素乃至整个系统的变化。主要有两种：①主导性要素，它们在系统中居于主导地位，其变化会引起系统发生质的变化；②最小子系统要素，它们往往是系统最薄弱的环节，因而制约系统发展。因此，生态经济结构优化设计时，要特别注意加强主导性要素和最小子系统要素的配置。三是互利共生原则。生态经济要素间存在互竞、互补及互助的关系，且要素之间具有同类相吸特性，因此必须趋利避害，使要素之间在属性上相互协调、彼此相依，形成互利共生的组合格局。这意味着在对生态经济要素初建或重组过程中，既要考虑资源导向又要适应市场导向，以形成互利共生的格局，使生态经济系统稳定、高效和持续发展。四是立体布局原则。当生态经济系统要素在空间上呈现立体网络格局时，生态经济系统的结构稳定性最强，物质循环、能量流动、信息传递和价值增值能力最优。因此，应利用生态经济系统的立体网络结构进行立体配置，把良性循环的多维立体结构作为优化目标。

---

① 沈满洪. 生态经济学[M]. 3 版. 北京：中国环境出版集团，2022：50.

二、生态经济基本矛盾及其根源

（一）生态经济基本矛盾的内涵

人类是处于食物链顶端的消费者，随着生产力的发展，人类采集、狩猎等活动的加强开始了对某些动植物资源过度消耗甚至食物链环的损坏。生态系统的这一变化反过来影响人类的采集、狩猎等活动，这是人类社会发展历史过程中最早产生的原始生态经济矛盾。农业的产生缓和了原始生态经济矛盾。但人类过度的农业干预在局地产生生态经济矛盾激化，如中美洲的玛雅文明的消失。工业革命带动生产力突飞猛进的发展，人类对生态系统的需求急剧增加，干预自然的能力持续增强，大量工业剩余物以废弃物的形式直接进入生态系统，严重损害生态经济的结构和功能，导致生态经济系统基本矛盾加剧。[①]生态经济系统的基本矛盾是指经济系统对物质、能量的需求超过生态系统物质、能量更新能力，在生态供给与经济需求之间产生的结构性、功能性的不适应状态。[②]在生态经济系统中，人类需求与自然供给之间、经济系统与生态系统之间是对立统一的，二者关系主要取决于人类及其经济活动的调控作用。人既是生态系统的一员，又是经济社会活动的主体。作为自然人，必须服从生态规律，参与自然再生产；作为社会人，要通过经济活动去干预、影响生态系统，使生态系统更好地进行演替并为人类经济社会发展服务。

（二）生态经济基本矛盾的表现

生态经济基本矛盾主要有以下四个方面的表现：

生态系统负反馈机制与经济系统正反馈机制的矛盾。经济系统总体上是不断增长的正反馈机制控制着系统运行，而生态系统的物质、能量积累在达到一个顶级状态后便稳定在这一阈值上，其负反馈过程与经济系统的正反馈过程常处于矛盾之中。生态经济发展是总体的正反馈机制和局部的负反馈机制的有机组合。生态经济持续发展就是在不断克服这一矛盾的过程中实现的。

生态生产力与经济生产力的矛盾。由于受生态系统负反馈机制的制约，物质和能量的更新速度十分缓慢，周期很长。例如自然界物种的更替是地质年代的产物，而不恰当的经济利用使地球上每 6 小时丧失一个物种。生态生产力越来越赶不上经济生产力的需求。

经济增长技术与恢复生态技术的矛盾。单纯追求经济增长的技术可能是以破坏环境为代价的。技术进步的目标，不仅仅是短期内获取高额利润，也不仅仅是在局部上实现经济增长，而应着眼于长远的、全局的经济发展，包括恢复生态平衡目标。而在现实社会中，废弃物资源化技术、污染治理技术、资源再生技术等的研究和推广的速度大大落后于污染、生态结构和功能失调的速度，恢复生态平衡的技术赶不上单纯追求经济增长的技术发展。

生态系统自然有序与经济系统社会有序的矛盾。在生态系统中，能量必然沿着植物→动物→微生物的顺序转换，能量传递是自然有序的，系统是稳定的。而在经济系统中，能量可能越过植物生产而直接向高耗能的工业部门传递，能量转化的立体网络十分庞大，过多的转化环节会导致能量的浪费。要想创立稳定发展的生态经济系统，必然需要经济系统

① 王干梅. 试论生态经济协调发展规律[J]. 中国农村经济，1987（1）：19-25，36.
② 沈满洪. 生态经济学[M]. 3 版. 北京：中国环境出版集团，2022：52.

社会有序主动地向生态系统自然有序耦合。

（三）生态经济基本矛盾的根源

20世纪以来，经济功利主义、物质享乐主义在世界各国蔓延和泛滥，尤其是一些发达国家达到登峰造极的地步。在传统经济学的价值观和发展观指导下，人类文明和世界经济发展在整体上已经进入极端的经济主义、贪婪的功利主义、腐朽的享乐主义，工业文明高投入、高消耗、高污染的生产方式和高消费、高享受、高浪费的生活方式合二为一的人类生存方式具有“反社会”和“反自然”的性质。这就是当今世界陷入生态危机深渊的现实原因，是现代人类面临生态危机、生存与发展危机的经济根源[①]，因此，经济功利主义是现代社会陷入生态灾难、面临生存危机的深刻根源[②]。这是与“生态-经济-社会”健康运行与可持续发展相背离的，标志着工业文明发展进入了衰落的阶段。这种经济功利主义只顾经济牺牲生态、只顾个人牺牲整体、只顾眼前牺牲长远、只顾现在牺牲未来，是以生态系统的不可持续为代价的暂时发展，使人类落入“不可持续发展陷阱”。面对世界人口、资源、环境与经济社会互不适应、互不协调的严重局面，人们围绕世界前景、增长极限、人口爆炸、环境状况、保护自然和自然资源等问题进行辩论，对人类的前途和世界的未来进行预测研究，又同未来学、发展战略学研究紧密联系，共同探讨经济社会和生态环境之间的发展关系。这就产生了从根本上寻找并践行新的发展规律，即追求适应“生态-经济-社会”复合系统健康运行与可持续发展的生态经济协调发展道路。当今人类文明发展正在“进入生态时代”，使人与自然、社会经济与自然生态的发展关系进入了一个崭新时代[③]，需要建设和发展具有中国特色、中国风格、中国气派并被不断赋予鲜明的实践特色、民族特色、时代特色的生态经济模式。

三、生态经济协调发展规律

自1987年刘思华《关于生态经济协调发展论的几个问题》发表以来，生态经济协调发展规律[④]成为生态经济领域研究的重要内容。1991年，全国十年生态与环境经济理论回顾与发展研讨会认为，当代中国生态经济协调发展理论是我国学者集体的伟大创造。这次研讨会的功绩就在于充分肯定和高度评价了生态经济协调发展学说[⑤]。

（一）生态经济协调发展规律的内涵

生态经济协调发展规律是指经济系统以生态系统为基础，人类的经济活动要受到生态系统容量的限制；生态经济系统是矛盾的统一体，如果生态子系统和经济子系统彼此适应，就能达到生态经济平衡的结果。人类社会有可能通过认识生态经济系统，使自身的经济活动水平保持一个适当的“度”，以实现生态经济系统的协调发展。[⑥]例如，发展合乎生态学

---

① 刘思华. 现代经济需要一场彻底的生态革命——对 SARS 危机的反思兼论建立生态市场经济体制[J]. 中南财经政法大学学报，2004（4）：11-19.

② 刘思华. 关于发展可持续性经济科学的若干理论思考[J]. 经济纵横，2008（7）：27-33.

③ 刘思华. 刘思华文集[M]. 武汉：湖北人民出版社，2003：310.

④ 王干梅. 试论生态经济协调发展规律[J]. 中国农村经济，1987（1）：19-25，36.

⑤ 刘思华. 当代中国的绿色道路[M]. 武汉：湖北人民出版社，1994：282.

⑥ 沈满洪. 生态经济学的定义、范畴与规律[J]. 生态经济，2009（1）：42-47，182.

要求的现代农业[1]就是人类干预生态系统以满足人类食物安全需求的、符合生态经济协调发展规律的必然选择。生态经济协调发展规律要求在维持生态系统稳定的前提下保证对人类全面需求的最大满足。可采用生态系统生产总值-经济发展耦合协调模型来测度生态系统与经济系统间耦合协调关系。[2]

生态经济系统的联系性既指生态系统与经济系统之间存在广泛的联系，又指生态系统内部、经济系统内部、生态经济系统内部各要素之间的广泛联系。生态系统各生态要素之间的协调关系，不像经济系统各经济部门之间的协调关系有较为严格的经济技术关系，决定了生态系统和经济系统的协调关系具有伸缩性；生态系统再生产周期很长，决定了生态经济系统的变化和发展具有长期性。同时，生态经济协调发展规律具有滞后性，即当人们违背这一规律时，规律往往后发制人，通过惩罚来显示它的作用。虽然人们不能创造规律，但由于有规律可循，人类可以顺应生态经济协调发展规律，增强人与自然的协调性。

（二）生态经济协调发展规律的实现

生态经济协调发展有赖于人类主观能动性的发挥，实施生态经济协调发展战略，实现生态与经济的协调互促。人类应在把握生态经济协调发展规律的基础上，增强人与自然的协调性，实现社会经济的发展和生态系统的可持续。这就要求有长远眼光并以生态经济最优为发展目标。

社会经济决策必须有长远眼光。许多场合，生态系统的改善不能马上给经济发展带来好处，而生态系统稳定的破坏也不一定立即影响经济增长，有时甚至会出现负相关的倾向。这要求人们在经济决策时要有长远眼光，不可急功近利，以实现“绿水青山就是金山银山”。例如，针对农村经济粗放发展与乡村环境“脏、乱、差”问题，2003 年，浙江省启动了“千村示范、万村整治”工程，坚持一张蓝图绘到底。始于抓好道路硬化、路灯亮化、卫生洁化、村庄绿化、河道净化等环节，在发展过程中拓展到面源污染治理、农房改造、历史文化村落保护、农村公共服务设施建设、乡村产业发展、乡风文明与乡村治理等领域，从而走出了一条示范带动、整体推进、深化拓展、转型升级的农村人居环境整治和美丽乡村建设的新路径，实现了美丽生态的新蝶变。[3]

发展目标是生态经济最优。这要求人类的经济活动要基于生态系统的可更新能力，不能从纯经济活动或纯利润动机出发，必须顾及生态后果。同时，只要不超出生态系统阈值，就不能一味地反对人类干预、利用生态系统和开发自然资源。例如，浙江省充分认识生态经济协调发展规律，以更高的标准推进绿色低碳发展、以更大的范围推进生态环境保护、以更大的力度推进资源高效利用、以更广的视野推进美丽城乡建设、以更大的力度推进生态科技创新、以更严的要求推进生态环境治理，旨在打造以“生态经济主导化、生态环境景观化、自然资源循环化、全省一体化大花园、绿色科技创新自主化、生态文明制度体系化”为主要表征的“人与自然和谐共生的现代化”的“重要窗口”[4]。

---

① 李周. 发展合乎生态学要求的现代农业[J]. 农村经济，2020（10）：1-13.

② 韩增林，赵玉青，闫晓露，等. 生态系统生产总值与区域经济耦合协调机制及协同发展——以大连市为例[J]. 经济地理，2020，40（10）：1-10.

③ 黄祖辉，傅琳琳. 我国乡村建设的关键与浙江“千万工程”启示[J]. 华中农业大学学报（社会科学版），2021（3）：4-9，182.

④ 沈满洪. 建设“人与自然和谐共生的现代化”的“重要窗口”[J]. 浙江工商大学学报，2021（5）：5-12.

第三章　顶层设计生态空间规划

生态空间规划是指对一定区域内生态空间的开发保护在时间和空间上做出安排。党的十八大报告明确提出要优化国土空间开发格局，促进生产空间集约高效、生活空间宜居适度、生态空间山清水秀。生态空间是人类赖以生存的基础空间，对生态空间规划的顶层设计是生态空间发展的指南，是可持续发展的空间蓝图，充分体现了国家战略和自上而下逐级落实的国家意志。本章基于“尊重自然，顺应自然，保护自然”的生态理念，从生态空间的内涵、管控措施、生态红线保护制度和自然保护地体系出发，对生态空间整体规划进行概括性总结，既明确了生态空间规划体系的组成，又充分阐述了生态空间管理的法律法规和相关政策。

第一节　生态空间及其管控

一、生态空间的性质与要素

生态空间是生态空间规划的重要对象。对生态空间的定义与划分决定着规划格局和空间体系的形成。识别生态要素和定义生态空间区域是生态空间规划的关键一步。

（一）生态空间概念

生态空间的相关概念最早起源于国外“绿色空间”一词，国外对于绿色空间的研究起源于18世纪60年代，英国的工业革命在加快城市化发展的同时带来了环境的不断恶化，继而引发了公众健康问题，由此引起了公众对绿色空间环境改善的研究。①

根据国土资源部于2017年印发的《自然生态空间用途管制办法（试行）》（国土资发〔2017〕33号），本书将生态空间定义为：具有自然属性，以提供生态产品、生态系统服务、生态服务价值为主体功能，为生态、经济和社会长远发展提供重要支撑作用的国土空间，包括森林、草原、湿地、河流、湖泊、滩涂、岸线、海洋、荒地、荒漠、戈壁、冰川、高山冻原、无居民海岛等，其空间范围包括全部生态空间以及城镇空间与农业空间内部具有自然属性的区域。

（二）生态空间属性

生态空间具有实体、功能、管理等多维属性，同时蕴含了生态系统服务多样性、生态

① 王甫园，王开泳，陈田，等. 城市生态空间研究进展与展望[J]. 地理科学进展，2017，36（2）：207-218.

空间功能复合性、生态服务价值人本性的三重内涵。生态系统服务多样性是指生态空间可提供多种生态服务，包括调节作用、净化、提供产品和服务等；生态空间功能复合性是指各类生态空间，包括自然生态空间、城镇生态空间和农业生态空间功能复合，不仅具备生态功能，还具备生产、生活的功能；生态服务价值人本性是指生态空间的服务对象以人为主，生态空间既包含了人类与生态系统的耦合，又体现了惠及人类的需求导向。①

（三）生态空间分类

生态空间的类型丰富多样，具有空间性、复杂性和多样性的特点。从不同角度出发，生态空间的类别也具有多样性。

从生态空间范围来看，生态空间分为广义的生态空间和狭义的生态空间。广义的生态空间是指具有自然属性，以提供生态服务或产品为主要功能的国土空间；狭义的生态空间是指生物维持生存、繁衍所需的环境空间。

从生态空间类型来看，广义的生态空间还可以划分为自然生态空间、城镇生态空间和农业生态空间。自然生态空间是指以提供生态系统服务或生态产品为主体功能，除城镇空间、农业空间以外的所有国土空间；城镇生态空间是指以提供生态系统服务或生态产品为主体功能，具有人工或半人工生态系统景观特征的城镇空间，包括城镇绿地、城市植物园、城市森林公园等；农业生态空间是指以提供生态系统服务或生态产品为主体功能，具有农林牧混合景观特征的农业空间，包括农田防护林、涝池、农田与农田过渡区等。

从生态空间治理来看，生态空间分为永久生态空间和一般生态空间。永久生态空间是指在生态空间范围内具有特殊重要生态功能、必须强制性严格保护的区域，也就是生态保护红线范围内的空间区域；一般生态空间是指除永久生态空间范围外的所有生态空间。②

（四）生态空间要素

生态空间要素类型主要有山、水、林、田、湖、草、海、沙。它们不仅是生态空间要素，也是重要的生态资源，各个生态要素共同构成了一个生命共同体，各要素之间相互依存、相互制约。

生态空间要素拥有三大属性，分别是整体性、结构性和动态性。整体性是生命共同体的核心，各个要素之间相互联系、相互依存，共同构成有机整体；结构性是指各个生态空间要素都占据一定的生态空间和空间布局，拥有一定的结构；动态性是指各类生态空间要素都随着时间和空间的变化不断变化，各个要素空间相互转换。具体生态空间要素定义见表 3-1。

表 3-1　生态空间各要素定义

要素	定义
山	指具有一定高度和坡度的地形区，包括山地、丘陵、盆地等
水	指以承担淡水供应、水能提供、物质生产等为主要功能的动态水域生态空间，包括河流、滩涂等

① 陈阳，岳文泽，张亮，等. 国土空间规划视角下生态空间管制分区的理论思考[J]. 中国土地科学，2020，34（8）：1-9.

② 高吉喜，徐德琳，乔青，等. 自然生态空间格局构建与规划理论研究[J]. 生态学报，2020，40（3）：749-755.

要素	定义
林	指以生长乔灌木为主体功能的生态空间，主要包括林地、灌木林和其他林地
田	指以种植农作物、生产经济作物为主要功能的生态空间，主要包括水田、旱田、种植园和其他园地
湖	指由一定地形积水形成的拥有固定范围的水域，相较于河流来说流动性较差，包括湖泊、水库等
草	指以生长草本植物为主的生态空间，包括天然草地、人工草地和其他草地
海	指地球上广大而连续分布的咸水空间，广义上是指海洋
沙	指表面覆盖散沙、极度缺水的生态空间，包括沙漠、戈壁等

二、生态空间布局与用途

生态空间布局是生态空间规划的表现形式。各个区域基于不同的发展模式和基础情况，对生态空间体量、形态进行划分，形成不同的布局模式。构建科学合理的生态空间布局，保护重要的生态空间是科学管控人类行为、理顺保护与发展关系、降低人类活动与生态保护冲突的基础。生态空间布局结构是一种以保护为目的的导向型规划，其核心目的是保护生态系统功能、实现区域可持续发展，充分发挥生态空间的功能用途。

（一）生态空间布局

生态空间布局主要有六种最基本的形态和模式，分别是点状、环状、网状、带状、楔状、放射状（表 3-2）。不同生态区域可能由两种或两种以上基本布局形态组合出新的形态，这种组合布局形式，如放射环状、点网状、环网状、放射网状、复环状等。生态空间的具体布局形态与所处的空间属性有关，如在城镇空间内部，生态空间多以点状、楔状的形态出现，其目的是改善城市环境和小气候，营造舒适宜人的人居环境。

表 3-2 生态空间布局形态

布局类型	点状	环状	网状	带状	楔状	放射状
形态						

生态空间布局方式主要有两种，即以形态为主导的空间布局和以功能为主导的结构布局。[①]空间布局以生态斑块、生态廊道和生态支网为主要形态，使得生态空间布局更加整体化和系统化；结构布局依托于生态空间的功能多样性，从生态安全、生态福祉和生态产业出发，布局生态空间，使得生态系统更好地服务于人类，提供生态系统服务价值。

① 王成. 中国城市生态空间：范围、规模、成分与布局[J]. 中国城市林业，2022，20（2）：1-7.

（二）生态空间功能用途

生态空间属于生态系统的重要空间范畴，以生态系统服务功能为主导功能。生态空间的功能用途按照功能类型细分为 3 类：生态功能、生产功能和生活功能。生态功能也称为自然功能，是指生态系统本身或者在其运行过程中所诞生的、维持人类生存的自然条件及其效用，其中主要包括 7 类功能：调节、净化、应对突发事件、授粉、水土保持、养分循环、初级生产。生产功能也称为经济功能，是指通过土地获得产品和服务的功能，其中主要包括 4 类功能：直接供给生产、原材料生产、能源生产、间接生产。生活功能也称为社会功能，是指生态空间在人类活动中所承载的保障功能，其中主要包括 3 类功能：精神保障、物质保障、空间承载。[①]

按照生态空间的不同类型划分，其主要功能用途差异性较大。自然生态空间以生态功能为主，其中包括维护生物多样性、提供野生动植物栖息地、保持生态系统稳定性等；城镇生态空间以生活功能为主，其中包括空间承载、降低噪声、防灾减灾、避难、满足居民游憩活动等；农业生态空间以生产功能为主，如农田、果园、茶园等，主要用于生产经济作物。

三、生态空间的用途管控、监测评估与生态修复

生态空间的用途管控、监测评估与生态修复是生态空间规划的有效治理手段。用途管控是对规划范围内的生态空间进行限制性的规定，是政策层面的治理手段；监测评估一方面是对规划范围内的生态空间变化进行动态监测，另一方面是对各部门生态空间治理行为进行监管；生态修复是空间规划的改良性措施，针对生态破坏区进行人工干预和改善。

（一）用途管控

生态空间用途管控是一项针对生态空间开发、利用、保护的管理政策。进行用途管控应当遵守如下原则：坚持生态优先、区域统筹、分级分类、协同共治的原则，坚持与生态保护红线制度和自然资源管理体制改革要求相衔接的原则。在生态空间的用途管控上，通常采取分区和分类管控。针对不同的生态空间要素类型，进行分类管控；针对不同的空间区域，进行分区管控。

分类管控是对不同的地类和要素进行用途管控，主要手段是用途转换和强度管制。其中，用途转换是指政策活动使得土地用途发生转换，主要包括现状非建设用地向规划建设用地转换，现状建设用地向非建设用地转换，以及现状非建设用地之间的转换。[②]

分区管控是将生态空间划分为若干个不同区域，实行区域内一致而区域间不同的管控制度和政策。主要分为按照政策层面划分的政策分区和按照功能层面划分的功能分区。在政策分区内，依据各区域的经济、社会和自然条件，以行政区为单元，划分空间；在功能分区内，以空间主导的功能为导向，打破单元边界，划分为生态控制区和生态保护区。

实施生态空间用途管控是生态空间管得住的核心和关键。生态空间用途管控的具体规则见表 3-3。

---

① 李广东，方创琳. 城市生态-生产-生活空间功能定量识别与分析[J]. 地理学报，2016，71（1）：49-65.

② 方勇. 国土空间分区分类用途管制规则研究[J]. 上海国土资源，2023，44（1）：10-14.

表 3-3 生态空间用途管控规则

管控维度	生态空间用途管控规则
管控目标	重要生态地类总面积在原则上不减少，生态环境和生态多样性持续提升，生态资源有序适度开发
准入清单	生态保护红线按照国家有关法律法规进行管理
	生态控制区允许5类建设项目进入： （1）依托生态资源发展旅游所必要的风景旅游设施。 （2）符合相关规划的交通能源水利项目、公用设施、加油加气设施。 （3）必要的生态修复、应急抢险救灾设施。 （4）必要的种植、放牧、养殖等农业生产和生活设施。 （5）国防、军事和其他需要独立选址的建设项目
约束指标	县域建设用地总规模不突破规则“天花板”，耕地保有量不低于保护目标
用途转换	（1）允许一般耕地转为林地、草地、湿地等生态地类，以增强生态功能，鼓励引导用途之间的相互转变。 （2）禁止将生态保护红线、城市蓝线、风景名胜区等范围内的地类转为农业空间或城镇空间。 （3）正面清单外的已建项目，通过拆除复绿、改变用途等有序退出；未建项目，修改详细规划调整为正面清单的用途。 （4）严禁任意改变用途，严格禁止任何单位和个人擅自占用和改变用地性质，鼓励按照规划开展维护、修复和提升生态功能的活动。 （5）禁止将永久基本农田转为城镇空间
审批许可	（1）在生态保护红线的原则上，对生态保护红线内的生态空间按禁止开发区域的要求进行管理。严禁不符合主体功能定位的各类开发活动。因国家重大战略资源勘查需要，在不影响主体功能定位的前提下，经依法批准后予以安排。 （2）因国家重大基础设施、重大民生保障项目等在红线范围内的建设，由省级人民政府组织论证，提出调整方案，经生态环境部、国家发展改革委会同有关部门提出审核意见后，报经国务院批准。 （3）符合条件的农业开发项目，须依法由市级、县级及以上地方人民政府统筹
	（1）位于风景名胜区、饮用水水源保护区等特定区域的，应符合其管理规定。 （2）生态控制区正面清单内的建设项目，选址不符合详细规划的，应先开展规划选址论证或修改详细规划，再按规定申请办理建设项目用地预审与选址意见书；选址符合详细规划的，可直接申请办理建设项目用地预审与选址意见书。 （3）因各类生态建设规划和工程需要调整用途的，依照有关法律法规办理转用审批手续。 （4）符合区域准入条件的建设项目，涉及占用生态空间中的林地、草原等的，按有关法律法规规定办理；涉及占用生态空间中其他未作明确规定用地的，应当加强论证和管理

（二）监测评估

监测评估是监督规划建设实施的重要手段，是实现用途管控的重要途径。对生态环境的监管工作主要集中在以下两点：监测生态空间变化情况，监测生态环境承载力，监测对生态环境和空间发生破坏的行为；监测生态空间相关政策和措施的落实情况，监测相关组织和部门对生态空间的保护情况。生态空间监测评估预警体系[①]见图 3-1。

① 钟镇涛，张鸿辉，洪良，等. 生态文明视角下的国土空间底线管控：“双评价”与国土空间规划监测评估预警[J]. 自然资源学报，2020，35（10）：2415-2427.

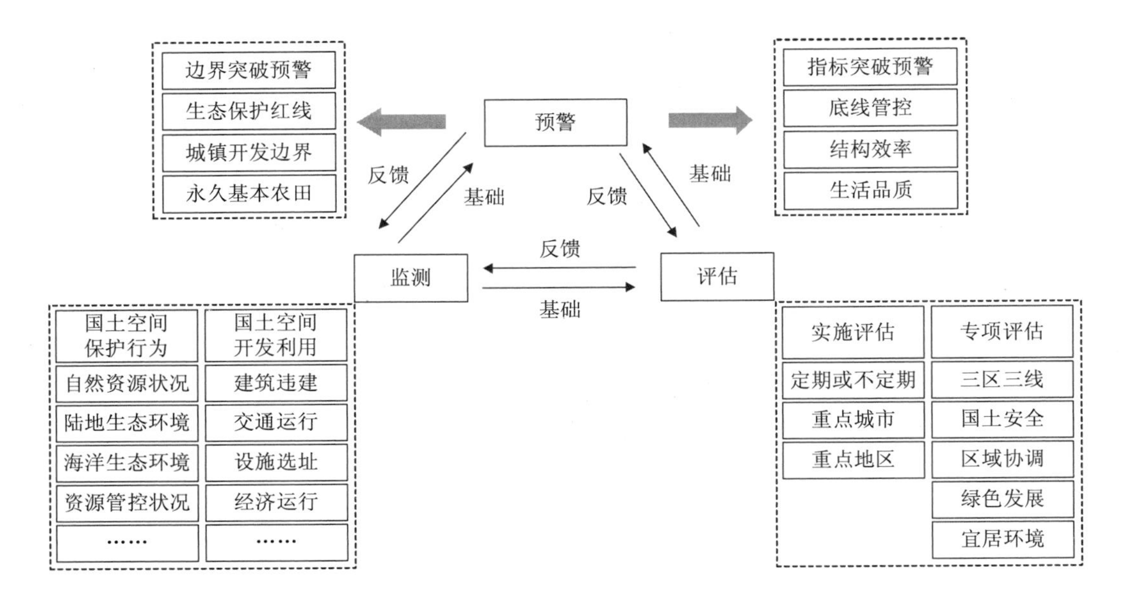

图 3-1 生态空间监测评估预警体系

为了生态空间持续健康发展，需要采取一系列的监测评估措施，具体如下：建设国家生态空间动态监管信息平台，充分利用陆海观测卫星和各类地面监测站点开展全天候监测，及时掌握生态空间变化情况，建立信息共享机制，并定期向社会公布；建立常态化资源环境承载能力监测预警机制，对超过或接近承载能力的地区，实行预警和限制性措施；定期开展专项督查和绩效评估，监督生态空间保护目标、措施落实和相关法律法规、政策的贯彻执行；建立生态空间保护监督检查制度，定期组织有关行政主管部门对生态空间保护情况进行联合检查；针对破坏生态空间的行为，及时责令主体改正；健全生态保护的公众参与和信息公开机制，充分发挥社会舆论和公众的监督作用。

（三）生态修复

生态修复是以不同空间尺度范围内受损或缺乏安全性的生态系统为对象，通过空间结构调整与优化和生态功能修复与重建，辅之以宏观尺度上的生态工程等系统措施，通过修复生态系统过程和提升生态系统服务的治理活动，最终实现生态健康、生态安全和可持续发展。①

生态修复针对的区域主要是在人类活动或自然活动干扰下已经受到严重损害的生态空间。主要进行生态修复的空间类型有生态受损区、重要生态功能区、重要生态脆弱区、重要生态敏感区和重要生态安全区，如矿山废弃地、被污染的河流水域、严重退化的草原和沙漠、大型基建区、生态敏感性较高的湿地等。

生态修复实践活动主要有：退耕还林、以粮代赈；封山禁牧、舍饲养畜；综合治理、以小促大；调整结构、持续发展；生态移民、保护环境。②要进行生态修复，首先遵守“尊重规律，因地制宜”和“保护为主，自然恢复”的原则。在这些原则下，明确采取休禁措施的区域规模、布局、时序安排，促进区域生态系统自我恢复和生态空间休养生息。针对

① 曹宇，王嘉怡，李国煜. 国土空间生态修复：概念思辨与理论认知[J]. 中国土地科学，2019，33（7）：1-10.
② 焦居仁. 生态修复的要点与思考[J]. 中国水土保持，2003（2）：5-6.

生态破坏严重区域，当生态系统无法进行自我修复时，需要人工介入，通过化学、生物、工程技术措施进行修复。在“生命共同体”理念的支撑下，系统性地进行治湖、保水、扩林、修山、调田和护草；实施生态修复重大工程，需要分区分类开展受损生态空间的修复，及时恢复因不合理建设开发、矿产开采、农业开垦等破坏的生态空间，最终达到生态修复的目的，恢复生态系统稳定性，提高生态空间完整性。

第二节 生态保护红线制度

一、生态保护红线的概念内涵与目标特征

（一）生态保护红线的概念与内涵

中共中央办公厅、国务院办公厅发布的《关于划定并严守生态保护红线的若干意见》中将生态保护红线定义为：“在生态空间范围内具有特殊重要生态功能、必须强制性严格保护的区域，是保障和维护国家生态安全的底线和生命线，通常包括具有重要水源涵养、生物多样性维护、水土保持、防风固沙、海岸生态稳定等功能的生态功能重要区域，以及水土流失、土地沙化、石漠化、盐渍化等生态环境敏感脆弱区域。”①

生态保护红线概念虽然由我国首创，但国外早已产生了类似的生态保护概念。美国建立多系统的自然保护地体系：实行分系统、跨部门管理机制，分区域、差异化管理模式，分阶段、法制化管理制度。日本构建三级自然公园体系：注重分区分级，整体化法制化，明职责高效率。欧盟构建网络型生态管理体系：强调生态空间管理网络化，管理机制体制网络化等。

生态保护红线的内涵，主要有四种不同的说法：一是空间说，生态保护红线是一个需要严格保护和特殊监管的区域；二是空间数值说，生态保护红线是需要特殊保护的空间范围和管理限值；三是综合概念说，生态保护红线是一个综合概念，具体包括生态功能红线、资源利用红线以及环境质量红线；四是生态风险标准说，生态保护红线是对区域生态风险的反映，不仅是严格保护的地理边界线和管理限制，还应包括环境质量底线以及资源利用上线的各项指标要求。这些主张各不相同，但其中的共识是：生态保护红线是保障国家和区域生态安全的“生命线”，是不可随意触碰的“底线”，一经划定，就不能随意更改。②

（二）生态保护红线的特征

生态保护红线制度发展至今，形成了综合各国优点而又富有中国特色的特征，主要体现在系统完整性、区域差异化、动态平衡性和强制约束性四个方面，具体内容如下。

系统完整性。生态系统是一个有机整体，当中的任何一个环境要素都与其他环境要素存在着直接或间接联系并无时无刻不在进行物质能量转化传递，因此当某个环境要素遭受破坏，整个生态系统的平衡就会受到或大或小的威胁。

---

① 中共中央办公厅、国务院办公厅印发《关于划定并严守生态保护红线的若干意见》[DB/OL].（2017-02-07）[2023-10-07]. 中华人民共和国中央人民政府网站，https：//www.gov.cn/zhengce/2017-02/07/content_5166291.htm.

② 李干杰. “生态保护红线”——确保国家生态安全的生命线[J]. 求是，2014（2）：44-46.

区域差异性。我国幅员辽阔，自然地理特征复杂多变，受我国各地区经济发展水平以及当地资源禀赋差异影响，生态保护红线具有一定的区域差异性，不同地区就生态保护红线的管控方式方法、侧重点等可能会有细微差别。

动态平衡性。为不断优化完善国土生态安全格局，生态保护红线也会依据自然资源变化规律在现有制度框架下进行适当性的调整，于动态中把握平衡，生态保护红线相关政策都具有明显的时效性。

强制约束性。生态保护红线是保障国家生态安全的“生命线”。从法律视野看，其实质即通过设置法律责任来强制有关主体限制自身在红线区域内的活动，倘若触碰或逾越了生态保护红线，将面临法律惩罚。

（三）生态保护红线的目标

1. 遏制生态环境退化

以占用生物栖息地换得城市化的不断发展，是生物多样性锐减的直接原因，因此将生物多样性保护列为生态保护红线的保护范围，有利于维护生态平衡；长江、黄河等大江大河水系涵养水源、保持水土等生态功能受到极大的削弱，应划定相关重要生态功能区，维系生态功能，遏制环境恶化。

2. 维护国家生态安全格局

我国采取了全国生态功能区划、自然保护区、主体功能区划、生态多样性保护战略等多项生态空间保护措施，仍然会出现执法不严、违法建设、开发与保护混杂的局面，生态保护红线作为保障国家和区域生态安全的“生命线”，应作为整合各保护区域、提高生态保护效率的直接手段，最终实现国家生态安全格局的科学有效。[①]

3. 实现经济社会可持续发展

在各级政府追求 GDP 和财政收入、企业和个人优先追求眼前利益的大环境之下，生态环境保护投入难以支撑经济社会可持续发展。划定生态保护红线应当尊重生态优先的原则，切实保护生态功能提供持续服务，为经济社会可持续发展提供必要条件。

二、生态保护红线的划定内容与划定分区

（一）生态保护红线的划定内容

1. 生态功能保障基线

生态功能保障基线指功能上的生态保护红线，主要包括禁止开发区生态保护红线、重要生态功能区生态保护红线和生态环境敏感区、脆弱区生态保护红线。这些被纳入的区域，禁止进行工业化和城镇化开发，以保障我国珍稀、濒危并且具有代表性的动植物物种及生

① 杨邦杰，高吉喜，邹长新．划定生态保护红线的战略意义[J]．中国发展，2014，14（1）：1-4.

态系统，为城市提供稳定的生态功能与条件。现在所提及的生态保护红线主要是生态功能保障基线。

2. 环境质量安全底线

环境质量安全底线指环境上的生态保护红线，主要包括环境质量达标红线、污染排放总量控制红线和环境风险管理红线。维护人类生存的基本环境质量需求的安全线，要求大气环境质量、水环境质量、土壤环境质量等均符合国家标准，保障人民群众的安全健康。

3. 自然资源利用上线

自然资源利用上线指资源上的生态保护红线，主要包括能源利用红线、水资源利用红线和土地资源利用红线。为了促进城市中能源资源、水资源和土地资源的合理利用，不应该突破自然资源利用的最高限值。

（二）生态保护红线的划定分区

学术上对于生态保护红线的分区有过众多意见，主要从功能、结构、范围上进行划分。在功能上，按照生态保护红线的不同功能需求进行划分，可以从土地利用、生态敏感性、生态服务功能进行划分，分别用以保护土地资源、生态敏感区、生态服务需求区；[①]在结构上，基于不同的需求进行划分，从体系上将生态系统看作一个完整的管理体系，分为空间红线、面积红线、管理红线，或者基于保护生态安全格局对生态保护红线进行划分；[②]在范围上，需要注重分析生态冲突区确保划定标准进行划分。[③]

根据环境保护部和国家发展改革委 2017 年发布的《生态保护红线划定指南》（以下简称《指南》）将用地分为重点生态功能区和生态环境敏感脆弱区，并且叠加国家级和省级禁止开发区域以及其他各类保护地，系统完整地完善生态保护红线。

1. 重点生态功能区

根据《指南》，重点生态功能区是指生态系统十分重要，关系全国或区域生态安全，需要在国土空间开发中限制进行大规模高强度工业化城镇化开发，以保持并提高生态产品供给能力的区域。

主要类型包括水源涵养区、水土保持区、防风固沙区和生物多样性维护区。

2. 生态环境敏感脆弱区

生态环境敏感脆弱区是指生态系统稳定性差，容易受到外界活动影响而产生生态退化且难以自我修复的区域。

主要类型包括水土流失敏感性、土地沙化敏感性、石漠化敏感性、盐渍化敏感性等。

---

① 林勇，樊景凤，温泉，等. 生态红线划分的理论和技术[J]. 生态学报，2016，36（5）：1244-1252.

② 饶胜，张强，牟雪洁. 划定生态红线创新生态系统管理[J]. 环境经济，2012（6）：57-60.

③ 严军，陈晨. 基于多生态安全格局的生态保护红线划定方法研究[J]. 生态科学，2023，42（2）：100-110.

3. 禁止开发区

禁止开发区是指依法设立的各级各类自然文化资源保护区域，以及其他禁止进行工业化城镇化开发、需要特殊保护的重点生态功能区。位于生态空间以外或人文景观类的禁止开发区域，不纳入生态保护红线。

主要类型包括国家公园、自然保护区、森林公园的生态保育区和核心景观区、风景名胜区的核心景区、地质公园的地质遗迹保护区、世界自然遗产的核心区和缓冲区、湿地公园的湿地保育区和恢复重建区、饮用水水源地的一级保护区、水产种质资源保护区的核心区、其他类型禁止开发区的核心保护区域。

4. 其他各类保护地

除以上各用地外，各地区可根据自身实际情况、生态功能的重要性，将必须实行严格保护的区域纳入生态保护红线保护范围内。

主要类型包括极小种群物种分布的栖息地、国家一级公益林重要湿地（含滨海湿地）、国家级水土流失重点预防区、沙化土地封禁保护区、野生植物集中分布地、自然岸线、雪山冰川、高原冻土等重要生态保护地。

三、生态保护红线的管控要求与实施管理

（一）生态保护红线的管控要求

1. 管控原则

科学划定，切实落地。落实环境保护法等相关法律法规，开展科学评估，按生态功能重要性、生态环境敏感性与脆弱性划定生态保护红线，并落实到国土空间，系统构建国家生态安全格局。

坚守底线，严格保护。牢固树立底线意识，将生态保护红线作为编制空间规划的基础。强化用途管制，严禁任意改变用途，拒绝不合理开发建设活动对生态保护红线的破坏。

部门协调，上下联动。加强部门间沟通协调，国家层面做好顶层设计，出台技术规范和政策措施，地方党委和政府落实划定并严守生态保护红线的主体责任，上下联动、形成合力，确保划得实、守得住，规范占用生态保护红线用地用海用岛审批。

2. 管控要求

性质不转换。生态保护红线区内的自然生态用地不可转换为非生态用地，生态保护的主体对象保持相对稳定。性质的转变会影响生态系统的多样性，提升城市发展风险水平，降低城市弹性。

功能不降低。生态保护红线区内的自然生态系统功能能够持续稳定发挥，退化生态系统功能得到不断改善。城市化的发展需要自然生态功能的支持，功能效用的降低会导致城市化发展异常，最终影响人类的生存环境。

面积不减少。生态保护红线区边界保持相对固定，区域面积规模不可随意减少。生态

保护红线是生态安全的底线，应该严格控制其面积，无论是生物栖息地还是各大自然保护区面积都应该严格控制，严守底线。

责任不改变。生态保护红线区的林地、草地、湿地、荒漠等自然生态系统按照现行行政管理体制实行分类管理，各级地方政府和相关主管部门对红线区共同履行监管职责。

（二）生态保护红线的实施管理途径

1. 制度层面

职责分工。各级自然资源部门：国务院自然资源主管部门会同有关部门，制定完善生态保护红线划定和管理政策，建立健全标准和监管体系，指导各省（区、市）生态保护红线划定和管理工作；地方各级自然资源主管部门依据国土空间规划，建立生态保护红线协调机制，统一开展用途管制、监测评估、监督执法、考核评价等工作。各级生态环境部门：生态环境部负责全国生态保护红线生态环境监督工作，省级生态环境部门负责组织开展本行政区域生态保护红线生态环境监督工作。

分级分类。关于生态保护红线的分级分类差异化管控手段仍处于研究阶段，实践案例较少，有相关研究将规划红线分为红线、黄线、绿线和蓝线“四区”；[①]根据区域类型实行差异化的管控措施，同时对生态保护红线的调整事由以及程序进行严格规定；[②]综合法律强制管控、行政许可管控、公众参与、技术监测管控以及监察执法管控等在内的生态保护红线管控体系。

2. 立法层面

2014 年环境保护部印发了《国家生态保护红线——生态功能红线划定技术指南（试行）》（以下简称《技术指南（试行）》），将生态保护红线划分为生态功能保障基线、环境质量安全底线和自然资源利用上线。2014 年 4 月修订通过的《中华人民共和国环境保护法》对“生态保护红线”进行了法律确认。首先，其所规定的“生态保护红线”涉及生态空间保护领域，等同于《技术指南（试行）》中的“生态功能保障基线”；其次，其明确了生态保护红线划定与监管的责任主体是各地政府与规划主管部门。

2015 年，环境保护部印发《生态保护红线划定技术指南》，同时《技术指南（试行）》废止，新的划定技术指南明确了生态保护红线须依据生态服务功能类型和管理严格程度实施分类分区管理，做到“一线一策”，并满足性质不转换、功能不降低、面积不减少、责任不改变等管控要求。

2017 年，环境保护部、国家发展改革委发布《指南》，同时《生态保护红线划定技术指南》废止。《指南》更加标准化，规定了采取自上而下和自下而上相结合的方式来进行红线的划定与管理，完善了红线划定的工作程序及各项流程。

2020 年，自然资源部初步制定了《生态保护红线管理办法（试行）》，规定自然资源主管部门会同有关部门，制定完善生态保护红线划定和管理政策，建立健全相关技术标准和监管体系，指导各省（区、市）生态保护红线划定和管理工作。

---

① 吕红迪，万军，王成新，等. 城市生态红线体系构建及其与管理制度衔接的研究[J]. 环境科学与管理，2014，39（1）：5-11.

② 吴贤静. 生态红线管理制度探析[J]. 政法学刊，2018，35（2）：72-78.

2022年12月，生态环境部发布的《生态保护红线生态环境监督办法（试行）》规定，要求在生态保护红线内，自然保护地核心保护区原则上禁止人为活动，其他区域严格禁止开发性、生产性建设活动，在符合现行法律法规的前提下，除国家重大战略项目外，仅允许对生态功能不造成破坏的有限人为活动。

3. 监督层面

建立评估体系。根据《指南》，以水源涵养量、防风固沙量（潜在风蚀量与实际风蚀量的差值）、水土保持量（潜在土壤侵蚀量与实际土壤侵蚀量的差值）、以国家一级、二级保护物种和其他具有重要保护价值的物种（含旗舰物种）将重点生态功能区划分为一般重要、重要、极重要三个等级；各地可根据区域生态环境实际，开展其他类型敏感性评估，如地质灾害敏感性评估，将生态环境敏感度划分为一般敏感、敏感、极敏感三个等级；严格划分禁止开发区，根据地方特性对必要的区域设立保护区。

加强公众参与。公众作为生态环境保护的权利和责任主体，积极引导公众参与生态保护红线的划定和保护工作，在生态保护红线划定和保护的各个环节设置公众参与的机制和体制，特别是在生态保护红线的立法和生态保护红线区域开发利用活动的环境影响评价环节设置公众参与机制。①

第三节 自然保护地体系

一、建立自然保护地的意义与任务

（一）自然保护地的缘起与内涵

在国际上，自美国1872年建立世界上第一个国家公园——黄石国家公园，全球已有100多个国家和地区建立了5 000多个符合世界自然保护联盟（IUCN）标准的国家公园。②

1956年，经国务院批准，我国建立了第一个自然保护区——鼎湖山自然保护区。经过60多年的发展，我国已形成系统的自然保护地体系，在保护自然生态系统和生物多样性中取得了巨大的成就。2019年，中共中央办公厅、国务院办公厅印发的《关于建立以国家公园为主体的自然保护地体系的指导意见》指出“建立以国家公园为主体的自然保护地体系，是贯彻习近平生态文明思想的重大举措，是党的十九大提出的重大改革任务。自然保护地是生态建设的核心载体、中华民族的宝贵财富、美丽中国的重要象征，在维护国家生态安全中居于首要地位”。目前我国各级各类自然保护地共计1.18万处，占我国陆域面积的18%、领海面积的4.6%。根据生态环境部发布的《2020年全国生态环境质量简况》，我国已建立国家级自然保护区474处，建立风景名胜区1 051处，建立国家地质公园281处，建立国家海洋公园67处，建立国家公园体制试点区10处。根据《2022年中国生态环境状况公报》，目前全国遴选出49个国家公园候选区（含三江源、大熊猫、东北虎豹、海南热

---

① 郑华，欧阳志云. 生态红线的实践与思考[J]. 中国科学院院刊，2014，29（4）：457-461，448.

② 彭建. 以国家公园为主体的自然保护地体系：内涵、构成与建设路径[J]. 北京林业大学学报（社会科学版），2019，18（1）：38-44.

带雨林和武夷山 5 个正式设立的国家公园），拥有世界自然遗产 14 处，世界自然与文化双遗产 4 处，世界地质公园 41 处。截至 2023 年，我国有 13 处自然保护地被授予“世界最佳自然保护地”。

依据《关于建立以国家公园为主体的自然保护地体系的指导意见》，本书将自然保护地定义为：各级政府依法划定或确认，对重要的自然生态系统、自然遗迹、自然景观及其所承载的自然资源、生态功能和文化价值，实施长期保护的陆域和海域。

（二）自然保护地的保护意义

1. 保护自然

建立自然保护地对于守护自然生态，保育自然资源，保护生物多样性与地质地貌景观多样性，维护自然生态系统健康稳定，提高生态系统服务功能起到了重要的作用。保护自然意味着将自然生态系统作为最重要的保护对象，并采取相应措施保护物种多样性和生态系统功能。通过建立自然保护地网络，划定保护地边界，限制开发活动，防止生态系统的破坏和物种的灭绝。同时，应加强生态环境监测和评估，确保自然保护地的管理和保护效果。

2. 服务人民

服务人民意味着自然保护地要为人民的福祉和可持续发展提供服务。自然保护地应该注重保护和恢复生态系统的服务功能，如水源涵养、土壤保持、气候调节等，为人们提供清洁的水源、健康的生态环境和丰富的自然资源。同时，自然保护地也应该注重社会公众的参与和教育，提高公众对自然保护的认知和参与度。

3. 永续发展

永续发展意味着自然保护地要在保护自然的基础上实现可持续利用。在自然保护地的管理和规划中，应注重生态经济的发展，促进绿色产业的兴起，推动生态旅游和生态农业等可持续发展。同时，要加强科学研究和技术创新，提高自然保护地管理的效率和水平，为保护和利用自然资源提供科学依据。

（三）自然保护地的保护任务

《关于建立以国家公园为主体的自然保护地体系指导意见》指出了从 2020 年至 2035 年分三步走的战略目标：到 2020 年，提出国家公园及各类自然保护地总体布局和发展规划，构建统一的自然保护地分类分级管理体制。到 2025 年，初步建成以国家公园为主体的自然保护地体系。到 2035 年，显著提高自然保护地管理效能和生态产品供给能力，自然保护地规模和管理达到世界先进水平，全面建成中国特色自然保护地体系。自然保护地占陆域国土面积的 18%以上。

基于国家上层战略目标，建立自然保护地体系具体任务主要分为以下四点：一是提高自然保护地覆盖率和质量，确保重要生态功能区的保护；二是增强自然保护地的生态恢复和修复能力，促进生态系统的健康发展；三是加强自然保护地的科学研究和监测，提升自然保护地管理的科学性和精准性；四是加强社会参与和公众教育，提高公众对自然保护地的认知和参与度。

二、自然保护地的类型与构成

（一）自然保护地的类型

IUCN 就保护地分类系统，于 1978 年提出以管理目标为基点，将保护地划分为自然保护区、绝对保护区、生物圈保护区、国家公园、自然纪念物保护地、保护性景观、遗产保护地、自然资源保护区、人类学保护区、经营管理区等；又于 1994 年对分类系统进行了优化整合，将保护地类型调整为自然保护区、自然荒野地、国家公园、自然纪念地、栖息地/物种管理地、风景/海景保护地、资源管理保护地。

IUCN 的分类系统具有一定的灵活性，每个国家在此基础上，建立起了符合各个国家实际的自然保护地体系。部分国家自然保护地分类体系如表 3-4 所示。

表 3-4 部分国家自然保护地分类体系

国家	保护地类别
中国	国家公园、自然保护区、海洋特别保护区、种质资源保护区、自然保护小区、森林公园、湿地公园、沙漠公园、草原公园、海洋公园、地质公园、自然类型的风景名胜区、景观林、野生动植物观赏园、国家公益林、国有天然林、水利风景区
美国	国家公园、国家森林系统、国家荒野保护系统、国家景观保护系统、野生生物庇护区系统、海洋保护区系统、国家原野及风景河流系统、国家步道系统
俄罗斯	自然保护区、国家公园、自然庇护所、其他特殊功能保护区
澳大利亚	严格保护区、荒野地、国家公园、自然纪念物保护区、栖息地/物种管理区、陆地/海洋景观保护区、自然管理保护区
德国	自然保护区、国家公园、景观保护区
加拿大	国家公园、野生生物保护区、国家候鸟庇护区
日本	自然公园体系、自然环境保全区、森林生态系统保护区、野生动物保护区

基于 IUCN 分类标准，我国依据自身现状，提出了“大类—亚类—类型”的分类体系。首先，根据保护利用的程度与方式区别，将我国自然保护地分为三个大类：严格保护类、限制利用类以及可持续利用类。其次，根据 IUCN 的分类指向，将各个大类进一步划分为两个亚类，每一亚类基本可对应 IUCN 体系中的各类保护地。严格保护类大类分为国家公园亚类、自然保护区亚类；限制利用类大类分为自然公园类亚类、景观遗迹类亚类；可持续利用类大类分为观赏游憩类亚类、资源利用类亚类。最后根据每一亚类的管理方向与保护目标的不同，并充分考虑我国自然保护地现状，分为 17 个基本类型。

该 17 个基本类型包括：国家公园亚类，自然保护区亚类中包含现有自然保护区、海洋特别保护区、种质资源保护区、自然保护小区四小类，自然公园类亚类中包含森林公园、湿地公园、沙漠公园、草原公园、海洋公园五小类，景观遗迹类亚类中包括地质公园与自然类型的风景名胜区两小类，观赏游憩类亚类中包含景观林、野生动植物观赏园两小类，资源利用类亚类中包含国家公益林、国有天然林、水利风景区三小类。

（二）我国自然保护地的构成

根据自然生态系统的原真性、整体性、系统性以及内在规律，依据管理目标和效能，并参考国际经验，我国的自然保护地体系由国家公园、自然公园和自然保护区构成，也被称为“两园一区”。此三者属于不同等级，以反映其生态价值和保护强度的不同程度，其中国家公园占主导地位。

国家公园是指由国家批准建立，以保护具有国家代表性的自然生态系统为主要目的，实现自然资源科学保护和合理利用的特定陆域或海域，是国家自然生态系统中最重要、自然景观最独特、自然遗产最精华、生物多样性最富集的部分，具有全球价值和国家象征。其管理目标是保护具有国家象征、全球价值的自然生态系统和独特自然景观，实现生态系统的原真性和完整性。我国国家公园首批名单为三江源国家公园、大熊猫国家公园、东北虎豹国家公园、海南热带雨林国家公园、武夷山国家公园。

自然公园是自然保护地的一种类型，保护着重要的自然生态系统、自然遗迹、自然景观，具有重要的生态、观赏和文化价值，确保森林、海洋、湿地、水域、冰川、草原、生物等珍贵自然资源以及所承载的景观、地质地貌和文化多样性得到有效保护。自然公园管理的目标是保护具有重要生态价值、观赏价值、文化价值的自然生态系统，也是为了实现生物多样性和文化多样性。自然公园分为森林公园、湿地公园、沙漠公园、草原公园、海洋公园、地质公园、水利风景区以及风景名胜区。

自然保护区是保护典型的自然生态系统、珍稀濒危野生动植物的天然集中分布区、有特殊意义的自然遗迹的区域，能够维持和恢复珍稀濒危动植物种群数量及赖以生存的栖息环境。自然保护区的管理目标是保护典型生态系统、珍稀濒危野生动植物的天然集中分布、有特殊意义的自然遗迹的区域以及实现资源合理利用和可持续开发。自然保护区分为生态系统保护区、野生生物保护区与自然遗迹保护区 3 类。

三、我国自然保护地的立法与规范标准制定

（一）自然保护地的立法

1. 自然保护地的立法历史阶段

我国自然保护地法治建设可以分为三个历史阶段。

第一个阶段：1956 年到 1982 年，我国创建了单一类型的自然保护区。

第二个阶段：从 1982 年建立第一个风景名胜区和森林公园开始，到 2013 年国家生态文明体制改革提出建立国家公园体制。在这个阶段，我国陆续加入了许多重要的自然保护国际公约和项目，促进了自然保护地数量和面积的快速增长，增强了我国的制度建设能力。同时，我国的自然保护地类型也从一个发展到十多个，覆盖了主要的自然保护空间。但此阶段我国的自然保护地体系缺乏真正的体系化意义，仅仅是自然保护地的集合。

第三个阶段：2013 年至今，我国开始建设综合性的新型自然保护地体系，其中国家公园体制的建设是重要内容。从 2015 年《建立国家公园体制试点方案》开始执行，自然保护区的数量增速放缓。2019 年《关于建立以国家公园为主体的自然保护地体系的指导意见》明确

了“以国家公园为主体、自然保护区为基础、各类自然公园为补充的自然保护地分类系统”建设要求。2022 年，国家林业和草原局发布了《国家公园法（草案）》（征求意见稿）。[①]

2. 自然保护地立法体系

我国自然保护地法律法规体系以宪法、行政法规和部门规章为主。在 2018 年的《中华人民共和国宪法修正案》（2018 年）中，纳入生态文明，明确规定了保护和改善生态环境以及合理使用自然资源的责任。这一规定奠定了环境资源和自然保护地立法的基础。但自然保护地相关立法并未独立形成一个完整的环境法体系，而是分散在行政法和经济法中。针对该情况，国家公园管理局完成了对自然保护地立法体系的研究，并制定了一套包括“两法+两条例+N 办法”在内的框架，提出了一个构建自然保护地法律法规体系的方案，这一举措旨在加强对自然保护地的管理和保护工作，确保国家自然资源的可持续利用。

《中华人民共和国环境保护法》（2014 年）是包含自然保护地范畴内最为接近的法律，为管理保护地提供了法律依据。[②]依据《中华人民共和国宪法修正案》（2018 年）的生态文明建设精神理念和《中华人民共和国立法法》（2023 年）所赋予的权限，我国现行自然保护地法律法规体系可以简单地表述为以《中华人民共和国环境保护法》（2014 年）为我国现行自然保护地主干法，以部门立法为主体的自然保护地从属法规和专项法规体系，并辅以种类繁多、数量众多的地方与自然保护地相关的法律法规体系。我国现行自然保护地从属法规和专项法规体系是由《中华人民共和国自然保护区条例》（2017 年）、《风景名胜区条例》（2016 年）等行政法规与《森林和野生动物类型自然保护区管理办法》（1985 年）、《海洋自然保护区管理办法》（1995 年）、《中华人民共和国水生动植物自然保护区管理办法》（1997 年）等多部部门规章组成。

我国现行的与自然保护地相关的法律规范体系由《中华人民共和国森林法》（2019 年）、《中华人民共和国野生动物保护法》（2022 年）、《中华人民共和国湿地保护法》（2021 年）等多部法律，以《古生物化石保护条例》（2010 年）为代表的行政法规，《中华人民共和国野生植物保护条例》（2017 年）、《地质矿产部关于建立地质自然保护区的规定》（1987 年）等多部部门规章，以及《国务院办公厅关于进一步加强自然保护区管理工作的通知》《国务院办公厅关于做好自然保护区管理有关工作的通知》《国家级自然保护区调整管理规定》等多部政策文件组成。

我国国家公园法律体系因起步较晚，现如今仍在起步阶段。国家林业和草原局正强力推动《国家公园法（草案）》立法，但在《国家公园法（草案）》立法前，我国国家公园法律体系仍以《中华人民共和国宪法修正案》（2018 年）为统领，《中华人民共和国环境保护法》（2014 年）及其他单行法律协同，辅以相关行政法规以及地方性法律规范。相关行政法规，如《中华人民共和国自然保护区条例》（2017 年）能为国家公园的建设提供法律支撑与保证。最后，部分试点地区发布的《神农架国家公园保护条例》（2017 年）、《武夷山国家公园条例（试行）》（2017 年）、《三江源国家公园条例（试行）》（2017 年）等组成了国家公园法律体系中的地方性法规这一环。

我国各类自然公园的建设和管理均遵循法律进行，制定了公园规划以及相关管理法

---

① 杜群. 中国自然保护地法治建设的回顾与展望[J]. 北京航空航天大学学报（社会科学版），2023，36（1）：32-47.

② 吴凯杰. 环境法体系中的自然保护地立法[J]. 法学研究，2020，42（3）：123-142.

规，并不断修订更新。根据法规在规划管理中的作用，可将其分为基本性法规、配套法规和技术规范三个方面。[①]基本性法规对公园的申报、规划、建设、管理、检查、整治和撤销等环节做出了重要规定；配套法规则是为了明确基本性法规中相关条款的实施细则；技术规范包括国家标准、行业标准以及部门规范性文件，提供了具体的操作指南和标准要求。在法律的引导下，我国自然公园得以规范化发展，确保其有效管理和可持续发展。我国自然公园现行的保护管理基本性法规包括《风景名胜区条例》（2016 年）、《国土资源部办公厅关于加强国家地质公园申报审批工作的通知》（2009 年）、《地质遗迹保护管理规定》（1995 年）、《国家湿地公园管理办法》（2017 年）、《国家沙漠公园管理办法》（2017 年）等法规条例。现行的公园保护管理配套法规包括《国家级风景名胜区规划编制审批办法》（2015 年）、《国家级风景名胜区管理评估和监督检查办法》（2015 年）、《风景名胜区建设管理规定》（1993 年）、《国家级风景名胜区徽志使用管理办法》（2007 年）、《国家级风景名胜区监管信息系统建设管理办法（试行）》（2007 年）、《国家级森林公园总体规划审批管理办法》（2019 年）、《国家级森林公园设立、撤销、合并、改变经营范围或者变更隶属关系审批管理办法》（2005 年）、《国家地质公园验收标准》（2015 年）等。现行的技术规范包括《中国森林公园风景资源质量等级评定》（GB/T 18005—1999）、《风景名胜区总体规划标准》（GB/T 50298—2018）、《风景名胜区详细规划标准》（GB/T 51294—2018）、《国家森林公园设计规范》（GB/T 51046—2014）、《国家地质公园规划编制技术要求》（2016 年）、《国家沙漠公园总体规划编制导则》（LY/T 2574—2016）等。

（二）自然保护地的规范标准制定

自然保护地的规范标准是一个广泛的体系，由国际、国家和地区层面的法律、政策和指导文件组成，整体形成了“1+8+N”的体系。

体系中“1”是指由一项基础标准《自然保护地勘界立标规范》（GB/T 39740—2020）贯穿整个自然保护地的全过程，适用于所有自然保护地的类别。

体系中“8”是指以《自然保护区名词术语》（LY/T 1685—2007）、《自然保护区设施标识规范》（LY/T 1953—2011）、《国家级自然保护区总体规划审批管理办法》（2015 年）、《自然保护区类型与级别划分原则》（GB/T 14529—1993）、《国家公园总体规划技术规范》（LY/T 3188—2020）、《国家公园设立规范》（GB/T 39737—2021）、《国家公园监测规范》（GB/T 39738—2020）、《国家公园考核评价规范》（GB/T 39739—2020）等作为通用标准，以确保自然保护地的管理和运营符合国际、国家和地区的要求。

此外，“N”是指一系列专用标准，需根据不同类型和地理条件的自然保护地而定。这些特定标准包括但不限于《海洋自然保护区类型与级别划分原则》（GB/T 17504—1998）、《海洋自然保护区管理技术规范》（GB/T 19571—2004）、《自然保护区管护基础设施建设技术规范》（HJ/T 129—2003）等。

---

① 阙占文. 自然保护地分区管控的法律表达[J]. 甘肃政法大学学报，2021（3）：26-35.

第四章　加快发展方式绿色转型

高质量发展是全面建设社会主义现代化国家的首要任务。习近平总书记在党的二十大报告中指出："推动经济社会发展绿色化、低碳化是实现高质量发展的关键环节。"[①] 因此，高质量发展必须是体现新发展理念的发展，是绿色发展成为普遍形态的发展。基于此，本章将围绕绿色转型的概念界定、产业经济绿色转型、自然资源效率提升、绿色转型的驱动力量具体阐释如何加快发展方式绿色转型。

第一节　绿色转型的概念界定

一、黑色增长与绿色发展

绿色发展是对工业革命以来以生态破坏、环境污染、资源枯竭为代价的黑色增长范式的变革。在指导思想上，黑色增长观认为，要征服自然、驾驭自然、改造自然，主张"对自然的否定就是通往幸福之路""驾驭自然，做自然的主人"；绿色发展观则认为，要顺应自然、保护自然、敬畏自然，"要像保护眼睛一样保护生态环境，像对待生命一样对待生态环境"。在方法论上，黑色增长观认为，生态系统是经济系统的子系统，经济系统无限膨胀；绿色发展观则认为，经济系统是生态系统的子系统，要考虑环境容量、自然承载力。在发展模式上，黑色增长是以成本高投入、资源高消耗、污染高排放、生态大破坏为代价获得经济高产出的不可持续发展模式；绿色发展是成本低或适度投入、资源低消耗、污染低或无排放的可持续发展模式。[②]因此，绿色发展是对黑色增长的扬弃："抛弃"的是"黑色"，反对超越极限的增长；"发扬"的是"增长"，反对"零增长"。[③]从黑色增长到绿色发展，是人类发展方式的重大变革，也是人们对于发展目标重新调整以及对发展代价重新审视的结果。中国经历了从粗放发展到集约发展、从要素驱动到创新驱动，从"黑色增长"到"绿色发展"的道路嬗变[④]。关于黑色增长和绿色发展的概念界定，本书从发展目标、发展主体、发展模式、发展过程和发展路径"五位一体"范式转型的角度进行定义和解读。

从发展目标来看，黑色增长是以"只注重经济发展数量，不注重经济发展质量"为特质的不可持续性目标为导向，其特征为高消耗、高污染、高排放、低效率。绿色发展是以"优先注重经济发展质量，同时兼顾经济发展数量"为特质的可持续发展目标为导向，其

---

① 本书编写组. 党的二十大报告辅导读本[M]. 北京：人民出版社，2022：45.

② [美]戴利. 超越增长[M]. 诸大建，胡圣，译. 上海：上海译文出版社，2001：1-20.

③ 沈满洪. 建设"人与自然和谐共生的现代化"的"重要窗口"[J]. 浙江工商大学学报，2021（5）：5-12.

④ 孙毅，景普秋. 资源型区域绿色转型模式及其路径研究[J]. 中国软科学，2012（12）：152-161.

特征为低消耗、低污染、低排放、高效率。

从发展主体来看，黑色增长主体是以利益最大化为导向、无视生态利益的“单一理性经济人”。黑色增长主体的“单一理性”造成了经济人只注重经济利益，无视以资源环境为代表的生态利益，在外部不经济负效应累积作用机制下，结果就使人类社会由“空的世界”转变成“满的世界”。绿色发展主体是以经济利益与生态利益协调为导向、经济理性和生态理性同时兼备的“双重理性经济人”。绿色发展主体的“双重理性”，一方面要求发展本质上是实现经济发展，不断提升经济水平和效率；另一方面要求把发展的资源环境代价降到最小的限度。“单一理性经济人”向“双重理性经济人”的转型成为从黑色增长到绿色发展转型范式中的关键一环。

从发展模式来看，黑色增长是“低成本竞争、高资源环境代价”的发展模式。这种低成本竞争主要是政府或者企业通过透支资源与压制权利基础上构建起来的，这种发展模式对企业或者政府来说是低成本的，但是给社会带来了较高的资源环境代价。绿色发展是“高成本竞争、低资源环境代价”的发展模式。这种高成本竞争主要是按照外部不经济内在化的思路，把自然资源价格、污染排放成本反映到经济发展成本中，这种发展模式在短期内可能影响一个国家或地区的国际竞争力，但从长期来看有助于实现经济发展。[①]

从发展过程来看，黑色增长是典型的“线性强物质化”过程，建立在假定资源环境具有无限性的基础上的，在“物质资源投入—产出增长—污染排放”线性机制的作用下，以经济增长为核心目标。这种过程是具有负外部性的帕累托非最优状态，虽然经济实现了增长，但带来了较大的负外部性，从而影响整个社会福利水平的提高。绿色发展是“非线性弱物质化”过程，通过投入端的减量化、生产过程的生态化设计与改造、输出端的再利用和再循环等路径，彻底扭转“高投入—高产出—高污染”的线性强物质化发展过程。这种过程具有双重帕累托改进的性质：一方面，绿色发展的过程也是经济增长和发展的过程；另一方面，绿色发展通过负外部性内部化实现经济发展与资源环境的协调。

从发展路径来看，黑色增长以黑色工业化、黑色城市化与黑色现代化为发展路径。其中，黑色工业化是生产函数中没有考虑资源环境约束、环境污染治理与环境质量改善的工业化过程；黑色城市化是一种“大量挤占资源、扩展城市规模、无视城市质量”的粗放型城市化模式；黑色现代化是前两者的集合，是整个社会形成的以高消费、奢侈性消费、不注重资源节约与环境保护为主要特征的社会形态。绿色发展是以绿色工业化、绿色城市化和绿色现代化为发展路径。[②]其中，绿色工业化通过对生产函数的生态化改造和产业形态的绿色化升级，形成资源循环利用、环境抗逆自净的新型工业化过程；绿色城市化是建立起以资源节约、低碳绿色、环境友好、经济高效为导向的新型城市形态；绿色现代化则要求整个社会形成资源节约与环境保护的良好态势以及具有生态文明的良好意识和习惯。

二、浅绿发展与深绿发展

绿色的概念不是一成不变的，而是一个不断发展变化的动态概念，随着“绿色”这个概念在社会领域外延的不断扩张，绿色发展的思想由浅入深是人们从认识上不断深化的结果，同时为人们的行为提供更深刻的指导思想。绿色发展从历史上可以分为“浅绿色”和

① 周俊涛，顾鹏，何佳易．传统产业绿色转型任务重空间大[J]．环境经济，2019（2）：54-59.

② 刘学敏．产业轻型化：北京市产业演进的方向[J]．城市问题，2012（6）：59-62.

“深绿色”，这种划分并不是对绿色认识的程度的划分，而是根据绿色发展的思维模式、技术选择和对发展的认识进行的区分，本书从自然观、经济观、技术观和政治观四个方面进行定义和解读。

从自然观来看，浅绿色发展是机械的自然观，以人类自身的价值需求为尺度，将环境的资源性当作人类的生存条件和审美条件，只是认识到了环境的外在价值，仅仅停留在人类中心主义的价值观水平上，没有从根本上突破工业文明的发展范式。深绿色发展是辩证唯物的自然观，坚持整体性和系统性的观点，人是自然界的一部分，人与生态环境是相互影响和作用的，人虽然具有改造自然的能力，但是人类从本质上是依赖自然的。

从经济观来看，浅绿色发展是极端的经济观，表现为经济增长决定论和零增长理论。前者主张经济增长是解决人类基本经济问题和增进社会福利的先决条件的观点片面认为经济增长是解决贫苦、歧视等一系列社会问题的良药，社会发展成果只能表现为 GDP 的增加；后者主张人口和国民生产总值必须停止增长，才能使人类避免灾难，虽然认识到了人类社会与自然环境之间的平衡，但只是把环境与发展单纯对立起来，并没有认识到统筹发展和环境保护的重要性，实际上走向了另一个极端。深绿色发展是和谐统一的经济观，追求的是经济的可持续性，而不是经济的停滞，通过发展可维持的、可共享的、可循环的经济模式，来同自然界达成微妙复杂的统一。

从技术观来看，浅绿色发展是盲目的技术观，一方面认为人类的环境问题最终会因为技术的不断创新而得到解决，一切生态问题只是人类技术目前还没有发展到一定程度所造成的暂时性的问题；另一方面又认为工业革命带来的技术变迁是现代环境灾难的罪魁祸首。对技术的一味批判又将他们带入到逻辑的怪圈，即迷信技术虽然是人类陷入困境的原因，但是解决人类困境的方法就是开发出更好的技术。[①]深绿色发展是革命的技术观，认为人类社会发展的基础在于地球的承载力，生态危机不仅是物质技术的问题，而且是社会发展机制出现问题的反映。应当重新构建驾驭科技发展的社会结构、政治结构，尤其是经济结构，促进技术的绿色转向才能真正地实现技术在推动人类文明前进中的作用。[②]

从政治观来看，浅绿色发展是共同责任的政治观，认为世界上的各个国家平等地享有按其环境政策开发的权利，但是这种权利的行使需要遵循承担不对其他国家和地区的环境造成损害的义务这个前提，发达国家和发展中国家都要行动起来。深绿色发展是生态安全的政治观，认为日益严重的生态环境问题是一个全球性的问题，只有达到人类同地球之间的和平，人类之间才能在地球上和平相处，反过来只有人类之间的和平，才能促使人和地球之间的和平，世界各国必须注重合作而不是国际舞台上的相互敌对。[③]同时强调生态问题与政治问题互为一体，认为生态环境的安全是国家安全的重要因素。

三、绿色转型的阶段判断

资源型区域发展阶段，总体上分为传统发展阶段、绿色转型阶段、绿色发展阶段（表 4-1）。绿色转型阶段又可以分为起步期、深化（跨越）期、成熟期。[④]其中绿色转型成熟期基

---

① 邓和. 我国高新技术产业及新兴产业发展的政策思考[J]. 软科学，2011，25（5）：65-68.
② 丁任重，李溪铭. 深刻理解加快经济发展方式绿色转型的重大意义[J]. 经济纵横，2023（7）：1-7.
③ 李雪娇，何爱平. 人与自然和谐共生：中国式现代化道路的生态向度研究[J]. 社会主义研究，2022（5）：17-24.
④ 高来举，岳豪. 高质量发展阶段能源资源安全挑战与对策[J]. 中国安全科学学报，2023，33（5）：66-73.

本跨入“绿色”发展中的“浅绿色”发展阶段；绿色转型深化期属于“褐绿色”发展期，是从褐色向绿色的跨越；绿色转型起步期属于“深褐色”发展时期，“黑色”的程度在弱化。

表 4-1 不同发展阶段的基本特征

<table>
<tr><th colspan="2">阶段</th><th>颜色</th><th>基本特征</th></tr>
<tr><td colspan="2">传统发展阶段</td><td>黑色</td><td>经济增长以资源消耗和生态环境破坏为代价；经济增长波动；产业结构单一；生态资本财富净损失；真实财富减少；科技创新被挤压</td></tr>
<tr><td rowspan="3">绿色转型阶段</td><td>起步期</td><td>深褐色</td><td>经济增长波动性降低；产业结构单一性减弱；资源损耗、生态环境破坏程度减小，速度降低；生态资本财富净损失；真实财富依然为负</td></tr>
<tr><td>深化期</td><td>褐绿色</td><td>经济增长波动性减弱；投资结构多元化；资源集约综合循环利用、资源损耗、生态环境破坏基本能够被其他资本形态的财富弥补；真实财富为正；但生态资本存量依然在减少</td></tr>
<tr><td>成熟期</td><td>浅绿色</td><td>经济增长持续稳定；产业结构、贸易结构多元化；生态资本财富不减少；真实财富增加</td></tr>
<tr><td colspan="2">绿色发展阶段</td><td>深绿色</td><td>经济增长与生态环境协调发展；经济持续稳定增长；产业结构多元化、高级化；生态资本财富、真实财富增加；科技创新推动经济发展</td></tr>
</table>

传统发展阶段，属于“黑色增长”，经济增长以资源损耗和生态环境破坏为代价。经济增长波动、产业结构单一、经济抗风险能力弱。生态环境破坏严重，生态资本财富净损失。资源开发获取的资源收入，用于其他形态资本转化的数量非常有限，人力资本财富流失，生态资本财富以较快的速度减少，真实财富减少。

绿色转型起步期，开始关注经济增长持续性和产业结构多元化，关注经济发展与生态环境之间的关系，经济增长波动性降低，产业结构单一性减弱；资源损耗、生态环境破坏程度减小，速度降低。但因为经济发展主要还是依靠资源开发，生态资本财富总量依然处于减少状况；人力资本、科技创新投入有所增加，但财富积累尚不足以弥补生态资本财富的减少，真实财富依然为负。

绿色转型深化期，或者说是跨越期，是资源型区域绿色转型最为关键的阶段，是从“褐色”向“绿色”的跨越，进入“褐绿色”发展时期，更多关注资源财富向其他资本形态的转化，关注资源开发中的生态环境修复和保护。经济增长波动性进一步减弱，投资结构向多元化迈进，资源集约综合循环利用，资源损耗、生态环境破坏基本能够被其他资本形态的财富弥补，即真实财富为正，但生态资本存量依然在减少。

步入绿色转型成熟期，也就进入了“浅绿色”发展阶段，经济结构进一步优化，产业构成是以对资源消耗少的低碳、绿色、技术密集型产业为主，产业结构多元化，贸易结构多样化，资源开发部门可能存在，作为众多产业当中的一个部门，也可能完全被其他产业替代。[①]集约、绿色的生产方式与产业体系构成，对资源的损耗量非常少，无生态破坏，

① 张晓晶，曲永义，林桂军，等. 中国统筹发展和安全的战略选择[J]. 国际经济评论，2023（4）：9-43.

废弃物排放控制在环境容量范围以内，生态资本财富不减少。经济体系创造物质资本，积累人力资本的能力进一步增强，即真实财富增加，经济持续稳定增长。

绿色发展阶段，是人与自然和谐共处的理想发展阶段，经济持续稳定增长，生态资本财富增加；产业结构多元化、高级化；真实财富增加；科技创新推动经济发展。

第二节 加快产业经济绿色转型

一、传统产业清洁化和循环化

传统产业是指由曾经高速增长到发展速度趋缓、已进入成熟阶段的、资源消耗大和环保水平低的产业，如制鞋、制衣、光学、机械、农业、林业、畜牧业、矿业、机械制造、纺织、冶炼、化工、食品、零售等。传统产业在原有生产要素和劳动力成本优势逐渐失去和环境管治趋紧的情境下，需兼顾经济效益、社会效益、环境效益与效率并在生产和能源利用上实现清洁化和循环化的升级改造。从根本上看，实现高质量发展就是要实现投入产出高效率、产品服务高质量、发展技术高新化、产业结构高端化和发展方式绿色化。从模式上看，传统产业的清洁化和循环化发展新模式是改变以牺牲环境为代价的、粗放型的低效率经济发展模式。为实现这一目标，传统产业需大力调整产品结构、革新生产工艺、优化生产过程、加强科学管理、合理配置资源，提高资源利用率，实现节能、降耗、减污、增效，努力提供少污染甚至无污染、有益于人类健康的清洁产品和服务。

为响应国家发展绿色经济的号召，全国各地对构建循环经济体系都进行了一系列探索，其中福建省龙岩市上杭县蛟洋工业区是改造成效较好的典型之一。蛟洋工业区以紫金铜业 40 万 t 铜冶炼项目为龙头，聚焦金铜产业、新材料领域的创新拓展，不断延伸发展上下游关联企业，构建产业链紧密相连、环环相扣的绿色循环发展工业体系，形成集有色金属、新材料、建材三位于一体的新型循环经济发展模式。

传统产业生产的清洁化和循环化是落实绿水青山就是金山银山理念的有效方式。[①]要加快推进传统产业的节能减排，促进绿色转型，实现产业低碳化发展，需要从以下四个方面着手：一是落实传统产业低碳循环理念的践行。借助网络媒体、信息平台等手段提升传统资源型产业对低碳经济和循环经济理念的认识，大力引导电力、钢铁、有色、煤炭、化工等重点行业推行清洁生产，通过使用清洁能源、原料和采用先进的工艺技术与设备等措施，实现传统产业清洁化和循环化的改造。[②]二是加快绿色关键技术的研发步伐及推广应用。加快开发应用源头减量、循环利用、零排放和产业链接技术、推广循环经济典型模式，在钢铁、化工、建材、能源等相关行业，促进企业间资源共享、互惠共利，大力开展新兴清洁关键技术的推广和应用，优化整合产业上下游企业，最终实现传统产业资源循环利用和废物综合利用。三是在传统产业的绿色升级改造中要有条理、分层次、抓重点。优先改造突出重点行业的节能降耗，强化高能耗行业能效和污染物排放的管控，在电力、冶金、化工等重点行业开展能效和污染物排放对标活动，实施传统产业能效赶超行动和低碳标杆

---

① 沈满洪. 建设“人与自然和谐共生的现代化”的“重要窗口”[J]. 浙江工商大学学报，2021（5）：5-12.

② 陈云.“绿水青山就是金山银山”的学理阐释——自然资源价值论的辨正与马克思劳动价值论的交汇[J]. 南昌大学学报（人文社会科学版），2023，54（3）：38-46.

引领计划，推行能效“领跑者”制度。[①]四是清洁生产多部门协调机制仍需加强。从工作推进成效看，清洁生产相关管理部门协调机制仍需强化，在宏观层面，缺乏系统制度对协作机制、程序和权责分配进行详细的规定；在微观层面，涉及职能交叉或空白部分，缺乏协调配合机制，制约了清洁生产工作的深入推进。

二、新兴产业高新化和轻型化

新兴产业指具有新的技术和商业模式，以及正在蓬勃发展并具有巨大潜力的产业。与传统产业相比，具有高技术含量、高附加值、资源集约等特点，也是促使国民经济和企业发展走上创新驱动、内生增长轨道的根本途径。新兴产业的高新化是指在高新技术研发的基础上形成新兴产业的过程，是把高新技术成果转化为技术商品投放市场，从而获得经济效益与社会效益的过程。现阶段新兴产业的高新化主要集中在信息技术、生物、高端装备制造、新能源、新材料、新能源汽车等产业上。产业轻型化则是指主要依靠智力资源，且具有聚集度高、资源消耗小、对环境的扰动小、对外辐射力强的本质特征。因此，新兴产业的高新化即实现高新技术在新兴产业中的研发和推广，新兴产业的轻型化则是走“轻型化”道路，使新兴产业发展为资源效率高、耗水耗电少、污染排放少、科技含量高、附加值高的产业。

在关于新兴产业发展的案例中，有来自国内外诸多领域的成功经验值得参考借鉴。20世纪80年代末，美国在高新技术融合的前提下，开始将信息产业的产品进行融合。例如，智能手机、宽带网等，并在融合中建造高新技术园区——硅谷，实现信息产业的高新化和轻型化，使信息产业在20世纪末发展成为美国的主导产业。在印度软件业的发展中，印度成功地将计算机产业与印度丰富的人力资源和教育产业融合发展，并通过政府的大力扶持，形成了双推动发展模式。通信产业作为我国重点培育和发展的战略性新兴产业，是传统通信业与高新技术产业融合发展的成功结果。双推动发展模式，以及4G和5G技术的开发和利用，使得我国华为、中兴、大唐、普天等龙头企业在国际竞争中也能获取重要优势。而在我国新能源汽车的发展中，经过与高新技术的融合以及产业结构的轻型化改造，新能源汽车产业得以快速发展，发展新能源汽车驱动电机已经成为我国促进节能减排、推进可持续发展的重要举措。

我国新兴产业的高新化和轻型化主要集中在新能源、节能环保、电动汽车、新材料、新生物育种和信息产业。虽然历经20年的发展，出现了如华为等一批高新技术企业，并建立了一批高新技术开发区，逐步形成了一批民营高新技术产业集群，但整体还处于幼小阶段，存在创新能力不足、核心竞争力不强、增长质量不高、盈利能力偏低等问题，与发达国家仍存在较大差距。

为实现新兴产业高新化和轻型化发展，加快产业经济绿色转型，需要从以下几点出发：一是激发社会创新活力，整合培养创新源泉。增强全民族创新能力，需要推动体制改革，激发社会创新活力，解除民众思想文化禁锢，促进学术发展，文化繁荣，思想活跃，为高新技术的研发提供良好的土壤环境。二是促进技术产业高度融合。促进科研与产业结合，加快科研成果的商品化和产业化的效率，使科技成果尽快在产业发展中发挥作用，依靠面

① 李加林，沈满洪，马仁锋，等. 海洋生态文明建设背景下的海洋资源经济与海洋战略[J]. 自然资源学报，2022，37（4）：829-849.

向市场持续不断的科研开发以提高企业的竞争力，从根本上改善科学研究与工业发展长期以来联系不力的局面。三是技术政策和产业政策合二为一，调整完善政策体系。在大的法律环境已经具备或基本具备的情况下，不断完善新兴产业相关法律法规的细则，如专利保护、环境政策、技术转移、引进外资等特殊法律法规，构建出一个有利于高新技术产业发展的法律环境。①

三、产业结构“腾笼换鸟”“凤凰涅槃”

党的二十大报告指出，加快发展方式绿色转型，推动形成绿色低碳的生产方式和生活方式，促进人与自然和谐共生。党的十八大以来，我国持续推进经济领域绿色低碳转型，努力建立健全绿色低碳循环发展经济体系，持续推动产业结构和能源结构调整，绿色发展保障机制逐步建立，产业结构不断优化，能源资源利用效率不断提升。但从整体看，产业结构中还存在一些高能耗、高污染、高排放等问题，绿色低碳技术研发水平还有待提高，应用范围有待扩大。同时，从外部环境看，绿色低碳转型成为全球新一轮产业技术竞争的焦点之一，发达国家有关碳关税等绿色贸易准入规则日益严苛。我国产业绿色低碳转型升级任务依然艰巨，特别是现阶段要着力完成推动产业绿色低碳发展从末端治理向源头转型和结构全面优化的关键性升级。为此，要坚定不移贯彻新发展理念，坚持系统观念，发挥制度供给、资金支持、创新引擎、产业联动、数字融合的驱动合力，形成完备的绿色发展产业生态，全面建立绿色低碳发展的现代经济体系。

加强制度供给，在健全产业绿色低碳转型保障机制上实现新突破。推进产业绿色低碳转型，要在制度建设上发力，进一步增加经济政策的“含绿”量和环保政策的“含金”量，形成促进经济社会发展绿色低碳转型的保障机制。要进一步完善促进产业绿色发展的顶层政策体系，特别是围绕《2030 年前碳达峰行动方案》，细化工业领域及重点行业低碳绿色发展具体行动方案，结合行业特点和地区发展实际，分门别类、分业施策，制定一系列专项政策，提升绿色政策体系对产业绿色发展行为的整体促进和调控作用。要健全促进产业绿色低碳转型的科技研发、金融服务、市场交易、产品认证、人才培养等政策机制，完善相关服务体系，发挥政府引导、服务和市场调节的双重优势，引导和扶持企业自身开展绿色低碳转型。要进一步严格排放“双控”相关政策，坚持减污、降碳、扩绿、增长协同推进，加速淘汰重污染行业的落后技术、工艺、设备和产能，全面推进节能增效战略，推广绿色生产方式。

完善绿色低碳发展资金链，加强对绿色产业发展的财税、金融、投资支持。产业绿色低碳转型的复杂性要求多种形式资金供给，财税补助与金融扶持是保证产业有能力实现绿色低碳转型的基础要素之一。②一是充分发挥财政资金效用，通过产业扶持资金和减税降费政策，扶持高耗能企业低碳转型。二是以政府投资基金撬动金融资本和社会资本，解决期限错配和信息不对称等问题，“滴灌”产业绿色发展，以绿色产品带动全社会绿色低碳转型。③三是大力发展绿色金融，通过深化绿色金融体系改革、发展金融机构绿色信贷等方式，降低产业转型阻力。推出绿色信贷、绿色债券、绿色融资租赁、绿色保险等新形式

---

① 刘卫先. 以中国式现代化引领环境法治建设[J]. 中州学刊，2023（7）：67-74.
② 王遥，潘冬阳，彭俞超，等. 基于 DSGE 模型的绿色信贷激励政策研究[J]. 金融研究，2019（11）：1-18.
③ 俞岚. 绿色金融发展与创新研究[J]. 经济问题，2016（1）：78-81.

的金融工具，为产业绿色低碳转型提供强大动力保障。①

加快推动绿色低碳技术研发应用，为产业绿色低碳转型提供创新动能。绿色技术创新和应用可以改变传统生产方式，从而实现传统产业绿色转型升级。一是加强基础性研究，强化关键共性技术和前沿颠覆性技术研发布局。强化企业创新主体地位，构建产学研技术转化平台，引导行业龙头企业联合高校、科研院所和上下游企业共建绿色低碳产业创新中心，开展关键技术研发和成果转化，推动重大科技成果产出和转化应用，形成产业化先导技术。二是加速绿色能源技术创新，促进清洁能源的源头替代。能源需求是产业绿色低碳转型发展的基础，重点关注风能、太阳能、水能、生物质能、核能等可再生能源的先进生产技术，降低能源成本。发展分布式能源、能源互联网、安全储能等技术，整合能源管理。三是优化中间环节，重视绿色改良式创新。在重化工业领域，进一步加强余热回收，减少散热损失，降低控制装置对生产系统的能源消耗，缩短设备检修间隔以保持最佳运转状态。提升污水处理能力，采用物理、化学、生物等处理方式，实时监测化学需氧量、酸碱度、重金属、氟化物、氰化物等污染物浓度指标，保证排放安全，拓展回收再利用方式，提高环境效益。

升级绿色发展产业链，持续优化绿色低碳发展的产业生态。产业绿色低碳转型升级作为一项复杂的系统工程，需要全产业链各个环节协力共进。为此，要鼓励产业链上下游布局绿色产业、贯彻绿色发展行动。一是强化上游清洁能源和绿色低碳原材料供给保障。推动绿色采购管理，加强绿色工业生产中关键原材料，如对净零工业发展至关重要的镍、钴、硼等永磁体的资源供应能力，着力提升稀土行业提取、保供和回收能力。二是重点发展绿色低碳物流运输体系。通过优化运输路径实现运输路线和设备的最佳安排，缩短停留点之间运输距离、减少运输路线交叉、匹配最佳载重量货车。大力发展氢能分布式发电及备用电源应用项目，布局氢能源运输车辆，加快构建绿色交通运输体系。三是构建绿色供应链网络，打造绿色低碳产业基地。鼓励龙头企业率先实现绿色低碳转型，有利于带动上下游企业加快绿色发展步伐，推动整个产业链绿色协同发展。通过绿色采购、绿色考核等方式要求链上所有企业积极践行绿色发展，达到绿色指标要求。

支持数字化赋能绿色低碳转型，协同推动产业高端化、智能化、绿色化发展。数字化、智能化是引领产业绿色低碳转型升级的重要引擎。一是要完善绿色低碳转型的数字服务基础。加快有关“双碳”信息服务平台建设，构建区域碳排放监测平台和大数据中心，鼓励超算中心为地区和企业绿色低碳管理提供算力服务，增强绿色发展评估、决策、监管能力。二是大力发展企业绿色低碳数字化解决技术和方案。鼓励工业企业、建筑业主等市场主体广泛应用智能化温室气体排放、能耗在线监测设备，建设能源和碳排放全过程智能管控与评估平台，建立全生命周期智能化管理。三是引导和鼓励第三方提供智能化绿色低碳技术服务。鼓励市场主体运营绿色低碳信息网络平台，开发绿色低碳管理系统等智能化软件。

---

① 李若愚. 我国绿色金融发展现状及政策建议[J]. 宏观经济管理，2016（1）：58-60.

第三节 加速自然资源效率提升

一、资源集约节约利用的紧迫性

党的二十大报告提出："推进各类资源节约集约利用""健全资源环境要素市场化配置体系"。① 资源开发利用既要支撑当代人过上幸福生活，也要为子孙后代留下生存根基。要解决这个问题，就必须在转变资源利用方式和提高资源利用效率上下功夫。要树立节约集约循环利用的资源观，从资源利用这个源头抓起，正确处理保护与发展关系，正确处理人与自然关系，全面提高资源利用效率。

"十三五"时期，我国全面实施能源消费总量和强度"双控"政策，并通过强化责任目标评价考核、推进重点领域节能、推行合同节水管理等措施，提高了能源利用效率。此外，还加强了土地使用标准制定、审核及监管，开展建设用地节约集约利用状况评价，推广节地技术和模式，提高存量土地资源利用效率，实现了土地资源利用效率的大幅提升，绿色发展取得了显著成效。尽管经过不懈的努力，我国的自然资源管理和利用水平取得巨大的发展成就，但由于人口众多和资源有限，人均资源相对较低，仍然面临很多挑战和约束。②

人均资源不足的基本国情尚未改变。我国资源总量丰富，土地面积、耕地和淡水资源都位居世界前列，但人均资源占有量远低于世界平均水平。据联合国粮食及农业组织（FAO）发布的报告，截至2022年，中国的人均水资源占有量为2 710 m^3，仍然低于世界平均水平（4 800 m^3）。同时，中国的耕地面积为1.27亿 hm^2，占全球总耕地面积的8.7%，但大部分耕地集中在人口密集的东部地区，土地资源利用效率相对较低。

资源粗放利用问题依然突出。据国家统计局发布的数据，2022年全国能源消耗总量为52.8亿t标准煤，其中煤炭消费量占比高达56.2%，远高于世界平均水平（30%）。同时，我国的水资源利用率仅为50.8%，低于世界平均水平（60%）。此外，我国的森林覆盖率也有所下降，为16.5%，低于全球平均水平（18%）。这些数据表明，我国在自然资源利用方面仍然存在粗放浪费的问题，需要进一步加强资源集约节约利用，推动可持续发展，实现经济社会的高质量发展。

国外资源的利用风险和难度加大。受新冠肺炎、俄乌危机、极端异常气候灾害频发等多重因素叠加影响，国际市场上粮食、能源、矿产品等大宗商品和初级产品供求关系趋紧，价格持续走高，全球通胀加剧。资源安全是经济安全的根基，也是国家安全和国际竞争的重要领域，外部不确定性增加给我国资源安全带来了严峻挑战。因此，必须坚持人与自然是命运共同体，走节约优先、集约利用、绿色增长的道路，提高资源利用效率，加快资源利用方式根本转变，确保供给安全，才能实现高水平的自立自强，牢牢守住新发展格局的安全底线，牢牢掌握发展主动权。

---

① 丁任重，李溪铭. 深刻理解加快经济发展方式绿色转型的重大意义[J]. 经济纵横，2023（7）：1-7.

② 沈满洪. 绿色发展的中国经验及未来展望[J]. 治理研究，2020，36（4）：20-26.

二、需求侧推进自然资源优化配置

以市场导向为原则，优化自然资源区域化发展。改革开放以来，我国在城乡经济中逐步引入了市场机制。实行市场化改革的目的，就是要通过市场机制的导向作用来优化资源配置，提高生产效益，克服在传统的计划经济体制下进行农业投入和资源配置时不尊重市场规律，导致资源配置失误和生产效率低下的弊端。市场机制对于合理配置资源起着不可替代的基础性作用。因此，在实施农业资源优化配置的区域化发展战略中必须尊重市场规律，遵循市场导向的原则，防止在进行农业产业结构调整的过程中搞“一刀切”，打着资源优化配置的旗号，以政府行为取代市场行为的现象发生。

优化自然资源配置，全力保障产业需求。提升政务服务，积极开展营商环境优化提升活动，全面优化自然资源领域营商环境。建立完善厅级领导包联机制和一线帮扶机制，组织业务骨干驻扎基层，开展组团培训，及时打通要素保障堵点、卡点。持续深入研究已有项目要素保障政策，力争再推出一批新举措。深化产业资源国情调查，实施新一轮战略性行动，规范产业资源开发“全链条”管理，夯实资源安全根基。

创新自然资源的价值，实现方式和市场化手段。党的十九大报告指出，既要创造更多物质财富和精神财富以满足人民日益增长的美好生活需要，也要提供更多优质生态产品以满足人民日益增长的优美生态环境需要。要协调好自然资源开发与保护的关系，既要提供一般自然资源商品，也要提供生态产品，这就要求用市场的手段促进资源的合理配置和节约利用，要创新自然资源价值的实现形式，创新交易产品、交易形式，完善自然资源市场体系，用价格机制、市场规则、市场监管来实现收益与成本平衡、保护与补偿对等、激励与约束并重。①

将土地管理重心逐步从增量转向存量管理。我国城镇化也在向高质量发展转型，但在一定程度上仍然没有改变粗放发展的方式。一方面，城市和农村存在大量的低效建设用地，工业用地低效利用和浪费十分突出，还存在大量自然损毁和矿山损毁土地；另一方面，城镇和农村的新增建设用地仍然在不断增加。随着我国城镇建设和基础设施建设的完善，除了国家重点工程和基础建设项目，城镇新增建设用地将会逐步减少，城镇的发展必须将重点放在开发土地的存量空间上，土地管理的重点也应当转移到对存量建设用地的开发利用和管理。

防止政府在“补位”中“越位”，妥善处理与市场的关系。加快自然资源市场体系建设，前提是明晰政府与市场的关系，特别是政府在资源配置中的定位，要厘清双方的边界。当前我国经济发展面临结构性困境和失衡，根源在于资源错配。自然资源有很强的公共物品特性，市场中易出现垄断情况，如何处理好此类问题的关键在于妥善处理好政府与市场关系，维护公平的竞争环境。党的十八届三中全会将市场的“基础性”作用改成了“决定性”作用，如何找到政府与市场的平衡点、守住边界、发挥积极作用需在实践中不断探索。

三、自然资源生产率领跑者制度

全面建立资源生产率评价制度。一是自然资源生产率评价。全面评价土地资源生产率、

① 刘贝贝，樊阳程. 习近平关于绿色科技创新重要论述简论[J]. 思想理论教育导刊，2019（12）：11-14.

矿产资源生产率、能源生产率、水资源生产率等。二是环境资源生产率评价。全面评价单位废气、单位废水、单位固体废物的环境容量生产率。三是气候资源生产率评价。全面评价单位碳源生产率、单位碳汇生产率。四是劳动生产率评价。全面评价全员劳动生产率、人才生产率。五是科技生产率评价。全面评价单位研发经费生产率、单位专利生产率等。[①]建立资源生产率评价年度报告制度。既要分区域和园区排名，又要分行业和企业排名。

给予资源生产率领跑者以激励。根据资源生产率评价结果，资源生产率最高的区域就是资源生产率领跑区域，资源生产率最高的园区就是资源生产率领跑园区，资源生产率最高的行业就是资源生产率领跑行业，资源生产率最高的企业就是资源生产率领跑企业。对于资源生产率领跑的区域、园区、行业、企业等要给予用地指标、用能指标等激励。这样，领跑者才会始终有动力。

实施资源生产率落后者淘汰制度。对于资源生产率处于末位的区域、园区、行业、企业等要给予足够的约束。处于末位的区域和园区要考虑“腾笼换鸟”，实现“凤凰涅槃”；处于末位的行业和企业要建立淘汰制度，如淘汰倒数的 5%。这样，落后者才会始终有压力。通过对资源生产率领跑者的激励和落后者的约束，就可以形成“比学赶超”的资源生产率竞争氛围。如此循环往复，不断诞生新的领跑者，不断产生新的落后者，就可以实现资源生产率大提升的效果。

自然资源生产率领跑者制度路径。以法律而非政策的方式实施某项制度不仅具有更好的实践效果，而且符合现代法治的基本要求。具体到自然资源生产率“领跑者”制度，其转化为法律制度的条件事实上已经具备。绿色转型目标的提出要求在能源节约法制层面上进一步加强对节能提效法律制度的完善。自然资源生产率“领跑者”制度作为节能提效的重要手段，为更好地服务绿色转型目标的实现，有必要上升为法律制度。此外，自然资源生产率“领跑者”制度的规范内容，只有与强制性节能标准和绿色转型的相关法律规范相结合，才能构成完整的行为规范。同时，行为规范划定了法律效果的适用范围，因此，使自然资源生产率“领跑者”制度具备法律规范之“实”而非徒有法律之名的关键就在于建立其与绿色发展制度的衔接机制。

第四节　绿色转型的驱动力量

一、绿色科技创新

绿色转型的核心是在保护生态环境和最优化有限资源配置的前提下，以保护环境为目的，从而实现可持续发展的全新发展模式。绿色转型能力是一种综合能力，它涉及经济发展情况、资源配置效率、环境友好度、生态治理、政府支持等方方面面，是体现效率、环保、和谐、持续等目标的经济增长和社会发展能力。[②]无论是提升经济发展水平、提高资源配置效率，还是强化生态环境治理等均需要以科技创新为基本保障，因此绿色科技创新

① 沈世铭，许睿，陈非儿. 中国绿色科技创新对碳排放强度的影响研究[J]. 技术经济与管理研究，2023（5）：28-34.
② 葛察忠，翁智雄，段显明. 绿色金融政策与产品：现状与建议[J]. 环境保护，2015，43（2）：32-37.

是发展绿色经济、提升绿色转型能力的第一推动力。[①]

以科技创新平台为核心增加生态治理的投入。经济发展水平处于全国领先地位的地区，主要应该关注的是经济快速增长过程中所带来的资源负担过重、环境污染严重、生态失衡等问题，提升这些区域绿色转型能力的重点应注重通过创新平台的建设从而加大在环境保护和生态治理方面的投入。第一，应通过科学规划、加强科技产业园区建设，将符合条件的环保类产业列入本地重点发展的战略性新兴产业。通过提升本地特色产业园区的要素集聚程度吸引相关企业入驻，争取重点建设一批以特色园区为载体的创新型产业集群，并优先扶植具有绿色生态特征的产业和企业通过采取科技重大专项的方式将这些产业或者企业打造成为创新平台。第二，注重发展当地特色优势学科，吸引与培养高端环保科技人才凭借优势资源争取国家级和地方科研及工程项目，以项目研究带动环保产业科技技术进步。第三，健全产学研创新合作机制，建立包括政府、企业、大学和科研机构等多种主体在内的集研发、孵化和产业化于一体的环保科技创新平台，通过开放共享的运行服务管理模式集聚科技资源。[②]

以科技创新为保障推进传统产业改造升级。绿色转型能力处于中间水平的地区以中部地区省份为主，中部地区一直都是中国能源的主要来源地，能源消费结构中煤炭占主导地位，2022 年煤炭消费总量高达能源消费总量的 60%以上，诸如化工、冶金、轻工、机械和钢铁等高污染行业的产值在这些区域的 GDP 中仍然占到较高的比例。为此，第一，中间水平的地区应扎实推进传统产业改造升级，推动制造业信息化，促进信息化和工业化充分融合发展，带动传统产业换代升级。第二，以促进研发投入的方式推进节能减排科技专项行动，推广节能减排技术在各个领域的示范应用，推动低碳经济、绿色经济和循环经济的发展。第三，培育发展新兴服务业，改造提升生产性服务业，推动服务业创新发展。第四，坚持以人为本，以“项目+基地+人才”的模式培养创新人才和创新团队，通过科技创新人才培养，提升整体创新能力，发展优势特色产业和培育战略性新兴产业。

以科技创新为驱动加大环保领域的投资和创新。绿色转型能力较弱的地区大都处于我国偏远和边境地区，社会经济发展相对落后。这类地区在绿色发展进程中遇到的普遍障碍是经济发展动力不足、资源能源消耗过度，资源约束压力大。与此同时，这些地区环境治理力度小，环保基础薄弱，环境监管、监测、执法能力滞后，政府在环保投入上的整体实力偏弱。因此，在这些欠发达地区，第一，应通过加强创新制度的建设营造科技创新环境，为环保领域相关的科技创新提供财税、土地、人才和知识产权方面的制度保障，建设关键性技术研发的公共平台。第二，充分发挥市场机制的作用，增强企业创新意识，引导企业建设产学研结合的创新机制。围绕“产品、技术和资本”以创新实现产品和产业升级。第三，以创新型企业、高科技企业和企业技术中心为抓手，以行业研究中心、重点实验室等为重点，以公共科技服务平台为着力点建设层次有序、协调发展的区域创新体系。第四，按照政府引导、企业主导的原则，加大环保科技投入，为科技创新和技术进步提供资金和制度保障。

---

① 张岩，董锐，吴佩佩. 以科技创新为引领的中国区域绿色转型能力提升研究[J]. 科学管理研究，2017，35（5）：60-63.

② 许可，张亚峰. 绿色科技创新能带来绿水青山吗？——基于绿色专利视角的研究[J]. 中国人口 • 资源与环境，2021，31（5）：141-151.

二、绿色制度创新

绿色创新制度是指政府和企业通过立法、政策、管理和市场等手段，提高能源效率、发展可再生能源、推广清洁能源、推动循环经济和应对气候变化等措施的一种制度性安排。绿色创新明确了绿色生产的要求，逐步优化了生产资料、生产过程和生产方式，加快了生态保护、环境卫生和资源回收的速度。绿色创新制度是实现经济、社会、环境之间协调与统一的一项重大举措。[①]

自然环境的非竞争性与非排他性特点，使得市场对其配置缺乏效率，人们不容易自发地努力保护环境、节约资源。针对日益突出的环境问题，发达国家主要通过征收“庇古税”、依据科斯产权定理重新界定产权、环保法规约束来解决环境问题。然而这些治理模式均属于外部治理模式，对于发展中国家并不可取。想要真正地解决环境问题需要结合社会发展与环境保护，绿色制度创新正是在这种情况下作为解决这一难题的新希望被提了出来。[②]

绿色制度创新降低交易成本。新古典经济学认为有效率的市场只有在交易成本为零或无交易成本的情况下才会存在。只有在无交易成本的情况下，交易者才能忽视制度安排达到总收入的极大化。当交易成本存在的时候制度就会发生作用，即在一定程度上抑制人的投机行为降低成本。

绿色制度创新提高经济价值。舒尔茨认为，制度的基本功能是为经济提供服务，通过绿色制度创新，就有关环境改造成本对主体进行相应的补偿，可以提高主体的积极性，改善供求关系，间接或直接地提高产品的经济价值。

绿色制度创新构建激励机制。绿色制度创新的激励机制主要包括绿色产权制度激励、绿色企业制度激励、市场绿化制度激励、政府绿色引导制度激励四个方面。通过绿色产权制度激励可以提高产品的社会收益率，在一定程度上限制“搭便车”行为，最大限度地内部化生产者效益外溢。同时政府可以通过绿色引导制度激励，大力发展绿色教育，制定绿色科技发展战略，出台相应的政策等激发生产者积极性。

三、绿色治理机制

面向未来，要采取科技创新与制度创新相结合的政策手段。创新是实现绿色转型目标的根本路径，创新既要包括理念的创新，也要包括技术的创新和制度的创新。

从政府工作的角度来讲，绿色转型涉及很多学科，不仅包括新兴学科，而且涉及物理、化学、工程等传统学科，是人类知识体系的绿色化集成。绿色技术研发投入大，需要政府加强规划，为企业和科研院所提供更好的技术和资金支持。另外，制度创新是保障。要保障绿色技术与传统技术获得公平竞争的市场环境，强化环境保护和生态文明建设的法治化导向。

从企业工作的角度来讲，要以理念创新为先导，要认识到世界经济和人类社会发展在经历了工业化、信息化之后，正在迈向数字化和绿色化，正在加快实现从化石燃料为特征的工业文明转向绿色生态文明的大跨越。这是人类社会必须迈出的重大一步，这一步势必

---

① Zhao X，Mahendru M，Ma X，et al. Impacts of environmental regulations on green economic growth in China：New guidelines regarding renewable energy and energy efficiency[J].Renewable Energy，2022（3）：728-742.

② 张希良，黄晓丹，张达，等. 碳中和目标下的能源经济转型路径与政策研究[J]. 管理世界，2022，38（1）：35-66.

会改变工业发展的传统模式，使工业生产不再单纯地追求规模扩张，而是更加注重发展的质量。

从科技工作的角度来讲，现在是一个数字化的时代，一个关键路径就是要实现绿色化和数字化的深度融合。[①]比如，依托云服务的低碳功能，重构用户和供应链体系；将企业的基础架构和应用程序迁移到云服务中，以提高效能，并减少环境影响；开发云服务强大的生态系统，利用数字工具实现碳排放的量化分解。同时，要让数字产品赋能交通工具，打造智能化的绿色出行，开发数字地图，以更好地监测地球资源的变化，取得综合性的碳中和数据，并以此作为分析决策的基础。在建筑领域，要设置一些建筑排放的检测器，用数字技术来推动绿色建筑的构建和传统建筑的减排工作。在社交平台上倡导绿色低碳生活，推广普及绿色消费理念是一个重要的机制，要将其充分开发好、利用好。

① 刘贝贝，左其亭，刁艺璇. 绿色科技创新在黄河流域生态保护和高质量发展中的价值体现及实现路径[J]. 资源科学，2021，43（2）：423-432.

第五章　自觉养成绿色消费习惯

2017 年，习近平总书记在中共十八届中央政治局第四十一次集体学习中要求大力弘扬中华民族勤俭节约的优秀传统，倡导推广绿色消费，形成节约适度、绿色低碳、文明健康的生活方式和消费模式。本章主要阐述绿色消费内涵、绿色消费激励机制、生态需求递增规律、绿色消费实现方式。

第一节　绿色消费内涵

一、绿色消费的概念

绿色消费的概念起始于 20 世纪 40 年代，在 20 世纪 60—80 年代得到迅猛发展。绿色消费的正式兴起可以追溯到 20 世纪 80 年代后期，英国率先掀起“绿色消费者运动”，这一运动随即席卷欧美主要发达国家（地区）。“绿色消费者运动”旨在呼吁消费者购买消费有益于环境的产品，同时进一步促使生产者转向生产制造有益于环境的产品。

早期的绿色消费概念侧重资源节约和生态友好型产品的购买和使用行为。绿色消费概念最早出现在 1987 年出版的《绿色消费者指南》一书中。《绿色消费者指南》将绿色消费论述为：第一，尽量不使用威胁或损害他人健康的产品；第二，商品在生产、使用、用完处理过程中不会对资源产生污染和浪费；第三，产品外用包装不会超过产品的使用寿命而造成环境污染；第四，商品原材料不使用稀缺动植物资源；第五，商品生产不能对其他国家产生影响。①

联合国环境与发展大会、联合国环境规划署、中国消费者协会等组织机构纷纷使用绿色消费的概念。联合国环境与发展大会于 1992 年通过《21 世纪议程》，明确指出：“当今世界，造成全球环境不断恶化的罪魁祸首就是人类日常生产中不可持续的生产方式以及不够环保的消费模式。”②为此，需要改变消费模式，制定保障可持续消费形态的国家政策。2002 年，联合国召开“可持续发展世界首脑会议”，通过了《约翰内斯堡可持续发展宣言》和《可持续发展问题世界首脑会议执行计划》，强调“消除贫困、改变消费和生产方式，保护和管理经济与社会发展所需的自然资源是可持续发展中心目标，也是可持续发展的根本要求”，指出“根本改变社会的生产和消费方式是实现全球可持续发展所必不可少，所有国家都应努力提倡可持续的消费形态和生产形态”。③

---

① Elkington J，Burke T，Hailes J. Green pages：the business of saving the world[M]. New York：Routledge Press，1988：80.

② Agenda 21[R]. United Nations Conference on Environment & Development，1992：18.

③ 王建明，吴龙昌. 绿色消费的情感-行为模型[M]. 北京：经济管理出版社，2019：40.

中国消费者协会 2001 年年会的主旨就是绿色消费，提倡公众在消费时选择无污染、有助于环境的绿色产品，在消费过程中对废弃物的收集和处理需要格外谨慎，避免环境污染，在追求高质量生活的同时，保证对环境的保护以及资源的节省，实现绿色消费。我国学者将可持续消费界定为符合当代发展需求，满足当代人又不影响后代人正常发展需要的消费。随着研究的深入，绿色消费的内涵逐渐拓展到绿色产品和服务的购买、使用和处置行为，以及绿色生活方式等。随着应对气候变化的《巴黎协定》的签署，全球 100 多个国家和地区跟进提出了碳中和的目标和承诺，学术界对绿色消费的内涵阐述逐渐拓展到消费过程清洁低碳化改造。国际上普遍认可的原则是以 5R 为内核的绿色消费观念，即减少污染、环保消费、多次利用、分类回收、万物共存。

综合国内外学者的共识，绿色消费是以生态经济大系统的整体优化为出发点，在产品和服务购买、使用和处置过程中以最小的自然资源消耗实现最优效用传递的消费过程。绿色消费有广义的概念和狭义的概念。广义的绿色消费是指以节约资源和保护环境为特征的消费行为，主要表现为崇尚勤俭节约，减少损失浪费，选择高效、环保的产品和服务，降低消费过程中的资源消耗和污染排放。狭义的绿色消费是指消费者购买对环境保护有益的或未被污染过的产品，通过消费绿色产品来减少对环境的污染，提高人们的生活质量。

二、绿色消费的分类

（一）绿色消费主体分类

绿色消费的主体是消费者，消费者的消费动机迥异。绿色消费者是一群力求消费亲环境产品或者绿色产品以达到自己消费活动对环境的影响小到忽略不计的消费群体。绿色消费者是购买行为受到环保意识影响的消费者群体。根据消费者自我认定的“绿色度”对绿色消费者进行区分，绿色消费者分为深绿色消费者、中绿色消费者和浅绿色消费者。根据绿色程度对绿色消费者进行分类，绿色消费者分为真正绿色消费者、金钱导向绿色消费者、近绿色消费者、牢骚型消费者、基础棕色消费者。以对环境的关心、行为倾向和行为阻碍因素等标准进行聚类分析，绿色消费者分为敢于承诺的绿色消费者、物质层面的绿色消费者、怀疑绿色的消费者。

（二）绿色消费客体分类

绿色消费的客体划分为抽象的绿色消费和具体的绿色消费。抽象的绿色消费是指不涉及具体商品的绿色消费。例如，消费者是否愿意为绿色产品多支付费用；一般亲环境购买行为，由消费者选择购买绿色产品、愿意为绿色产品多支付金钱和为了绿色属性而购买绿色产品这三种购买行为整合而成；愿意为购买可降解包装产品付出专门的努力，将经常购买的产品品牌转换为绿色品牌；人们推荐他人购买绿色产品的行为；溢价购买绿色产品、停止购买非绿色产品、建议朋友停止购买非绿色产品、减少产品的购买等。具体的绿色消费是指涉及商品具体品类的绿色消费。例如，人们在零售店能购买到的，非食品、非耐用品的日常用品，包括织物柔性剂、垃圾袋、面巾纸、纸尿布、洗衣液清洁剂、肥皂等；指向可回收利用的纸张、节能家电和灯泡等具体商品的绿色消费；消费者购买绿色蔬菜的行为意向；人们购买绿色产品的消费者体验；以虚构品牌有机食用商品为载体研究消费者购买行为；以消费者购买有机橄榄油为例研究可持续消费行为。

（三）绿色消费表现形式分类

绿色消费的表现形式划分为购买绿色产品和不购买、避免、抵制非绿色产品两类。购买绿色产品最大的特点在于“以获取绿色商品”为目的，绿色商品包括环保包装产品消费、绿色宾馆住宿服务消费和绿色食品消费等，购买绿色产品正外部性明显。抵制非绿色产品属于逆消费的一种，能显著减少人类活动的负外部性。逆消费是指个体出于某种原因，有意识地减少消费或者拒绝消费某些产品的行为。

（四）绿色消费模式分类

绿色消费模式归纳为三类：消费替代模式、产品全生命周期绿色消费模式和消费流程绿色再造模式。消费替代模式是指通过消费替代实现物质消耗强度与污染物总量的减少，譬如购买生态食品替代生产过程中使用化肥农药的食品、使用节能节水家电及新能源汽车等。产品全生命周期绿色消费模式是在产品购买、使用、处置过程中都遵循资源节约和环境保护的模式，推动再利用过程，譬如旧货消费、减少水和能源使用量、减少餐饮浪费和进行垃圾分类等。消费流程绿色再造模式是利用新技术或新的社会倡议减少消费过程的污染和排放，譬如共享出行、自愿减少食物摄取中肉食消费比重和实现“城市农夫”式的部分食品自给等。三类绿色消费模式既有可持续性发展的内在逻辑一致性，同时呈现出外在的特殊性。三类消费模式贯穿整个绿色消费理念的发展时期，消费替代模式研究出现在绿色消费概念产生初期，产品全生命周期绿色消费模式涌现于 21 世纪初期，而消费流程绿色再造模式是数字经济与大数据技术深入发展后提出的，相关研究集中于 2010 年后。从消费导向的环境属性看，消费替代模式通常部分减少消费行为对环境的损害，而产品全生命周期绿色消费模式和消费流程绿色再造模式致力于完全抵消消费行为对环境的负面影响，推进绿色消费的稳定转型，是一种颠覆消费范式的革命性发展模式。

三、绿色消费的影响因素

影响绿色消费的因素包括居民自身因素和外部因素。

（一）居民自身因素

居民自身因素包括人口统计特征、心理因素和认知因素。就人口统计特征而言，许多研究显示，女性、青年、中等收入和较高教育水平的群体更倾向绿色消费；但也有研究认为这些人口统计特征和绿色消费的关联性较弱。

心理因素是绿色消费影响因素中最受关注的一类因素。消费者对绿色消费的知识、绿色消费知识的行为策略、控制点、态度、口头承诺以及个人的责任感都会对绿色消费产生直接的影响。行为意愿在所有其他心理变量与绿色消费行为之间起到了显著的中介作用，同时除了态度和行为控制外，个人的道德规范是影响行为意图的第三重要变量。人们对环境问题的忧虑感也是一个重要的心理变量，它对绿色消费的影响将通过道德、社会规范、内疚和归因过程作为中介变量。行为意愿、感知行为控制和习惯能够直接影响实际的行为，态度、社会规范和感知行为控制能直接影响行为意愿，社会规范、感知行为控制、对环境结果的焦虑、生态世界观、自我超越价值观和责任归属感等因素能够影响个人规范的形成，自我提升的价值观对个人规范的形成产生负向影响。对绿色消费的行为意愿往往能够转化为实际的行动，同时态度能够显著地影响绿色消费意愿，而感知行为控制只能部分影响绿色消费意愿。绿色产品属性支付意愿是一种特殊的心理要素，受到其他心理因素影响，如消费者注意力不集中可能降低其对生物基材料的支付意愿，从而减少了该产品的市场购买。

认知因素包括环境知识和利他偏好等。对环境知识与绿色消费行为的关系，学术界存在异议。譬如，环境知识与绿色消费的关系不确定，环境知识是促进绿色消费行为的关键因素。关于利他偏好与绿色消费的关系，有如下观点：利他偏好者参与绿色消费行为本身可以直接产生正效用；有利他偏好的居民通过参与绿色消费行为和“温情效应”产生正向效用。

（二）外部因素

外部因素包括市场激励因素、社会压力因素和信息助推因素。

市场激励因素强调经济损益诱导推动绿色消费行为。在法国政府对低排放量的汽车提供经济奖励后，低排放车的购买比率增加，贡献了高达40%的新车平均二氧化碳减排量。

社会压力因素强调他人和社会情境推动绿色消费，居民受到绿色身份塑造、同伴效应等强迫力的驱动。有他人在场时消费者更倾向购买有机食物。

信息助推因素可以通过传递产品服务绿色信号和进行绿色信息干预两个路径，增强居民绿色消费偏好，诱导居民主动采取绿色消费行为。在环境信息的干预调节下，绿色身份标签显著提高了消费者对绿色食物的偏好和支付意愿。随着移动互联网和社交媒体的快速发展，网络和社交媒体信息对消费者绿色消费产生影响，多种信息助推措施的替代和叠加效应等促使绿色消费外部影响因素产生。

第二节 绿色消费激励机制

一、完善绿色消费的动力机制

消费的基本要素由消费者、消费产品和消费环境构成。从消费角度分析，在市场经济下，消费者个体是根据市场来做出反应的，或者说是由市场来调节消费者个体行为的，而外部性本身就意味着市场失灵。市场失灵导致资源无法达到最优配置，政府可以通过一系列经济手段对产生外部性的行为进行干预，使得外部性内部化，从而解决市场在资源配置中的失灵。[①]绿色消费动力机制的完善主体是政府。政府以问题导向为主，力图用制度为绿色消费构筑起一道“护城墙”。[②]政府负责绿色消费相关法规制度的制定、绿色消费市场的培育、绿色消费行动的推动、绿色消费环境的培育等，这一系列行为都需要有强有力的动力机制。完善绿色消费的动力机制需要以人为本，充分利用各种手段调动起各类人员的动力和活力。政府完善绿色消费的动力机制可以从以下层面入手。

---

① 俞海山. 论低碳消费促进手段的“钻石模型”[J]. 浙江学刊，2015（5）：168-169.

② 沈满洪，郅玉玲，彭熠，等. 生态文明制度建设研究（下卷）[M]. 北京：中国环境出版社，2017：598.

（一）建立绿色消费法律法规和规章制度

2012 年，党的十八大提出要“增强全民节约意识、环保意识、生态意识，形成合理消费的社会风尚”。2015 年，中共中央、国务院发布《关于加快推进生态文明建设的意见》，指出要“倡导勤俭节约、绿色低碳、文明健康的生活方式和消费模式”。2017 年，党的十九大进一步强调，要“加快建立绿色生产和消费的法律制度和政策导向”。至此，绿色消费的法制化进程进入全新阶段。

我国许多法律法规、规章制度和政策性文件均涉及绿色消费，对助推绿色消费发挥了一定作用。绿色消费的相关法律有《中华人民共和国环境保护法》《中华人民共和国节约能源法》等；行政法规有《中华人民共和国消费税暂行条例》《中华人民共和国政府采购法实施条例》等；部门规章有《城市生活垃圾管理办法》《电器电子产品有害物质限制使用管理办法》等；政策性文件有国务院办公厅发布的《关于限制生产销售使用塑料购物袋的通知》、国家发展改革委等十部门发布的《关于促进绿色消费的指导意见》等。

鉴于立法对于引导和规范绿色消费的重要作用，我国应当针对绿色消费适时出台相应的法律，通过发挥法律的指引、评价、教育功能，推动绿色消费可持续发展。绿色消费作为一种消费模式，主要通过市场资源配置，政府发挥引导、服务及规范作用。制定相关法律时应采用促进型立法模式。“促进型立法”强调公众参与，突出政府的指导、服务职能。《中华人民共和国清洁生产促进法》《中华人民共和国循环经济促进法》等法律在立法模式上均属于“促进型立法”。

绿色消费专门性立法可命名为“绿色消费促进法”，在立法原则和主要制度建构方面应包括清晰明确的指导原则和严谨规范的制度体系。

清晰明确的指导原则，主要包括如下内容：

一是全过程引导和规范原则。绿色消费涉及消费前的产品供给改革，消费中的减少资源浪费，消费后的废弃物回收及资源综合利用等一系列过程。“绿色消费促进法”需要加强对整个消费链的引导和规范，在产品生产、销售、使用以及消费后的废弃物处置等各个环节，以绿色化理念为指引，从责任主体、权利义务、程序规则以及行为责任等方面进行全面规范。

二是公众参与原则。促进型立法是一项鼓励公众和社会参与的立法，应全面考虑政府、企事业单位及个人等各种主体，引导其承担起绿色消费的义务。促进型立法时，应进行更加广泛的社会动员、更加有效的社会沟通、更有能力的社会参与。坚持以人民为中心，依靠人民，尊重人民的首创精神，维护人民的权利，倾听人民的声音，促进人民的参与。①

三是激励与强制相结合原则。“绿色消费促进法”作为促进型立法，必须保留部分强制性功能。立法中除了规定政府的指导和服务职能、对公众的激励性措施外，还应明确规定法律责任。在责任形式上，要包括行政、民事等类型，以鼓励资源环境友好的消费行为，惩罚浪费资源、破坏环境的消费行为；在责任主体上，要包括政府的监管责任、消费者和政府购买绿色产品的义务等，为绿色消费提供坚实的法律保障。

---

① 洪大用. 关于环境社会治理的若干思考[J]. 中央民族大学学报（哲学社会科学版），2022（1）：81.

严谨规范的制度体系，主要包括如下内容：

一是信息公开和公示制度。立法中应规定政府的信息公开职责、生产企业的信息公开、产品信息公示义务。生产企业的信息公开与公示包括与产品相关的能耗、资源种类，产品生命周期内所耗资源及碳排放量。这些信息应用量化指数标示，以标签形式告知消费者，方便公众选择更加绿色、低碳的产品。这与中国的“碳标签”、日本的“碳足迹”、意大利的“白色证书”、德国的“蓝色天使”等类似。

二是经济激励制度。主要指给予绿色消费相关的企业和个人一定的优惠，以引导其参与绿色消费。我国现有消费链条中未充分考虑资源环境因素，极大地影响了消费主体的积极性。很多发达国家自20世纪90年代就提出实施绿色税制，其宗旨就是使整个税制体现环保要求。譬如，比利时在1995年开始征收电池消费税；意大利对生物不可降解的塑料袋征税；丹麦、芬兰等国家对一次性饮料包装物征收消费税；美国对损害臭氧的化学品征收消费税。我国在立法时可规定多种经济激励措施，如财政补贴、税收优惠、金融优惠等措施，从而对绿色消费进行鼓励和引导。

三是生产者责任延伸制度。生产者责任延伸制度将生产者对其产品所负的责任延伸到产品生命周期后的废弃物处置阶段。生产者不仅要绿色设计、绿色生产，还要进行绿色回收；不仅要对生产过程中造成的环境污染负责，还要对产品废弃后的环境保护及资源回收承担一定的责任。

四是政府绿色采购制度。2003年1月1日起实施的《中华人民共和国政府采购法》第九条规定“政府采购应当有助于实现国家的经济和社会发展政策目标，包括保护环境，扶持不发达地区和少数民族地区，促进中小企业发展等”。2004年，财政部与国家发展改革委发布的《节能产品政府采购实施意见》是我国第一个政府采购促进节能与环保的具体政策。但是我国至今尚未颁布《中华人民共和国政府采购法》实施细则，相关的配套制度和管理办法制定得比较少，而且缺少统一标准。政府采购对环境保护的促进作用不显著。①

（二）对于绿色消费行为予以激励

消费行为对绿色发展影响重大。消费行为直接影响绿色发展和生态文明，而且具有传导性。消费者用货币购买商品的过程实际上就是“投票”的过程。②绿色消费是资源节约、环境友好、生态保护的消费，是一种秉持理性、适度和文明理念的消费。针对绿色消费行为予以激励的措施包括舆论宣传、补贴政策、设立绿色积分账户、绿色积分激励、各种经济手段激发市场的绿色生产动力等。

一是进行舆论宣传。通过新闻媒体对和绿色消费有关的行为进行正面的报道和宣传，这是引导消费者树立科学的消费理念、改变消费者绿色消费态度的有效措施。在数字化生态系统下，信息传播主体、传播渠道及传播空间等都发生了改变。一方面，可以通过个人客户端向消费者发送定制化的绿色产品和服务的广告；另一方面，一些游戏化、娱乐化的绿色消费宣传方式也开始逐渐被推广应用。譬如，阿里巴巴公司为其支付宝用户开通了“蚂蚁森林”碳账户，使用者不但可以在收集“绿色能量”的过程中与其他用户进行互动和交流，而且可以在个人移动社交平台上分享其在其中取得的一些成绩。

---

① 沈满洪，李太龙，谢慧明，等. 环保促调机理与案例[M]. 北京：中国环境出版社，2017：60.

② 沈满洪. 绿色发展的中国经验及未来展望[J]. 治理研究，2020（4）：25.

二是补贴政策实施。政府依据相关政策向生产绿色产品或提供绿色服务的企业拨付一定的资金或者提供税收减免。企业将收到的补贴款项从产品或服务销售价格中扣除，从而减少消费者购买的支出。现行的绿色消费补贴大多是由政府将相关补贴发放给企业，再通过企业将优惠让渡给消费者，进而对消费者的消费偏好和行为习惯进行引导。

三是绿色积分账户设立。绿色积分账户是指对于消费者因绿色消费行为而获得的绿色积分进行记录和管理而设立的个人账户。目前实际运行的个人绿色账户有个人碳账户和垃圾分类积分账户等。移动互联网和移动消费的兴起为个人绿色账户制度的发展带来了新机遇。结合移动支付和实时定位技术可以很方便地对消费者的绿色消费行为及其积分进行测算，通过一些移动商务平台也可以实现对消费者绿色账户的便捷管理。

四是绿色积分获得。对消费者而言，购买绿色标志产品将获得政府一定数量的绿色积分激励。消费者除了可以在社交媒体和其他消费者进行互动，展示绿色积分情况、塑造绿色形象以外，还可以选择在绿色积分交易市场上出售积分来获得经济收益。在绿色积分交易模式下，市场化的运作机制减轻了政府补贴的财政压力，促进了监管与激励之间的协作。

五是运用各种经济手段激发市场的绿色生产动力。加强奖励政策，如设置各种绿色荣誉奖励。浙江已开展多年“绿色饭店”“绿色企业”评选工作，对于评选上的单位都有不同额度的资金奖励。这类评选是非常好的激励手段，可以借鉴出台更多、更好的绿色奖励政策。强化惩罚政策，探索建立环境损害赔偿机制。

六是探索绿色产品营销渠道。有机食品、绿色食品等是以优质生态环境为条件进行生产的有利于身体健康的绿色产品。要实现这类产品的应有价值，不能采取普通产品的营销方式，而要进行营销方式的创新。通过定点供应连锁店的方式扩大“一县一品”甚至“一乡一品”的品牌效应。通过产品论证和产品标志的方式为生态产品提供特殊的标识。加强生态产品生产的农户合作社的方式实现企业化经营，构建“农户（生产者）→企业（供给者）→企业（销售者）→家庭（消费者）”的营销链条。①

二、强化绿色消费的运行机制

强化绿色消费的运行机制，既需要从纵向角度确保绿色消费各个环节的畅通，也需要从横向角度关注国内、国际两个市场的交流合作。市场强化绿色消费的运行机制可以从以下层面入手。

（一）推动开发高品质多样化的绿色产品

绿色产品可以分为绿色实物和绿色公共服务。我国的绿色产品主要侧重于绿色实物。比如自行车是绿色实物，绿色步道是绿色公共服务。随着经济社会发展和科技的进步，绿色实物呈现高品质多样化的发展趋势，产品性能、价格、品牌、便利性、环保价值等凸显。绿色公共服务是服务行业在原有的基础上以减少废弃物排放为目的而衍生出来的新兴服务项目，它更侧重体现绿色的生活方式，如共享单车等。广泛开展绿色生活行动，推动生产衣、食、住、行、游等方面的高品质绿色产品。积极开发节能与新能源汽车、高能效家电、节水型器具等节能环保低碳产品，减少一次性用品的使用，限制过度包装。

① 沈满洪. 以制度创新推进绿色发展[J]. 浙江经济，2015（2）：25.

（二）形成绿色产业链条

一个完整的绿色产业链条至少包括五个环节：原材料采购、产品的生产、产品的销售、产品的消费和废弃物的回收利用。在社会分工日趋细化的现代社会，每个环节都有不同的承担主体。联结各个环节的绿色企业，形成比较固定的绿色产业链，产生的绿色环保效能是乘法效应。形成绿色产业链，要进行绿色采购，规范企业绿色采购全流程。要进行绿色营销，通过绿色时尚的外包装吸引消费者，通过试吃、试用的方式让消费者进行消费体验。绿色产业链的最后环节是进行绿色回收。完善的绿色产业链必须打破绿色采购、绿色营销、绿色回收各个环节的障碍，实现良性运行和循环再生。

（三）拓宽绿色市场的运行空间

我国的绿色市场要实现有序运行和健康发展，除了开拓国内市场，还应向国际市场接轨。国外的绿色消费市场发育比较成熟，有许多值得我国学习借鉴的地方。一方面是“引进来”。要稳步地引进国际的绿色标准。绿色标准通常是一些国家通过立法手段制定严格的强制性环保技术标准，限制他国不符合该标准的产品进口。这些标准大多由发达国家根据其生产水平和技术水平而制定，所以大部分发展中国家难以承受，这就必然导致发展中国家的产品进入发达国家市场时遇到障碍，成为绿色壁垒的重要表现形式。绿色标准的引进必须考虑国内市场的现实情况，要“稳步”引进，避免产生标准过高而失去引导作用。标准的提升必然要求技术的提升，因此我国也要引进技术，创办各类绿色合资企业；同时充分利用自贸区的平台，引进国外绿色产品，促进中国绿色经济的发展。另一方面是“走出去”。国内的绿色消费市场虽然起步较晚，但一些绿色企业早已跨出国门走向国际市场。例如大连的“咯咯哒”绿色鸡蛋早在 2003 年就已走出国门，云南的几十种绿色食品也早在 2004 年销往欧洲、北美洲、东南亚、日本等地。我国的绿色产品在销往世界其他国家时，也会遭遇“绿色壁垒”而被迫退货。所以有必要整合国内外资源，扩大国际绿色产业合作，积极打造促进环境产品贸易及投融资创建的全新和开放的平台。

三、提升绿色消费的保障机制建设

推进绿色消费，政府是推动者，市场是运行者，两者是绿色产品供需的主要构建者。但是还有一些政府和市场都无法或不适合承担的职能，这就需要由社会各界来承担，为绿色消费的推进提供各种有力的保障机制。

（一）深化绿色消费的研究

绿色消费的研究是基础理论保障。绿色消费的最终实现有赖于公众达成绿色消费的共识，在全社会形成绿色消费的氛围。为此，要进一步深化绿色消费的理论和实证研究，发挥学术界的力量。虽然绿色消费已经成为理论界关注的重点领域，但是总体来看，某些论点还未达成共识，理论尚未形成体系，对策研究符合本国特色的创新策略比较少。为此，应加快绿色消费研究的步伐，以问题为导向，突破理论重点难点，提出更多符合国情、省情、市情的解决对策。

（二）加强绿色网络的建构和监管

随着数字化发展的加速，越来越多的生产主体和消费主体开始借助数字化手段来完成自身的绿色生产和绿色消费。绿色信息服务在推进绿色消费中的作用也越来越凸显，成为加速绿色知识传播的重要渠道。要继续发挥传统信息服务渠道的优势，面对面传播、交流绿色消费知识更富有感染力和说服力。但是其弊端也将越来越显著，即信息量的有限性和信息的滞后性。所以，要积极开发现代信息服务渠道并挖掘其优势。现代的信息服务渠道主要是利用网络这种新媒介，以手机、电脑等载体加以实现，不仅扩大了服务的信息量，也可以确保信息的时效性，可以根据个性化的设置随时随地获取所需的绿色信息。但是也有一些虚假信息、诈骗信息乘虚而入。因此，加大对绿色网络的监管势在必行。

（三）加快绿色组织的培育与发展

绿色组织是非政府、非营利性的环境保护绿色组织，是合理开发、保护、改善生态环境资源的第三部门，具有组织性、非政府性、非营利性、自治性、志愿性和非政治性等特点。国际绿色组织数量众多。绿色组织的培育与发展需要完善绿色组织的结构布局、提升绿色组织的服务质量、提升绿色组织的管理水平、完善绿色组织的服务功能、强化绿色组织的人才队伍建设、拓宽绿色组织的融资渠道。绿色组织要发展，自身要能恰当地处理和政府、企业之间的关系，巧妙运用公众参与、圆桌协商等机制，发展自己的核心技术，充分发挥独特优势。①

第三节　生态需求递增规律

一、生态需求递增规律的理论基础

马斯洛需要多层次理论是马斯洛于 1943 年在《人类激励理论》论文中所提出的，是重要的行为科学理论之一，也是生态需求递增规律的理论基础。马斯洛认为人的需要分为生理、安全、社交、尊重及自我实现的需要，并且依次由较低层次到较高层次排列。其中，生理需要是人们最基本、最低级的需求，只有当这类需要得以满足到维持生存所必需的程度后，其他层次的需要才能成为新的激励因素；安全需要是人们在安全上的需要，包括对于人身安全、健康保障、工作保障、财产安全等方面的需要；人人都希望得到相互的关心和照顾，社交需要的实现和一个人的生理特性、经历、教育、宗教信仰都有关系，它包括一个人对友情、爱情、亲密性的需要；尊重需要可分为内部尊重和外部尊重，既包括对成就或自我价值的个人感觉，也包括他人对自己的认可与尊重；自我实现的需要是最高层次的个人需要，它是指实现个人理想、抱负，发掘个人潜力到最大限度以达到自我实现境界的需要。

生理的需要、安全的需要被认为是较低层次的需要，这些需要通过个体以外的条件就可以满足；社交的需要、尊重的需要和自我实现的需要则属于较高层次的需要，它们必须

---

① 刘国翰，郅玉玲. 生态文明建设中的社会共治：结构、机制与实现路径[J]. 中国环境管理，2014（4）：41-43.

通过个体的内部因素才能得以满足，并且人们对于尊重和自我实现的需要是永无止境的。同一时期，一个人可能同时有几种不同的需要，但总会有一种是占主导地位的，且会对行为起决定性作用。任何一种需要也不会因为更高层次需要的发展而消失。不同层次之间的需要是相互依赖、相互重叠的。高层次需要发展后，低层次的需要依旧存在，只是对行为影响的程度会大大减小。

二、生态需求递增规律的内涵

需要与需求是两个不同的概念。需要是心理学概念，需求是经济学概念。需求是人的主观愿望（需要）与客观能力（收入）的统一。生态需要反映消费者对生态产品的偏好和主观愿望，生态需求是消费者对生态产品的主观愿望与客观能力的统一。微观经济学指出，需求是消费者在特定时间内在每一价格下对一种商品或劳务愿意而且能够购买的数量。生态需求是消费者在特定时间内在每一价格下对一种生态产品愿意而且能够购买的数量。生态需求是消费者的有效需求，反映的是在其他条件不变的情况下生态产品的价格与需求量之间的对应关系。[①]

生态需求递增规律是指生态需求符合边际效用递减规律。根据基数效用论，生态需求曲线是一条向右下方倾斜的曲线。其需求函数可以记作：

$$Q_d = f(P) \qquad f \geqslant 0$$

为简化，一般认为生态需求曲线是一条向右下方倾斜的直线，其需求函数可以记作：

$$Q_d = \alpha - \beta P$$

其中，参数α、β作为外生变量，其取值并非一成不变。当参数α、β的取值发生变化时，生态需求曲线就会发生移动。因为生态需求是消费者主观愿望与客观能力的统一，所以可以从以下两个角度考察生态需求的变化以及生态需求曲线的移动。就主观愿望而言，生态产品的需求量取决于消费者对生态产品的需求价格。需求价格是指消费者在一定的时期内对一定的某种商品所愿意支付的价格。根据基数效用论，生态产品的需求价格取决于生态产品的边际效用。一单位的生态产品的边际效用越大，消费者为购买这一单位的生态产品所愿意支付的价格越高。根据边际效用递减规律，随着消费者对生态产品的消费量连续增加，递减的生态产品的边际效用会使消费者为购买生态产品的意愿支付的价格越来越低，也就是需求价格越来越低。在消费者对生态产品的消费偏好普遍增强的情况下，整个社会对生态产品的偏好也增强。根据微观经济学原理，偏好增强会导致需求曲线向右上方移动。就客观能力而言，决定需求的因素包括价格和消费者财富。随着经济的发展，消费者的收入水平和市场上的价格水平都有所提高，消费者的收入水平提高得更快。总体而言，消费者的支付能力是上升的。生态产品比普通产品多了生态功能，价格也比普通产品高。生态产品属于高档产品，高档产品的需求数量与收入水平同方向变动。也就是在同一价格水平上，消费者会选择消费更多的生态产品；在生态产品消费数量不变时，消费者可以接受更高的价格。对单个消费者而言，生态产品的需求曲线会随收入水平的提高而向右上方移动。将市场上所有消费者的需求曲线加总，导致整个社会对生态产品的需求增强，使社

---

① 沈满洪. 生态经济学[M].3 版. 北京：中国环境出版集团，2022：157.

会的生态需求曲线向右上方移动。生态需求规律指消费者对生态产品偏好的增强和对生态产品购买能力的增强，共同导致消费者对生态产品的需求呈现出递增的规律，如图 5-1 所示。在图 5-1 中，消费者的生态需求曲线的初始位置处于 D_1，随着消费者生态偏好的增强和收入水平的上升，生态需求不断增加，生态需求曲线的位置向右移动到 D_2。[①]

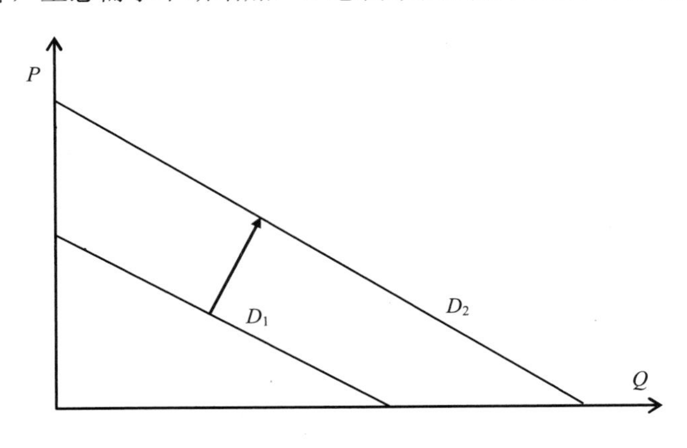

图 5-1 生态需求的递增规律

根据供求原理，如果生产者对生态产品的供给保持不变，那么生态需求的递增会导致生态产品价格的上升；如果生产者对生态产品的供给出现递增，那么生态需求的递增会导致生态产品价格的大幅上升；如果生产者对生态产品的供给增加，那么生态需求的递增会导致生态产品价格的上升趋势得到缓解。因此，针对生态需求的递增趋势，必须想方设法增加生态供给，以实现生态产品的供求平衡。[②]

根据马斯洛需要多层次理论，人类的生态需求递增，从只顾生存需要转向兼顾生存需要和生态安全需要，再上升到生态安全需要和生态审美需要的并存。随着收入水平的上升，人们对生态环境的需要不再满足于生态环境安全需要，而是进一步上升到生态环境审美的需要，与此对应地，生态需求递增。[③]具体而言，生态需求递增包括优质生态环境需求递增、优质生态产品需求递增、生态环境民主协商需求递增。

生态环境需求与环境问题相伴而生。生态环境是社会运行的基础。良好生态环境是最普惠的民生福祉。[④]环境就是民生，青山就是美丽，蓝天也是幸福，绿水青山就是金山银山；保护环境就是保护生产力，改善环境就是发展生产力。[⑤]1935 年 4 月，美国遭受历史上罕见的尘暴袭击，价值数百万美元的良田被毁坏；1952 年 12 月的伦敦烟雾中，有 1 万多人因此而死亡。诸如此类的环境公害都是人类对环境的长期破坏导致的。如果一个国家或地区出现了持续的生态环境破坏，社会谈不上良性运行；如果一个国家或地区自然环境优美，能够不断为社会创造适宜的地理生活空间和环境，也会提升这一地区的经济价值，就具备了社会良性运行的重要基础。

① 沈满洪. 生态经济学[M]. 3 版. 北京：中国环境出版集团，2022：158-159.

② 沈满洪. 生态经济学的定义、范畴与规律[J]. 生态经济，2009（1）：47.

③ 沈满洪. 生态文明视角下的共同富裕观[J]. 治理研究，2021（5）：9.

④ 潘家华，黄承梁. 建设人与自然和谐共生的现代化[J]. 理论导报，2019（6）：10.

⑤ 李一. 绿色发展必将持续释放生态红利[N]. 光明日报，2020-08-17（2）.

生态环境对社会运行具有重要功能。环境有三种竞争性功能，即供应站、居住地和废物库。生态环境还具有人类审美等精神的功能。[①]在人类社会发展进程中，为发展经济，人们向自然界无限制地索取和破坏，导致环境污染、生态破坏。环境污染包括大气污染、水污染、噪声污染，也包括污染衍生的环境效应，如温室效应、臭氧层空洞、酸雨等。生态破坏指各种生物资源和非生物资源遭到人为破坏以及由此所衍生的生态效应，如森林消失、物种灭绝、草场退化、耕地减少、水土流失等。随着一系列生态危机严重威胁人类的生存和进一步的发展，人们开始意识到自己是自然界中的一员，对优质生态环境需求递增。随着经济发展和生活水平的提高，人民群众对于美好生活的需求包括了越来越多的对环境质量的要求，有些环境服务已经成为基本公共服务的重要组成部分，譬如饮用水卫生、生活垃圾处理、社区环境卫生、社区绿化美化以及自然资源管理等。

生态产品概念具有丰富的理论内涵，是绿水青山就是金山银山理念的实践化成果。生态产品概念随着国家政策调整和生态文明建设深化而不断演进。生态产品价值实现有望成为培育经济高质量发展新动力、塑造城乡区域协调发展新格局、引领保护修复生态环境新风尚、打造人与自然和谐共生新方案的重要力量。[②]为满足公众优质生态产品递增的需求，国内外生态产品价值实现过程都应建立在满足社会公众需求的基础上。美国、新西兰、日本三国在生态保护修复、生态权属交易及生态产业化实践方面取得了显著成效。我国积极开展碳排放权、水权、排污权等领域生态权益指标交易试点建设，建立市场化、多元化生态补偿机制，实施退耕还林、天然林保护、山水林田湖草综合治理等生态修复工程，推动生态产业化和产业生态化发展协同并进等实践工作。

生态环境民主协商需求属于尊重的需要。根据马斯洛需要多层次理论，随着收入水平的上升，人们不仅满足于“物质”的需要，而且追求“政治”的需要和“精神”的需要。随着环境知识的不断普及以及人民对美好生活需要的不断增长，人们的环境风险意识也在提升，对于可能发生的环境灾害非常关注和担心，维护知情权、参与权和自身环境利益的意识不断增强，由此常常引发各种形式的“邻避纠纷”和群体性事件。各种形式的突发环境灾害时有发生，包括化工厂爆炸、危险品泄漏、突发环境污染乃至生态灾难（包括地震、洪水等自然灾害）等。生态民主是构建生态文明的方法，也是工业社会向生态社会转变的过程。建设生态民主需要呼吁全人类行动起来，需要人们自愿相互合作，保护自然，构建人类生态文明。全球生态民主协商系统模型包含两个空间——公共空间和授权空间。公共空间是一个观点多样性和讨论互动性的环境治理交流空间，活动空间可以是已有的或新开辟的物理场所（如会议室、咖啡馆等）或虚拟场所（如网络论坛等）以及传统的公开媒体、听证会和论坛；授权空间由权威性的集体经过决策后产生，并在民主协商系统中发挥主要作用。这样的授权空间具体包括立法机关、法院、社团委员会、国际组织等。两个空间之间的关系可以用“传输”“问责”“后继协商 ”三条原则表示：公共空间能够通过公共讨论、专家发表意见和社会文化转变等因素影响并最终改变授权空间的观点；根据民主合法性的要求，授权空间对公共空间负有责任，而公共空间向授权空间负责；后继协商是一种自我反省的能力，不断审视民主协商系统本身结构的合理性，如有差错当立即改变。全球生态民主协商系统包含了多元化的声音，不同的声音都可以在协商系统中被关注，民主协

---

① 童志锋.“环境—社会”关系与中国风格的社会学理论[J]. 社会学评论，2017（3）：69.

② 王金南，王志，刘桂环，等. 生态产品第四产业理论与发展框架研究[J]. 中国环境管理，2021（4）：5-6.

商系统打开了授权空间和公共空间之间的通道。全球生态民主制度建设不仅需要逻辑推演合理的理论，更需要不断积累实践经验和借鉴其他领域行之有效的实施方法；生态民主协商系统提供了一个全民参与环境治理的平台，能够提升公众参与生态文明建设的热情，并能促进形成全民节约意识、环保意识、生态意识以及合理消费的社会新风尚。通过生态知识和环保理念的良好传播，不同声音的互动和专家学者对生态政策的建言献策，公众才能从生态文明概念性理解发展到知识性掌握，从而内化为驱动力并最终体现在公众行动及共识上。生态民主协商制度的具体模式是多元的而不是全球单一模式，需要根据不同国家地区的传统和特殊情况形成“目标统一而形式多样”的民主协商制度。

三、生态需求递增规律的特点

生态需求递增规律是对生态需求递增的本质的认识。具有如下特点：

生态需求递增规律不是预先存在的。生态需求递增规律通过各种盲目的、不自觉的物质力量的相互作用而表现出来，是先于和外在于人以及人的活动。规律的存在离不开人和人的活动，是内在于活动中，规律赖以产生和存在的基础是社会实践。

生态需求递增规律以某种方式自发地表现出来。规律都离不开人的意识对既成事实的归纳与概括以及对事物内部稳定性的探求，这是人的认识能力发展到一定水平之后的自觉要求。对规律的把握是一个不断追随实践与事物运动的发展过程，任何先验的发展规律在根本上是不存在的。规律内在于人的社会实践活动，人既是历史活动的角色扮演者，又是历史活动的创作者。规律只有在实践运行到一定程度后，通过人们的自觉反思才能获得。对生态需求递增规律的认识离不开人的主体因素的作用和影响。

生态需求递增规律在一定条件的约束下才能够成立。规律没有与主体无关的绝对客观外在性，也没有与客体无关的绝对主观性，更没有绝对的精确性与永恒性。现代统计力学、量子力学、概率数学以及耗散结构理论都已证明，与或然性、机遇无关的纯粹的精确性规律是以对被考察系统的理想化取舍为前提的。规律的普适性是有条件的，以一定的时间、空间尺度为条件，而不是无条件的绝对规律。规律只能在特定的时空尺度内，对未来的可能性做出大体、近似的预测。

第四节　绿色消费实现方式

一、加强绿色消费理念和知识的传播

消费是拉动经济增长的主要动力，也是推动高质量发展的重要动能。无论是从国内实践还是从国际经验看，加强绿色消费知识传播对有效提高人民生活质量、提高生活幸福指数有显著的正向作用。

绿色消费知识传播内容广泛。要改变炫耀性消费，推崇适度性消费；改变破坏性消费，推崇保护性消费；改变奢侈性消费，推崇节约型消费；改变一次性消费，推崇重复性消费。

绿色消费知识的传播路径有传统媒体手段和新媒体手段。传统媒体手段有报纸、广播、电视、公告栏、墙绘画等。新媒体手段有微博、微信小程序、线上公众号、抖音等。现代社会需要充分发挥数字经济优势，推动绿色消费知识的智慧化、数字化传播，用新媒体手

段、互联网思维等宣传绿色消费知识。

绿色消费知识传播，需要充分发挥社会名流和形象正面的明星在推动绿色生活方式中的示范引领作用，引导绿色消费成为社会时尚。将绿色消费理念融入政府、企业、学校、社区、家庭等各类各级机构的相关教育培训中。加强宣传，将绿色消费倡议纳入全国节能宣传周、科普活动周、全国低碳日、环境日等主题宣传教育活动中。建立面向社会公众的绿色消费激励和惩戒制度，加强绿色消费信息披露和公众参与，倡导简约适度、绿色低碳的生产和生活方式，反对奢侈浪费和不合理消费，提高全社会的绿色消费意识。

二、提供绿色消费的产品和服务

绿色消费的产品和服务是绿色市场的运行载体。越来越多的事实表明，谁拥有绿色消费的产品和服务，谁就拥有市场。

一是制定政府绿色采购政策。政府绿色消费是政府部门和受政府控制的企事业单位在采用财政性资金采购货物、工程、服务以满足公共服务的过程中，考虑资源环境因素，即优先采购资源节约、环境友好型的产品。政府绿色采购可以给企业和公众产生示范效应。通用做法是设定政府采购的一个比例。政府绿色采购过程中要最大限度地提高财政资金使用效率，优化公共资源配置。同时，政府绿色采购要进行采购模式的创新，防止出现采购周期过长而影响使用的情况。

二是提升绿色产品的质量。提升和保证绿色产品质量，需要技术革新、加大研发力度。提升和保证绿色产品质量，需要投入成本；为节约投入成本增加盈利，势必会迫使各类生产单位提升技术水平和服务水平，形成一种以市场促技术的“倒逼”机制。同时，通过引导企业进行“绿色消费感恩回馈”“绿色消费以旧换新”等实践活动提升绿色产品的质量。

三是稳定绿色产品的市场价格。为了对产品价格起到一定的宏观调节作用，政府为绿色产品制定政府指导价，给予厂商一定的价格补贴。例如，为推广新能源汽车，政府对新能源汽车生产企业进行补助。建立完善的新能源汽车等节能产品的推广机制，有条件的地方对消费者购置节能新能源汽车等给予适当支持，鼓励公交、环卫、出租、通勤、城市邮政快递作业、城市物流等领域新增和更新车辆采用新能源和清洁能源汽车。从长远来看，要吸引消费者，真正有效的出路还是生产者通过提高技术减少成本的方式来稳定整个市场的绿色产品价格。

四是开发碳标签。碳标签是以标签的形式将商品在生产、运输和处置全生命周期中排放的温室气体用量化的数据标示出来。在农产品包装上加注碳足迹标签的方式，可以引导低碳消费和低碳生产，助力“碳中和”，推动绿色产品高质量发展。碳足迹是衡量人类活动中释放的或是在产品或服务的整个生命周期中累计排放的温室气体的总量。碳足迹不仅是一个对温室气体简单的量化过程，更是体现从国家、组织到个人的行为是否符合环境正义原则的途径。产品碳足迹评价特定产品的制造、使用和废弃阶段诸过程中导致温室气体排放的量，可以间接反映一件产品的环境友好程度。

三、养成绿色低碳生活的方式和习惯

绿色低碳发展是构建高质量现代化经济体系的必然要求、解决污染问题的根本之策，也是贯彻新发展理念、实现人与自然和谐共生的题中应有之义。养成绿色低碳生活方式涉及衣、食、住、行、用、游等领域。

提倡绿色穿衣。开展旧衣“零抛弃”活动和“衣物重生”活动，抵制珍稀动物皮毛制品，保护生物多样性，支持和促进纺织服装企业构建绿色供应链，提高废旧纺织品在土工建筑、建材、汽车、家居装潢等领域的再利用水平，强化纺织品和衣物的环境标志认证，大幅提高绿色纺织品和衣服的有效供给。

提倡绿色饮食。开展从仓储—运输—零售—餐桌全链条的反食物浪费行动，全面实施餐饮绿色外卖计划，统一和强化绿色有机食品认证体系和标准，扩大绿色食品有效供给。

提倡绿色建筑。引导有条件的地区和城市新建建筑全面执行绿色建筑标准，扩大绿色建筑强制推广范围；在老旧小区改造中推行绿色建筑标准。实施绿色建材生产和应用行动计划，全面推动绿色建筑设计、施工、运行，强化绿色家居用品环境标志和能效标识认证，扩大高能效绿色家居产品有效供给。

提倡绿色出行。鼓励步行、自行车和公共交通等低碳出行方式，加大新能源汽车推广力度，鼓励公交、环卫、出租、通勤、城市邮政快递作业、城市物流等领域新增和更新车辆采用新能源和清洁能源汽车，推进国家生态文明试验区、大气污染防治重点区域等加大新能源汽车推广和使用力度。

提倡绿色家用。鼓励消费者选用节能家电、高效照明产品、节水器具、绿色建材等绿色产品，鼓励企业提供并允许消费者选择可重复使用、耐用和可维修的产品，支持发展共享经济，鼓励个人闲置资源有效再利用，完善社会再生资源回收体系，推进快递包装的绿色化、减量化和可循环，严格执行政府对节能环保产品的优先采购和强制采购制度，扩大政府绿色采购范围和规模。

提倡绿色旅游。制定发布绿色旅游消费公约和消费指南，鼓励旅游饭店、景区等推出绿色旅游消费奖励措施，制修订绿色市场、绿色宾馆、绿色饭店等绿色服务评价办法，星级宾馆、连锁酒店要逐步减少一次性用品的免费提供，试行按需提供，将绿色旅游信息整合到相关旅游推广网站和平台，鼓励消费者旅行自带洗漱用品，推动将生物多样性保护纳入旅游相关标准和认证计划。

第六章　深入推进环境污染防治

良好生态环境是实现中华民族永续发展的内在要求。党的十八大以来，以习近平同志为核心的党中央全面加强对生态文明建设和生态环境保护的领导，开展了一系列根本性、开创性、长远性工作，推动污染防治的措施之实、力度之大、成效之显著前所未有，污染防治攻坚战阶段性目标任务圆满完成，厚植了全面建成小康社会的绿色底色和质量成色。然而，我国生态环境保护结构性、根源性、趋势性压力总体上尚未得到根本缓解，重点区域、重点行业污染问题仍然突出，生态环境保护任重道远。[①]要解决更深层次、更广领域的生态环境问题，须坚定不移、持续深入打好污染防治攻坚战。

第一节　环境污染治理成就与不足

一、大气污染治理的成就与不足

为切实改善空气质量，党的十八大以来，我国陆续实施了《大气污染防治行动计划》（国发〔2013〕37 号）、《打赢蓝天保卫战三年行动计划》（国发〔2018〕22 号），大气污染形势得到显著改善。2020 年，全国 202 个城市空气质量达标，同比增加了 45 个。京津冀及周边地区、长三角地区、汾渭平原等重点区域优良天数比率同比分别提高 10.4%、8.7%、8.9%，重污染天数同比明显减少。“十三五”时期以来，臭氧已经成为影响空气质量的重要因素，2015—2019 年全国臭氧年均浓度呈逐年缓慢上升趋势，2020 年降低到 138 $\mu g/m^3$，同比下降 6.8%，实现自 2015 年以来的首次下降。[②]

然而，我国大气污染防治工作仍存在以下难点：一是京津冀及周边等区域秋冬季重污染天气依然高发、频发，全国超过一半的城市仍然出现重污染天气；二是臭氧污染日益凸显，特别是在夏季，已经成为导致部分城市空气质量超标的首要因子；三是柴油货车污染尚未有效解决，移动源氮氧化物排放约占全国氮氧化物排放总量的 60%，对 $PM_{2.5}$ 和臭氧污染贡献率大；四是噪声污染越来越成为环境领域集中投诉的热点和焦点。2021 年，全国生态环境信访投诉举报管理平台共接到公众举报 45 万余件，其中噪声扰民问题占全部举报的 45.0%，居各环境污染要素的第 2 位。[③]

---

① 中共中央　国务院关于深入打好污染防治攻坚战的意见[J]. 环境科学与管理，2021，46（11）：1-6.

② 马洁，王冰. 守护蓝天碧水净土　厚植绿色发展底色[N]. 普洱日报，2021-07-01（11）.

③ 张维. 2025 年完成基本消除重污染天气目标仍任重道远[N]. 法治日报，2023-04-07（5）.

二、水污染治理的成就与不足

为了切实加大水污染防治力度，保障国家水安全，党的十八大以来，我国实施了《水污染防治行动计划》（国发〔2015〕17号）、《重点流域水污染防治规划（2016—2020年）》（环水体〔2017〕142号），切实解决了一批群众关心的水污染问题，全国水环境质量总体保持持续改善势头。2022年，全国地表水Ⅰ～Ⅲ类断面比例达到87.9%，接近发达国家水平。长江干流连续3年全线达到Ⅱ类水质，黄河干流首次全线达到Ⅱ类水质，全国地级及以上城市建成区黑臭水体基本消除，饮用水安全保障水平得到有效提升。[①]

但我国水污染防治工作仍存在以下难点：一是县级城市黑臭水体治理尚未全面开展，部分已经治理完成的黑臭水体水质不稳定、城市污水处理系统效能不高等问题依旧存在；二是长江保护修复还面临一系列困难和挑战，包括磷污染、入河排污口污染、工业污染、尾矿库污染、锰污染等，长江沿线污染治理仍存在短板，成效仍需巩固；三是黄河流域仍存在工业、城镇生活、农业面源和尾矿库污染，部分支流生态流量不足等问题，水环境质量总体差于全国平均水平；四是城市水源地建设需进一步规范，农村供水发展不平衡不充分，一些地区还存在不少短板，亟须补齐；五是渤海、长江口—杭州湾和珠江口邻近海域仍处在污染排放和环境风险的高峰期、海洋生态退化和灾害频发的叠加期，结构性、根源性、趋势性压力尚未得到根本缓解；六是入河入海排污状况不容乐观，污水混排偷排现象较为普遍，排污口污水来源不清、责任主体不明，事中、事后监管不到位等。[②]

三、土壤污染治理的成就与不足

为切实加强土壤污染防治，逐步改善土壤环境质量，2016年，我国实施《土壤污染防治行动计划》（国发〔2016〕31号），截至2020年取得如下进展：发布了农用地土壤污染风险管控标准、建设用地土壤污染风险管控标准；正式实施《中华人民共和国土壤污染防治法》；完成了农用地土壤污染状况的主体工作；建立全国土壤环境信息平台；推进浙江台州等7个先行区建设和200余个土壤污染治理修复与风险管控试点示范项目实施；深入开展涉镉等重金属重点行业企业3年排查整治行动；建立建设用地土壤污染调查评估制度、土壤污染风险管控和修复名录制度，基本建立污染地块准入管理机制；各省（区、市）发布土壤环境重点监管企业名单；全国受污染耕地安全利用率和污染地块安全利用率双双超过90%；全国固体废物进口量比2016年减少71%。[③]

然而，我国土壤污染防治工作仍存在以下难点：一是农业农村污染治理仍然是生态环境保护的突出短板，如农村黑臭水体整治刚刚起步，农药化肥减量增效难度较大，畜禽养殖污染防治水平有待提升；二是农用地土壤污染状况堪忧，污染类型以重金属等无机污染为主，2016年调查显示，耕地、林地、草地点位超标率分别为19.4%、10.0%、10.4%；三是工矿企业及其周边土壤环境问题突出，2016年调查显示，污染企业及其周

① 齐中熙，高敬，郁琼源，等. 大河上下满目新[N]. 新华每日电讯，2023-09-08（1）.

② 黄润秋. 国务院关于2022年度环境状况和环境保护目标完成情况的报告——2023年4月24日在第十四届全国人民代表大会常务委员会第二次会议[J]. 中华人民共和国全国人民代表大会常务委员会公报，2023（4）：455-461.

③ 栗战书. 全国人民代表大会常务委员会执法检查组关于检查《中华人民共和国土壤污染防治法》实施情况的报告——2020年10月15日在第十三届全国人民代表大会常务委员会第二十二次会议[J]. 中华人民共和国全国人民代表大会常务委员会公报，2020（5）：890-896.

边点位超标率为 36.3%、工业废弃地超标率为 34.9%、工业园区超标率为 29.4%，污染地块的土壤修复和风险管控有待加强；四是我国固体废物产生强度高、利用不充分，部分城市“垃圾围城”问题十分突出，我国每年新增固体废物 100 亿 t 左右，历史堆存总量达 600 亿～700 亿 t；五是国内外广泛关注的新污染物（主要包括国际公约管控的持久性有机污染物、内分泌干扰物、抗生素等）治理难度大、技术复杂程度高，我国的治理工作起步晚、工作基础薄弱，在法律法规、管理体制、科技支撑、资源配置等方面仍存在诸多不足和短板；六是我国地下水生态环境保护整体基础薄弱，局部区域的地下水污染问题仍较突出，部分污染源周边地下水存在特征污染物超标，呈点状累积趋势，有些甚至存在向区域扩散的风险；地下水型饮用水水源水质未得到全面保障，部分县级及以上地下水型饮用水水源水质不达标，部分水源补给区仍存在地下水污染风险。①

第二节　深入打好污染防治攻坚战

随着污染防治工作的不断推进，触及的矛盾问题层次更深、领域更广，要求也更高。为进一步加强生态环境保护，深入打好污染防治攻坚战，2021 年，中共中央、国务院印发《关于深入打好污染防治攻坚战的意见》②，在加快推动绿色低碳发展，深入打好蓝天、碧水、净土保卫战等方面作出具体部署。

一、深入打好蓝天保卫战

（一）着力打好重污染天气消除攻坚战

聚焦秋冬两季细颗粒物污染，加大重点区域、重点行业结构调整和污染治理力度。京津冀及周边地区、汾渭平原持续开展秋冬季大气污染综合治理专项行动。东北地区加强秸秆禁烧管控和采暖燃煤污染治理。天山北坡城市群加强兵地协作，钢铁、有色金属、化工等行业参照重点区域执行重污染天气应急减排措施。科学调整大气污染防治重点区域范围，构建省、市、县三级重污染天气应急预案体系，实施重点行业企业绩效分级管理，依法严厉打击不落实应急减排措施行为。到 2025 年，全国重度及以上污染天数比率控制在 1%以内。

（二）着力打好臭氧污染防治攻坚战

聚焦夏、秋两季臭氧污染，大力推进挥发性有机物和氮氧化物协同减排。以石化、化工、涂装、医药、包装印刷、油品储运销等行业领域为重点，安全高效推进挥发性有机物综合治理，实施原辅材料和产品源头替代工程。完善挥发性有机物产品标准体系，建立低挥发性有机物含量产品标识制度。完善挥发性有机物监测技术和排放量计算方法，在相关条件成熟后，研究适时将挥发性有机物纳入环境保护税征收范围。推进钢铁、水泥、焦化行业企业超低排放改造，重点区域钢铁、燃煤机组、燃煤锅炉实现超低排放。开展涉气产

---

① 黄润秋. 国务院关于 2022 年度环境状况和环境保护目标完成情况的报告——2023 年 4 月 24 日在第十四届全国人民代表大会常务委员会第二次会议上[J]. 中华环境，2023（5）：17-23.

② 中共中央　国务院关于深入打好污染防治攻坚战的意见[J]. 环境科学与管理，2021，46（11）：1-6.

业集群排查及分类治理，推进企业升级改造和区域环境综合整治。到 2025 年，挥发性有机物、氮氧化物排放总量比 2020 年分别下降 10%以上，臭氧浓度增长趋势得到有效遏制，实现细颗粒物和臭氧协同控制。

（三）持续打好柴油货车污染治理攻坚战

深入实施清洁柴油车（机）行动，全国基本淘汰国三及以下排放标准汽车，推动氢燃料电池汽车示范应用，有序推广清洁能源汽车。进一步推进大中城市公共交通、公务用车电动化进程。不断提高船舶靠港岸电使用率。实施更加严格的车用汽油质量标准。加快大宗货物和中长途货物运输“公转铁”“公转水”，大力发展公铁、铁水等多式联运。“十四五”时期，铁路货运量占比提高 0.5%，水路货运量年均增速超过 2%。

（四）加强大气面源和噪声污染治理

强化施工、道路、堆场、裸露地面等扬尘管控，加强城市保洁和清扫。加大餐饮油烟污染、恶臭异味治理力度。强化秸秆综合利用和禁烧管控。到 2025 年，京津冀及周边地区大型规模化养殖场氨排放总量比 2020 年下降 5%。深化消耗臭氧层物质和氢氟碳化物环境管理。实施噪声污染防治行动，加快解决群众关心的突出噪声问题。到 2025 年，地级及以上城市全面实现功能区声环境质量自动监测，全国声环境功能区夜间达标率达到 85%。

二、深入打好碧水保卫战

（一）持续打好城市黑臭水体治理攻坚战

统筹好上下游、左右岸、干支流、城市和乡村，系统推进城市黑臭水体治理。加强农业农村和工业企业污染防治，有效控制入河污染物排放。强化溯源整治，杜绝污水直接排入雨水管网。推进城镇污水管网全覆盖，对进水情况出现明显异常的污水处理厂，开展片区管网系统化整治。因地制宜开展水体内源污染治理和生态修复，增强河湖自净功能。充分发挥河长制、湖长制作用，巩固城市黑臭水体治理成效，建立防止返黑返臭的长效机制。2022 年 6 月底前，县级城市政府完成建成区内黑臭水体排查并制定整治方案，统一公布黑臭水体清单及达标期限。到 2025 年，县级城市建成区基本消除黑臭水体，京津冀、长三角、珠三角等区域力争提前 1 年完成。

（二）持续打好长江保护修复攻坚战

推动长江全流域按单元精细化分区管控。狠抓突出生态环境问题整改，扎实推进城镇污水垃圾处理和工业、农业面源、船舶、尾矿库等污染治理工程。加强渝湘黔交界武陵山区“锰三角”污染综合整治。持续开展工业园区污染治理、“三磷”行业整治等专项行动。推进长江岸线生态修复，巩固小水电清理整改成果。实施好长江流域重点水域十年禁渔，有效恢复长江水生生物多样性。建立健全长江流域水生态环境考核评价制度并抓好组织实施。加强太湖、巢湖、滇池等重要湖泊蓝藻水华防控，开展河湖水生植被恢复、氮磷通量监测等试点。到 2025 年，长江流域总体水质保持为优，干流水质稳定达到Ⅱ类，重要河湖生态用水得到有效保障，水生态质量明显提升。

（三）着力打好黄河生态保护治理攻坚战

全面落实以水定城、以水定地、以水定人、以水定产要求，实施深度节水控水行动，严控高耗水行业发展。维护上游水源涵养功能，推动以草定畜、定牧。加强中游水土流失治理，开展汾渭平原、河套灌区等农业面源污染治理。实施黄河三角洲湿地保护修复，强化黄河河口综合治理。加强沿黄河城镇污水处理设施及配套管网建设，开展黄河流域“清废行动”，基本完成尾矿库污染治理。到2025年，黄河干流上中游（花园口以上）水质达到Ⅱ类，干流及主要支流生态流量得到有效保障。

（四）巩固提升饮用水安全保障水平

加快推进城市水源地规范化建设，加强农村水源地保护。基本完成乡镇级水源保护区划定、立标并开展环境问题排查整治。保障南水北调等重大输水工程水质安全。到2025年，全国县级及以上城市集中式饮用水水源水质达到或优于Ⅲ类比例总体高于93%。

（五）着力打好重点海域综合治理攻坚战

巩固深化渤海综合治理成果，实施长江口—杭州湾、珠江口邻近海域污染防治行动，“一湾一策”实施重点海湾综合治理。深入推进入海河流断面水质改善、沿岸直排海污染源整治、海水养殖环境治理，加强船舶港口、海洋垃圾等污染防治。推进重点海域生态系统保护修复，加强海洋伏季休渔监管执法。推进海洋环境风险排查整治和应急能力建设。到2025年，重点海域水质优良比例比2020年提升2个百分点左右，省控及以上河流入海断面基本消除劣Ⅴ类，滨海湿地和岸线得到有效保护。

（六）强化陆域海域污染协同治理

持续开展入河入海排污口“查、测、溯、治”，到2025年，基本完成长江、黄河、渤海及赤水河等长江重要支流排污口整治。完善水污染防治流域协同机制，深化海河、辽河、淮河、松花江、珠江等重点流域综合治理，推进重要湖泊污染防治和生态修复。沿海城市加强固定污染源总氮排放控制和面源污染治理，实施入海河流总氮削减工程。

三、深入打好净土保卫战

（一）持续打好农业农村污染治理攻坚战

注重统筹规划、有效衔接，因地制宜推进农村厕所革命、生活污水治理、生活垃圾治理，基本消除较大面积的农村黑臭水体，改善农村人居环境。实施化肥农药减量增效行动和农膜回收行动。加强种养结合，整县推进畜禽粪污资源化利用。规范工厂化水产养殖尾水排污口设置，在水产养殖主产区推进养殖尾水治理。到2025年，农村生活污水治理率达到40%，化肥农药利用率达到43%，全国畜禽粪污综合利用率达到80%及以上。

（二）深入推进农用地土壤污染防治和安全利用

实施农用地土壤镉等重金属污染源头防治行动。依法推行农用地分类管理制度，强化受污染耕地安全利用和风险管控，受污染耕地集中的县级行政区开展污染溯源，因地制宜制定实施安全利用方案。在土壤污染面积较大的100个县级行政区推进农用地安全利用示范。严格落实粮食收购和销售出库质量安全检验制度和追溯制度。到2025年，受污染耕地安全利用率达到93%左右。

（三）有效管控建设用地土壤污染风险

严格建设用地土壤污染风险管控和修复名录内地块的准入管理。未依法完成土壤污染状况调查和风险评估的地块，不得开工建设与风险管控和修复无关的项目。从严管控农药、化工等行业的重度污染地块规划用途，确需开发利用的，鼓励用于拓展生态空间。完成重点地区危险化学品生产企业搬迁改造，推进腾退地块风险管控和修复。

（四）稳步推进“无废城市”建设

健全“无废城市”建设相关制度、技术、市场、监管体系，推进城市固体废物精细化管理。“十四五”时期，推进100个左右地级及以上城市开展“无废城市”建设，鼓励有条件的省份全域推进“无废城市”建设。

（五）加强新污染物治理

制定实施新污染物治理行动方案。针对持久性有机污染物、内分泌干扰物等新污染物，实施调查监测和环境风险评估，建立健全有毒有害化学物质环境风险管理制度，强化源头准入，动态发布重点管控新污染物清单及其禁止、限制、限排等环境风险管控措施。

（六）强化地下水污染协同防治

持续开展地下水环境状况调查评估，划定地下水型饮用水水源补给区并强化保护措施，开展地下水污染防治重点区划定及污染风险管控。健全分级分类的地下水环境监测评价体系。实施水土环境风险协同防控。在地表水、地下水交互密切的典型地区开展污染综合防治试点。

第三节　坚持精准、科学、依法治污

经过多年污染治理，我国末端治理空间和减排潜力越来越小，进一步大幅减排的技术难度和经济成本加大，少部分地方未落实法律法规、不知道何时管控、管控到何种程度，盲目采用“一刀切”式的治污方式，会造成大量经济损失和资源浪费。2019年，习近平总书记在中央经济工作会议上强调突出精准治污、科学治污、依法治污，[①]瞄准关键污染物和关键污染源实现精准、科学、依法治污应运而生。

一、精准治污

精准治污应做到问题、时间、区域、对象、措施“五个精准”。需深入推动污染源解

① 生态环境部环境与经济政策研究中心举办第十四期中国环境战略与政策沙龙：突出精准治污、科学治污、依法治污，坚决打赢污染防治攻坚战[J]. 环境与可持续发展，2020，45（2）：88.

析、形成机制、模拟与预警及环境容量与灾害预警等科学研究，强化源头环境准入，强化环境影响评价管理，完善环境质量监测网络。突出重点、差别化监管、分级分类治理是我国实现精准治污的重要抓手。

（一）突出重点

蓝天保卫战将京津冀及周边、汾渭平原、长三角作为重点区域；将钢铁、有色、火电、焦化、铸造等作为重点行业；将秋冬两季污染防治、柴油货车、工业炉窑、挥发性有机物治理等作为重点问题。碧水保卫战将设有污水排放口的规模化养殖场等作为重点排污单位，将涉及填埋处置的危险废物处置场的运营、管理单位等作为地下水污染防治重点排污单位。净土保卫战将位于耕地土壤重金属污染突出地区的涉镉排放企业等作为重点监管单位。

（二）差别化监管

对守法意识强、管理规范、记录良好的企业减少监管频次，做到无事不扰；对群众投诉反映强烈、违法违规频次高的企业加密执法监管频次，依法惩处违法者；对主观希望治理，但能力不足的企业重点加强帮扶指导。

（三）分级分类治理

在大气污染治理方面，对重点区域重点企业按环保绩效水平分级管控，A级企业在重污染天气期间可以不采取应急减排措施；B级企业适当减少减排措施；C级企业正常减排。在水污染治理方面，以入河入海排污口监督管理为例，在饮用水水源保护区、自然保护地及其他需要特殊保护区域内设置的排污口，由属地县级以上地方人民政府或生态环境部门依法采取责令拆除、责令关闭等措施予以取缔；对存在借道排污等情况的排污口，组织清理违规接入排污管线的支管、支线，推动一个排污口只对应一个排污单位。在土壤污染治理方面，基于重金属、有机污染物含量等设定农用地土壤污染风险筛选值和管制值，污染物含量低于风险值可正常耕作；污染物含量高于风险值、低于管制值时应加强土壤环境监测和农产品协同监测，采取农艺调控、替代种植等安全利用措施；污染物含量高于风险值时采取停止种植食用农产品、退耕还林等严格管控措施。①

二、科学治污

科学治污应坚持系统观念，遵循客观规律，强化对环境问题成因机理及时空和内在演变规律研究，做到科学决策、科学监管、科学治理。加大重大项目攻关、开展“一市一策”驻点研究、搭建科技成果转化平台等是实现科学治污的具体举措。

（一）加大重大项目攻关

组织开展重大环保科技攻关项目，通过科学研究为污染防治攻坚战提供重要支撑。2023年6月，2022年度中国生态环境十大科技进展发布，“改性黏土治理赤潮方法与技术”

---

① 裴索亚. 跨行政区生态环境协同治理绩效生成机制与提升路径研究[D]. 西安：西北大学，2023.

项目解决了国际上赤潮治理长期存在二次污染、效率低、用量大、不能大规模应用的技术难题；“土壤重金属污染治理协同固碳减排关键技术及应用”项目有针对性地研发出源头阻控协同生态固碳自然修复新技术，开辟农用地重金属脱毒与固碳减排的精准治理新途径，为我国土壤污染防治提供了源头控制—农用地土壤治理—固碳减排一体化解决方案。

（二）开展“一市一策”驻点研究

我国对京津冀及周边地区“2+26”城市、汾渭平原11城市共39个城市开展“一市一策”长期驻点，专门派出专家团队进行定点帮扶，对长江经济带沿江城市派出58个专家团队进行驻点研究和技术指导。

（三）搭建科技成果转化平台

国家生态环境科技成果转化综合服务平台于2019年正式启动上线运行，汇聚近十多年研发的环境治理技术类和管理类成果4 000多项。举办打好污染防治攻坚战生态环境科技成果推介系列活动，累计推介先进技术670余项，同时筛选和发布一批优秀示范工程，供地方和企业选择使用。[①]

三、依法治污

依法治污需全面落实国家相关法律制度，健全全环境要素污染防控体系，加快现有法规规章司法解释及规范性文件备案审查和规范清理。完善法律法规标准体系，推进“双随机、一公开”，推进公开公平执法，规范自由裁量是我国实现依法治污的重要抓手。

（一）完善法律法规标准体系

特别是在法律法规标准制修订过程中，通过座谈会、互联网等多种渠道充分听取企业和行业协会、商会意见，征求意见过程向社会全部公开。在实施过程中，给企业预留时间。生态环境部把现有标准执行放在更加突出的位置，同时根据污染防治攻坚战需要，对一些不平衡、不充分的方面进行填平补齐。

（二）推进“双随机、一公开”

在监管过程中随机抽取检查对象，随机选派执法检查人员，抽查情况及查处结果及时向社会公开。该制度已经在全国实施，目前所有市、县级生态环境部门均已建立“双随机、一公开”监管执法制度，涵盖企业近80万家。

（三）推进公开公平执法，规范自由裁量

在生态环境领域推行行政执法公示制度、执法全过程记录制度、重大执法决定法制审核制度，出台了进一步规范自由裁量权的文件，各个方面的效果逐步显现。

① 全国人民代表大会常务委员会关于批准2022年中央决算的决议[J]. 中华人民共和国全国人民代表大会常务委员会公报，2023（5）：542-564.

第四节 严格实施“三线一单”制度

一、“三线一单”制度的由来及内涵特征

（一）产生背景

“三线一单”是环境保护部门深入推进环评制度改革、强化环境保护源头预防的重要手段，是对现有环境管理制度的重要补充和完善①。为了协调好发展与底线关系，确保发展不超载、底线不突破，2016 年 7 月《“十三五”环境影响评价改革实施方案》（环环评〔2016〕95 号）要求：以生态保护红线、环境质量底线、资源利用上线和环境准入负面清单（此为“三线一单”）为手段，强化空间、总量、准入环境管理，划框子、定规则、查落实、强基础。②③2017 年 12 月，环境保护部颁布了《“生态保护红线、环境质量底线、资源利用上线和环境准入负面清单”编制技术指南（试行）》（环办环评〔2017〕99 号）（以下简称“三线一单”编制技术指南），阐述了生态空间的定义及划定方法，构建了“三线一单”生态环境分区管控技术方法体系。④⑤

（二）基本概念

“三线一单”编制技术指南对生态空间、生态保护红线、环境质量底线、资源利用上线、环境管控单元和生态环境准入清单定义如下：

生态空间指具有自然属性、以提供生态服务或生态产品为主体功能的国土空间，包括森林、草原、湿地、河流、湖泊、滩涂、荒漠等区域，是保障区域生态系统稳定性、完整性，提供生态服务功能的主要区域。

生态保护红线定义见本书第三章第二节。

环境质量底线指按照水、大气、土壤环境质量不断优化的原则，结合环境质量现状和相关规划、功能区划要求，考虑环境质量改善潜力，确定的分区域分阶段环境质量目标及相应的环境管控、污染物排放控制等要求。

资源利用上线指按照自然资源资产“只能增值、不能贬值”的原则，以保障生态安全和改善环境质量为目的，利用自然资源资产负债表，结合自然资源开发管控，提出的分区域分阶段的资源开发利用总量、强度、效率等上线管控要求。

环境管控单元指集成生态保护红线及生态空间、环境质量底线、资源利用上线的管控区域，衔接行政边界，划定的环境综合管理单元。

生态环境准入清单指基于环境管控单元，统筹考虑生态保护红线、环境质量底线、资源利用上线的管控要求，提出的空间布局、污染物排放、环境风险、资源开发利用等方面

---

① 环境保护部环境影响评价司．加快建立“三线一单”环境管控体系[N]．中国环境报，2018-01-30（3）．

② 成润禾，李巍，李天威，等．“三线一单”纳入城市发展战略环评技术体系研究[J]．中国环境科学，2018，38（12）：4772-4779.

③ 李王锋，刘毅，吕春英，等．地市级战略环境评价与“三线一单”环境管控研究[M]．北京：电子工业出版社，2019.

④ 万军，秦昌波，于雷，等．关于加快建立“三线一单”的构想与建议[J]．环境保护，2017，45（20）：7-9.

⑤ 李王锋，吕春英，于雷，等．地级市战略环境评价中“三线一单”理论研究与应用[J]．环境影响评价，2018，40（3）：14-18.

的环境准入要求。

（三）基本特征

“三线一单”是在省域及城市尺度，以环境质量为核心、以空间管控为目标，在逐步统一区域生态环境空间基础底图的基础上，从生态环境系统自身的规律和承载力、功能出发，强化质量目标、污染控制与资源利用之间的内在响应关系，确立生态保护红线、环境质量底线、资源利用上线等环境约束性条件，是建立环境管理负面清单的一项系统性、基础性工作。[①]

“三线一单”具有以下特点[②]：一是基础性。“三线一单”应基于高精度、统一坐标系的环境空间基础数据，从环境质量功能、结构、承载能力等角度，开展环境保护基础性、摸底性评价工作。二是约束性。“三线一单”应强调环境质量维护的底线性要求，是城市开发建设、产业布局、土地利用等活动所不得突破的底线性要求。三是空间性。“三线一单”应以水环境控制单元、大气公里网格、土地利用斑块等空间为评价基础，强调成果产出的空间落地性，为环境保护精细化管理奠定基础。四是动态性。“三线一单”具有分阶段、动态性的特征。随着城市经济社会发展与环境保护的不断变化，环境质量底线目标不断调整，污染排放、资源利用、环境准入等要求均需动态优化调整。

二、“三线一单”制度的基本原则

（一）加强统筹衔接

衔接生态保护红线划定、相关污染防治规划和行动计划的实施以及环境质量目标管理、环境承载能力监测预警、空间规划、战略和规划环评等工作，统筹实施分区环境管控。

（二）强化空间管控

集成生态保护红线及生态空间、环境质量底线、资源利用上线的环境管控要求，形成以环境管控单元为基础的空间管控体系。

（三）突出差别准入

针对不同的环境管控单元，从空间布局约束、污染物排放管控、环境风险防控、资源利用效率等方面制定差异化的环境准入要求，促进精细化管理。

（四）实施动态更新

随着绿色发展理念深化、生态文明建设推进、环境保护要求提升、社会经济技术进步等因素变化，“三线一单”相关管理要求逐步完善、动态更新，原则上更新周期为 5 年。

---

① 环境保护部．“生态保护红线、环境质量底线、资源利用上线和环境准入负面清单”编制技术指南（试行）：环办环评〔2017〕99 号［R］． 2018.

② 吕红迪，万军，秦昌波，等．“三线一单”划定的基本思路与建议[J]. 环境影响评价，2018，40（3）：1-4.

（五）坚持因地制宜

各地区自然条件、城市建设和经济发展情况不一，生态环境管理基础和能力存在差异，各地区应在落实国家相关要求的前提下，因地制宜选择科学可行的技术方法，合理确定管控单元的空间尺度，制定符合地方实际情况的“三线一单”。

三、“三线一单”制度的主要任务[①]

（一）生态保护红线划定及生态空间管控

生态保护红线划定及生态空间管控具体要求见本书第三章第二节。

（二）环境质量底线划定及分区管控

环境质量底线及管控分区划定的主要任务是在重大问题识别及污染源分析的基础上，以环境承载力为依据，确定不同单元、分区的环境质量目标，划定合理的环境管控分区，落实污染物排放控制及管控要求。环境质量目标的确定应体现不断改善的原则。环境质量底线及管控分区的划定要与水、气等要素管理全面对接，包括质量目标的确定、重点管控措施的衔接等方面。

（三）资源利用上线划定及分区管控

资源利用上线及管控分区划定的主要任务是充分衔接资源、能源相关部门现有成果，以保障区域生态安全、改善环境质量为核心，明确资源利用的总量、结构和效率管控指标，突出生态流量控制、煤炭等高污染燃料管控等重点，划定资源、能源利用的重点管控区。资源利用管控分区的划定应重点体现水资源-水环境、能源-大气环境、水环境和土壤污染防控分区划定的结果保持较好的协调性，体现资源、环境和生态综合管控的要求。

（四）环境管控单元划定

环境管控单元是在“三线”分区的基础上，综合叠加得到的覆盖全域国土空间范围的乡镇尺度精细化环境管控的基本单元，分为优先、重点、一般三类进行分级管控，优先、重点、一般管控区的综合划定及分类管控具体要求见本章第四节“四（四）环境管控单元”。

（五）生态环境准入清单编制

生态环境准入清单编制的主要任务是衔接“三线”分区管控要求，以解决区域重大生态环境问题为导向，编制区域总体准入清单和不同管控单元的针对性准入清单管控要求。生态环境准入清单的编制应突出层次性、综合性，一般省级清单包括 4 个空间尺度和 4 个维度的内容。即生态环境准入清单一般包括省（区、市）、片区/流域、地市和管控单元 4 个空间层次，不同层级的清单管控内容应有所侧重，如省（区、市）层面清单应重点针对省域重大资源环境问题的战略对策和跨省界协调的生态环境管控。从清单管控内容上看，一

---

① 汪自书，李王锋，刘毅. “三线一单”生态环境分区管控的技术方法体系[J]. 环境影响评价，2020，42（5）：5-10.

般包括空间布局约束、污染物排放管控、环境风险防控和资源利用效率控制，应以资源环境问题为导向，特别是在环境管控单元层面要突出清单管控的针对性和落地性。

四、“三线一单”制度的约束作用

（一）生态保护红线

以生态功能不降低、面积不减少、性质不改变为基本要求，完成生态评价、生态空间识别和生态保护红线划定等工作。生态评价主要开展生态系统服务功能重要性和生态环境敏感性评估，识别生态功能重要区、生态敏感脆弱区域分布，按照生态功能重要性依次划分为一般重要、重要和极重要 3 个等级，按照生态环境敏感性依次划分为一般敏感、敏感和极敏感 3 个等级。生态空间识别是基于重要生态功能区、保护区和其他有必要实施保护的陆域、水域和海洋，衔接土地利用和城镇开发边界，明确生态空间，生态空间原则上按限制开发区域管理。已经划定生态保护红线的区域，严格落实生态保护红线方案和管控要求；尚未划定生态保护红线的区域，按照《生态保护红线划定指南》划定；原则上按照禁止开发区域的要求管理，严禁不符合主体功能定位的各类开发活动，严禁任意改变用途。

（二）环境质量底线

以环境质量不达标区环境质量只能改善不能恶化、环境质量达标区环境质量维持基本稳定且不低于环境质量标准为基本要求，实施水、气等环境要素总量管控，提出区域（流域）污染物排放总量控制上限的建议等，超出要求需制定污染物减排方案，并动态调整区域行业污染物总量管控要求。

1. 水环境质量底线

水环境质量底线包括水环境分析、水环境质量目标确定、水污染物排放总量限值确定等。①水环境分析以乡镇为最小行政单位细化水环境控制单元，以 2022 年为分析基准年，分析 2018—2022 年或 2013—2022 年地表水、地下水等质量现状和变化趋势，以全口径污染源排放清单为基础，建立“控制断面-控制河段-对应陆域”污染源和水质的响应关系，分析各控制单元污染源的贡献，并确定各控制单元主要污染来源。水环境质量目标确定依据水环境功能区划，衔接现有相关规划对水环境的要求，确定一套覆盖全流域、落实到各控制断面、控制单元的分阶段水环境质量底线目标。水污染物排放总量限值确定通常以化学需氧量、氨氮为目标污染物，结合区域发展和减排潜力，在预留一定的安全余量的前提下，核算水污染物允许排放量，允许排放量不得高于上级政府下达的同口径污染物排放总量控制要求。

2. 大气环境质量底线

大气环境质量底线包括大气环境分析、大气环境质量目标确定、大气污染物排放总量

---

① 邓熙，刘飘. 珠三角典型城市水环境质量底线研究[J]. 环境工程，2023，41（2）：227-233，246.

限值确定等。[①]大气环境主要分析大气环境质量的总体水平和变化趋势，确定大气污染物主要来源，筛选重点排放行业和排放源；估算周边区域不同排放源对目标城市环境空气中主要污染物浓度的贡献，识别大气联防联控的重点区域和重点控制行业。大气环境质量目标确定结合国家、区域、省域和当地对空气质量改善的要求，依据大气环境功能区划，确定分区域分阶段环境空气质量目标。大气污染物排放总量限值确定以二氧化硫、氮氧化物、颗粒物等为目标污染物，结合区域大气环境质量目标的可达性，在预留一定的安全余量的前提下，核算大气污染物允许排放量，允许排放量不得高于上级政府下达的同口径污染物排放总量控制要求。

（三）资源利用上线

以自然资源资产"保值增值"为基本要求，分析水资源利用上线、能源利用上线等，编制自然资源资产负债表。水资源利用上线可以以 2022 年为分析基准年，分析 2018—2022 年水资源供需情况，衔接现有水资源管理制度，梳理水资源开发利用管理要求，作为水资源利用上线管控要求；对涉及重要生态服务功能、断流、严重污染等河段，测算生态需水量，纳入水资源利用上线，实施重点管控等。能源利用上线重点分析区域能源禀赋和能源供给能力，衔接国家、省、市能源利用相关政策、法规及规划，梳理能源利用总量、结构和利用效率要求，作为能源利用上线管控要求；已下达或制定煤炭消费总量控制目标的城市，严格落实相关要求；未下达或制定煤炭消费总量控制目标的城市，采用污染排放贡献系数等方法，确定煤炭消费总量；把人口密集、污染排放强度高的区域优先划定为高污染燃料禁燃区，作为重点管控区。自然资源资产核算及管控则根据《编制自然资源资产负债表试点方案》，核算编制自然资源资产负债表，构建各行政单元内自然资源资产数量增减和质量变化统计台账，将自然资源数量减少、质量下降的区域作为自然资源重点管控区。

（四）环境管控单元

根据生态保护红线、生态空间、环境质量底线、资源利用上线的分区管控要求，衔接乡镇和区县行政边界，将其综合划定为优先保护、重点管控、一般管控等环境管控单元，实施分类管控。

优先保护单元包括生态保护红线、生态空间、水环境优先保护区、大气环境优先保护区等，该单元以生态环境保护为主，限制大规模的工业发展、资源开发和城镇建设。

重点管控单元包括城镇和工业集聚区，人口密度、资源开发强度、污染物排放强度等，根据单元内水、气等环境要素的质量目标、排放限值和管控要求，综合确定准入、治理清单。

一般管控单元除优先保护单元和重点管控单元之外的其他区域，执行区域生态环境保护的基本要求。

（五）环境准入负面清单

提出优化布局、调整结构、控制规模等措施及导向性环境治理要求，分类明确禁止和

---

① 张南南，秦昌波，王倩，等. "三线一单"大气环境质量底线体系与划分技术方法[J]. 中国环境管理，2018，10（5）：24-28.

限制准入要求。在空间布局约束方面，优先从空间布局上禁止或限制有损该单元生态环境功能的开发建设活动。在污染物排放管控方面，从污染物种类、排放量、强度和浓度上管控开发建设活动，提出污染物允许排放量、新增源减量置换和存量源污染治理等环境准入要求。在环境风险防控方面，针对各类优先保护单元、水环境工业污染重点管控区、大气环境高排放重点管控区等风险管控区，提出环境风险管控的准入要求。在资源利用效率控制方面，对地下水开采重点管控、高污染燃料禁燃等区域，加强资源开发总量、强度和效率等方面控制。

第五节　健全现代环境治理体系

2020 年 3 月，中共中央办公厅、国务院办公厅印发了《关于构建现代环境治理体系的指导意见》明确构建党委领导、政府主导、企业主体、社会组织和公众共同参与的现代环境治理体系，为推动生态环境根本好转、建设美丽中国提供有力的制度保障。①②

一、健全环境治理领导责任体系

（一）完善中央统筹、省负总责、市县抓落实的工作机制

党中央、国务院统筹制定生态环境保护的大政方针，提出总体目标，谋划重大战略举措。制定实施中央和国家机关有关部门生态环境保护责任清单。省级党委和政府对本地区环境治理负总体责任，贯彻执行党中央、国务院各项决策部署，组织落实目标任务、政策措施，加大资金投入。市县党委和政府承担具体责任，统筹做好监管执法、市场规范、资金安排、宣传教育等工作。

（二）明确中央和地方财政支出责任

制定实施生态环境领域中央与地方财政事权和支出责任划分改革方案，除全国性、重点区域流域、跨区域、国际合作等环境治理重大事务外，主要由地方财政承担环境治理支出责任。按照财力与事权相匹配的原则，在进一步理顺中央与地方收入划分和完善转移支付制度改革中统筹考虑地方环境治理的财政需求。

（三）开展目标评价考核

着眼环境质量改善，合理设定约束性和预期性目标，纳入国民经济和社会发展规划、国土空间规划以及相关专项规划。各地区可制定符合实际、体现特色的目标。完善生态文明建设目标评价考核体系，对相关专项考核进行精简整合，促进开展环境治理。

（四）深化生态环境保护督察

实行中央和省（区、市）两级生态环境保护督察体制。以解决突出生态环境问题、改

---

① 雷英杰. 中办、国办印发《关于构建现代环境治理体系的指导意见》这份重磅文件，何以备受关注？[J]. 环境经济，2020（5）：10-14.

② 吴舜泽，崔金星，殷培红. 把生态文明制度体系优势转化为生态环境治理效能——解读《关于构建现代环境治理体系的指导意见》[J]. 环境保护与可持续发展，2020，45（2）：5-8.

善生态环境质量、推动经济高质量发展为重点，推进例行督察，加强专项督察，严格督察整改。进一步完善排查、交办、核查、约谈、专项督察“五步法”工作模式，强化监督帮扶，压实生态环境保护责任。

二、健全环境治理企业责任体系

（一）依法实行排污许可管理制度

加快排污许可管理条例立法进程，完善排污许可制度，加强对企业排污行为的监督检查。按照新老有别、平稳过渡原则，妥善处理排污许可与环评制度的关系。

（二）推进生产服务绿色化

从源头防治污染，优化原料投入，依法依规淘汰落后生产工艺技术。积极践行绿色生产方式，大力开展技术创新，加大清洁生产推行力度，加强全过程管理，减少污染物排放。落实生产者责任延伸制度。

（三）提高治污能力和水平

加强企业环境治理责任制度建设，督促企业严格执行法律法规，接受社会监督。重点排污企业要安装使用监测设备并确保正常运行，坚决杜绝治理效果和监测数据造假。

（四）公开环境治理信息

排污企业应通过企业网站等途径依法公开主要污染物名称、排放方式、执行标准以及污染防治设施建设和运行情况，并对信息真实性负责。鼓励排污企业在确保安全生产的前提下，通过设立企业开放日、建设教育体验场所等形式，向社会公众开放。

三、健全环境治理全民行动体系

（一）强化社会监督

完善公众监督和举报反馈机制，充分发挥“12369”环保举报热线作用，畅通环保监督渠道。加强舆论监督，鼓励新闻媒体对各类破坏生态环境问题、突发环境事件、环境违法行为进行曝光。引导具备资格的环保组织依法开展生态环境公益诉讼等活动。

（二）发挥各类社会团体作用

工会、共青团、妇联等群团组织要积极动员广大职工、青年、妇女参与环境治理。行业协会、商会要发挥桥梁纽带作用，促进行业自律。加强对社会组织的管理和指导，积极推进能力建设，大力发挥环保志愿者作用。

（三）提高公民环保素养

把环境保护纳入国民教育体系和党政领导干部培训体系，组织编写环境保护读本，推进环境保护宣传教育进学校、进家庭、进社区、进工厂、进机关。加大环境公益广告宣传力度，研发推广环境文化产品。引导公民自觉履行环境保护责任，积极开展垃圾分类，践行绿色生活方式，倡导绿色出行、绿色消费。

四、健全环境治理监管体系

（一）完善监管体制

整合相关部门污染防治和生态环境保护执法职责、队伍，统一实行生态环境保护执法。全面完成省级以下生态环境机构监测监察执法垂直管理制度改革。实施“双随机、一公开”环境监管模式。推动跨区域跨流域污染防治联防联控。除国家组织的重大活动外，各地不得以召开会议、论坛和举办大型活动等原因，对企业采取停产、限产措施。

（二）加强司法保障

建立生态环境保护综合行政执法机关、公安机关、检察机关、审判机关信息共享、案情通报、案件移送制度。强化对破坏生态环境违法犯罪行为的查处侦办，加大对破坏生态环境案件起诉力度，加强检察机关提起生态环境公益诉讼工作等。

（三）强化监测能力建设

加快构建陆海统筹、天地一体、上下协同、信息共享的生态环境监测网络，实现环境质量、污染源和生态状况监测全覆盖。实行“谁考核、谁监测”，不断完善生态环境监测技术体系，全面提高监测自动化、标准化、信息化水平，推动实现环境质量预报预警，确保监测数据“真、准、全”。推进信息化建设，形成生态环境数据一本台账、一张网络、一个窗口。加大监测技术装备研发与应用力度，推动监测装备精准、快速、便携化发展。

五、健全环境治理信用体系

（一）加强政务诚信建设

建立健全环境治理政务失信记录，将地方各级政府和公职人员在环境保护工作中因违法违规、失信违约被司法判决、行政处罚、纪律处分、问责处理等信息纳入政务失信记录，并归集至相关信用信息共享平台，依托“信用中国”网站等依法依规逐步公开。

（二）健全企业信用建设

完善企业环保信用评价制度，依据评价结果实施分级分类监管。建立排污企业黑名单制度，将环境违法企业依法依规纳入失信联合惩戒对象名单，将其违法信息记入信用记录，并按照国家有关规定纳入全国信用信息共享平台，依法向社会公开。建立完善上市公司和发债企业强制性环境治理信息披露制度。

第七章　积极推动生物多样性保护

万物各得其和以生，各得其养以成。生物多样性在维系地球健康、人类福祉和经济繁荣中发挥着重要作用，多样的生物铸成了地球生命共同体的血脉和根基。作为最早签署和批准《生物多样性公约》的缔约方之一，我国一贯高度重视生物多样性保护，不断推进生物多样性保护与时俱进、创新发展，取得了显著成效，走出了一条中国特色生物多样性保护之路。从党的十八大报告提出"加大自然生态系统和环境保护力度"，到党的十九大报告提出"加大生态系统保护力度，提升生态系统质量和稳定性"，再到党的二十大报告强调"推动绿色发展，促进人与自然和谐共生，提升生态系统多样性、稳定性、持续性"，标志着我国在推进生物多样性保护方面不断与时俱进、创新发展。在习近平生态文明思想的指引下，中国坚持生态优先、绿色发展，生态环境保护法律体系日臻完善、监管机制不断加强、基础能力大幅提升，生物多样性治理新格局基本形成，为应对全球生物多样性挑战作出了中国贡献。[①]本章阐述生物多样性及相关概念、生物多样保护与运行机制、实施生物多样性保护与生态修复。

第一节　生物多样性及相关概念的界定

一、生物多样性的概念

生物多样性（biodiversity）广泛认同的一个定义是由学者马克平等在 1993 年给出的：生物多样性是指地球上所有的动物、植物、微生物和它们所拥有的基因以及它们与其生存环境形成的复杂的综合体。生物多样性是生命系统的基本特征，生命系统是一个等级系统，包括多个层次或水平——基因、细胞、组织、器官、种群、物种、群落、生态系统，每个层次都存在多样性。[②]根据《生物多样性公约》的定义，生物多样性是指所有来源（这些来源包括陆地、海洋和其他水生生态系统及其所构成的生态综合体）的活的生物体中的变异性，包括物种内、物种之间和生态系统的多样性。生物多样性由 3 个层次组成，即生态系统多样性、物种多样性和遗传多样性。[③]

生态系统多样性指的是一个地区的生态多样化程度，其与物种多样性中物种的种类丰富程度有所区别。生态系统多样性涵盖的是在生物圈之内现存的各种生态系统（如森林生态系统、草原生态系统等），也就是在不同物理大背景中发生的各种不同的生物生态进程。

① 傅聪. 全球生物多样性保护掀开新篇章[N]. 中国社会科学报，2023-06-26（7）.

② 洪德元. 生物多样性事业需要科学、可操作的物种概念[J]. 生物多样性，2016，24（9）：979-999.

③ 濒危物种委员会. 生物多样性公约指南[M]. 北京：科学出版社，2019.

生态系统多样性正是遗传与物种多样进化的最终结果，生态系统多样性也是物种与遗传不断进化的方向。

遗传多样性是指种内或种间表现在分子、细胞、个体3个水平的遗传变异度，也表现为种内不同群体和个体间的遗传多样性程度。遗传的多样性不仅表现为本系统类型多样或物种种类多样的系统，如沙漠、森林、湿地、山地、湖泊、河流和农业生态系统等，也包括生态系统内的群落多样性、生境多样性、生态功能多样性和生态过程多样性等。遗传的多样性是物种多样性的基础，差异化的发展就是遗传多样性的表现，遗传多样性所表现的各类动植物的种类的多样化程度构建起了各个物种之间与其他物种相区别的个性特性，形成了独具特色的生态系统运作规律。

物种多样性是生物多样性在物种水平上的表现形式。物种作为生物多样性保护的基本单元起着承上启下的作用，物种向上组成本系统，向下是遗传多样性的载体[①]。物种多样性作为遗传多样性的主要载体，也是人类社会持续发展所依赖的、需要重点保护的资源，正是物种的多样性造就了物种遗传变化的多样性，不断演化为多样的自然生态网络，建立了生态系统中最为基础的运作脉络，如果对物种多样性认识不到位就不可能真正认识生物多样性。

总结生物多样性的三大特征，物种的多样性使得各种形态的物种广泛存在；遗传基因的多样性是指属于同物种的个体遗传上存在广泛的差异；生态系统的多样性是指特定区域的生物及其所生存的自然环境整体呈现出多样性。生物学家总结来自不同生态系统的长期观察得出了一个基本结论：越多的生物生活在一起，其构建的生态系统就更加稳定。换言之，如果物种的多样性减少，人类的生存就会受到威胁。

二、生物多样性及相关概念的关联作用

生物多样性阐明食物网结构与功能之间的关系既是生态学的基本理论问题，也是预测全球变化背景下生态系统响应的重要依据。生物多样性对食物链与食物网的形成起着不可替代的联结作用，只有多样性才能形成食物链与食物网，在食物链和食物网的运作之下生态系统才能保持其多样性与稳定性，进而衍生出与生态系统密切相关的基础概念。

食物链（food chain）是英国动物生态学家Elton于1927年首次提出的生态学术语，指生态系统中各种动植物和微生物之间由于摄食关系而形成的一种联系，因为这种联系就像链条一样，一环扣一环，所以被称为食物链。食物链通常是用来综合反映能量从食物网底端的初级生产者、有机碎屑到顶端捕食者之间的流动（图7-1）。[②③]

食物网（food web）是生态系统中的核心组织，指生态系统中生物间通过摄食关系构成的复杂网状营养关联（图7-2）。食物网的主要生态功能是能量传递和物质循环，驱动初级和次级生产、废物分解、养分回收等过程。深入理解食物网的运行机制，对于更好地管

---

① 洪德元. 生物多样性事业需要科学、可操作的物种概念[J]. 生物多样性，2016，24（9）：979-999.

② Pace M L，Cole J J，Carpenter S R，et al. Trophic cascades revealed in diverse ecosystems[J]. Trends in Ecology&Evolution，1999，14（12）：483-488；Post D M，Takimoto G. Proximate struc tural mechanisms for variation in food-chain length[J]. Oikos，2007，116（5）：775-782.

③ Sabo J L，Finlay J C，Post D M. Food chains in freshwaters[J]. Annals of the New York Academy of Sciences，2009，1162（1）：187-220.

理各种自然和人工的生态系统、促进可持续发展具有重要意义。[①②]

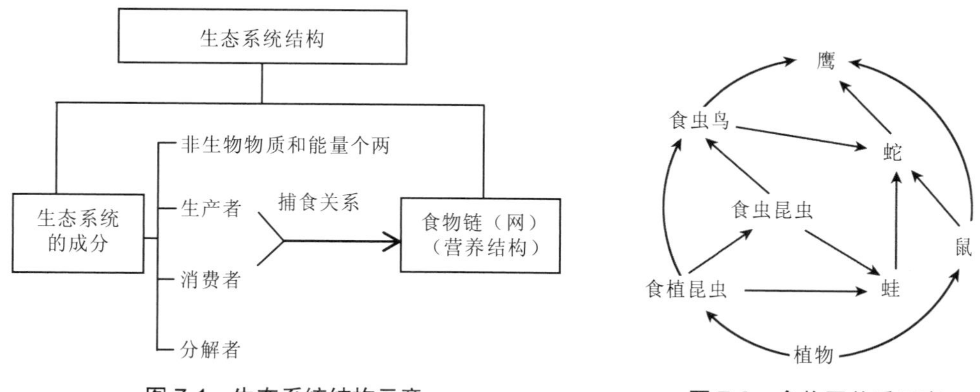

图 7-1 生态系统结构示意

图 7-2 食物网关系示意

食物网的网络结构对多样性维持有重要影响。动物群落形成的复杂食物网改变了植物群落的生物环境，极大地拓展了植物群落的生态位空间，由于不同植物与食物网中的不同动物形成营养关系，这种非对称的“营养生态位”（trophic niche，一种生物在群落中或生态系统中的功能或作用）促进了植物种之间的共存。[③]这使得即使只有一种非生物营养资源，食物网也可以维持几十种植物的稳定共存。复杂食物网中包含四种不同的三物种组件，如食物链、竞争、似然竞争、杂食性，对多样性具有维持作用。以杂食性为例，食物网中的杂食性组件越多，物种多样性越高。集团内捕食是一种特定的杂食性结构，该结构能够促使能量在营养级内部停留，减缓了能量从低营养级到高营养级的传递，从而可降低高营养级物种的下行调控，最终增强了整个食物网的种群稳定性和多样性维持。此外，模块性使得食物网中不同物种的相互作用局部化，从而减弱了物种之间的交互作用强度，当物种间相互作用的网络受到人为变化的威胁，模块属性可以减弱干扰在食物网中的传递。因此，模块性结构最终更有利于复杂食物网中的物种多样性和稳定性的维持。

食物网中的连接度也影响物种多样性的维持。早期观点认为，物种连接度越高，灭绝引起的次级灭绝就越多，因此食物网中连接度较高的物种是多样性维持的关键，但该结论是基于静态的食物网结构模型得出的，并未考虑种群动态以及物种间的交互作用与反馈。结合食物网结构和种群动态模型发现，对物种多样性维持起重要作用的是能量流更大的物种（总能量输入或输出更多的物种）而非连接度更高的物种。例如植物、微生物等底层能量生产者相较于与上层消费者关联密切的浮游等生物在多样性的维持上往往更为关键。此外，物种性状也可通过改变种群动态和种间关系来影响食物网的物种多样性维持。个体大小的食物网模型表明，捕食者与猎物的个体大小比例对多样性维持具有重要作用。具体地，捕食者相较于猎物的个体大小比例越大，则营养级间的能量流相对越缓慢，从而可增强种群稳定性和食物网的物种多样性。

---

① Yodzis P. Energy flow and the vertical structure of real ecosystems[J]. Oecologia，1984，65（1）：86-88；Briand F，Cohen J E . Environmental correlates of food chain length[J]. Science，1987，238（4829）：956-960.

② Schoener T W. Food webs from the small to the large[J]. Ecology，1989，70（6）：1559-1589；Post D M. The long and short of food-chain length[J]. Trends in Ecology & Evolution，2002，17（6）：269-277.

③ 牛克昌，储诚进，王志恒. 动态生态位：构建群落生态学理论的新框架[J]. 中国科学：生命科学，2022，52（3）：403-417.

三、生物多样性与生态系统功能的调控作用

生物多样性为生态系统内的物质和能量流动提供了多样化的渠道，从而可能影响生态系统功能。[①]解析食物网结构和多样性对生态系统的调控作用，是理解生态系统运行机制的关键，是整合群落生态学和生态系统生态学的重要途径。

（一）食物网多样性与生态系统功能相互作用

在生物、社会、经济等不同领域的网络中，网络结构都对维持相应系统的功能具有重要意义，食物网中亦然。早期关于营养级联（trophic cascade）的研究为理解食物网结构如何影响生态系统功能提供了重要认识。营养级联刻画了食物链中的顶级捕食者对低营养级物种的间接作用。顶级捕食者通过下行级联效应可影响初级生产者，而后者又通过上行效应（bottom-up effect）对高营养级物种产生反馈。[②]

生物多样性与生态系统功能的交互关系为理解生物多样性丧失的生态后果提供了学理支撑。虽然最早的生物多样性实验之一就研究了多营养级系统中的生物多样性对生态系统过程的影响，但后期多样性实验大多考虑单营养级系统，尤其是植物群落在生态系统中的重要作用。这些实验表明植物多样性可促进生态系统初级生产力，作用机制可归纳为物种间的生态位互补或竞争产生的选择效应，生态位是指一个种群在生态系统中，在时间空间上所占据的位置及其与相关种群之间的功能关系与作用。然而，为了理解自然界中的物种丧失的可能后果，需要在食物网框架下研究生物多样性与功能的关系，这一方面是因为自然生态系统中的物种都受到营养级间的相互作用，另一方面是因为高营养级物种面临更大的灭绝风险。虽然早期食物网研究较少关注多样性与生态系统功能的关系，但过去 20 年在这一问题上取得了重要进展。类似单营养级系统中的多样性作用，食物网中的水平多样性与垂直多样性的作用机制也可通过互补效应和选择效应来认识，但两种效应的具体实现机制需从营养调控角度来理解。水平多样性有利于相应的营养级更为有效地从低营养级获取资源和抵抗高营养级的捕食，垂直多样性可通过下行调控作用促进初级生产力。[③]理论模型表明，食物网的总物种多样性可提高生态系统生产力、生物量、总代谢速率等多方面的功能。

（二）群落多样性与生态系统交互关系

群落的多样性是否以及如何受到区域群落的调控对于理解多尺度的生物多样性维持至关重要。群落内物种之间相互作用形成了网络结构，即群落结构。群落与其所处的无机环境共同构成了生态系统。高生物多样性的生态系统具有典型的组成单元多、单元之间联系量大、自适应性和进化能力强、动力学特性显著等特点，具有高度的复杂性。[④] 生态系统作为生物与其生存环境通过一系列因果关系形成复杂的生物物理系统，其结构、功能与动态是最为关键的特性，生物多样性则是其主要的决定因素。虽然群落结构和物种共存的

① 王少鹏. 食物网结构与功能：理论进展与展望[J]. 生物多样性，2020，28（11）：1391-1404.
② 赵川. 碎屑食物网中种间关系对生态系统功能的影响：营养与非营养级联效应[D]. 北京：中国科学院大学，2013.
③ 刘雅莉，吴侃，顾盼，等. 生物多样性-生产力关系研究进展——基于文献计量分析[J]. 生态学报，2023（18）：7782-7795.
④ 张晓春，马春，古松，等. 生态系统动态的复杂性分析[J]. 南开大学学报（自然科学版），2009，42（2）：99-104.

机理依然是生态学研究的难点，但已有研究充分证明，物种间的相互作用关系不仅影响群落的结构，还促成群落具有了比个体简单叠加更加凸显的特征。物种间的相互作用，即生态系统作用的过程，随着生态系统自发有序空间格局的生成，生物自发组织的过程产生了一系列的涌现属性，构成了整体大于部分之和的效果，从而发挥着多元化的生态系统功能。高生物多样性带来的生态位重叠或物种冗余能有效加强生态系统的稳定性。稳定性为面对干扰时的生态系统功能提供了一种安全保障，从而能适应环境因子的自然波动，并能保持其自身生存与繁衍。

生态系统能为人类提供多样的产品和服务，其中除提供食物、药品、建筑材料及遗传资源等产品外，更为重要的是生态系统还具有调节气候、维持大气组成的稳定、促进土壤的形成与维持、减缓废弃物扩散、控制害虫数量、保障物质循环等作用，这些作用构建了整个地球的生命支持系统。[①]生态系统的功能最终通过物种来实现，正是物种的变化决定了上述生态系统功能的作用变化，所以生态系统中多样性的状况直接影响其功能。

第二节 生物多样性保护与运行机制

一、生物多样性丧失的现状

20 世纪 70 年代末以来，由于人类活动带来的生物多样性的变化比人类历史上任何时期都要快，造成生物多样性丧失和引起生态系统服务功能变化的驱动力要么保持稳定、要么长期以来未显现下降迹象、要么强度正在增加。人类从自然生态系统转变为人类主宰的生态系统以及从生物多样性的开发中获益，但同时，取得这些收益的代价越来越大，其表现形式为生物多样性丧失、许多生态系统服务功能下降以及人类部分群体贫困程度加剧。

地球正处于第六次物种大灭绝时期，几乎每小时就有一个物种消失，物种灭绝的速度比其自然灭绝要快 1 000 倍，是物种形成速度的 100 万倍。世界经济论坛（World Economic Forum）2020 年 6 月发布的《自然风险的上升》中提到，人类已经导致了 83%的野生哺乳动物和一半的植物物种灭绝，并严重改变了 3/4 的无冰土地环境和 2/3 的海洋环境。在未来的几十年中，100 万种物种将面临灭绝的危险。由于历史和现实的原因，我国的生物多样性过去遭受的破坏和当前面临的威胁都是严重的。2019 年 6 月 10 日顶级国际期刊《自然》（*Nature*）在线发表了题为《全球最大植物调查揭示惊人的灭绝率》[②]文章指出，植物现代灭绝速度比预期的自然灭绝速度高出近 500 倍。人们通常认为植物灭绝的平均滞后时间比动物要长，而且有成千上万的现存植物物种被认为是功能性灭绝，这与 89%的被重新发现的物种具有高灭绝风险的结论是一致的。列出了 491 种未列入世界自然保护联盟濒危物种红色名录的已灭绝物种，但又有 50 种被列入灭绝物种的状态需要更新，主要原因为重新发现或分类变化。自 1900 年以来，每年有近 3 个种子植物物种灭绝，然而，大多数物种在 250 年前还不为人知，有些物种可能在正式发现之前就灭绝了。根据 2019 年 5 月联合国生物多样性和生态系统服务政府科学政策平台（PBES）发布的评估报告，自 1900 年以来，全球主要陆生物种的平均丰富度下降了至少 20%，有 25%的动植物物种处于脆弱状

---

① Fahad S，Sonmez O，Saud S，et al. Climate change and plants：biodiversity，growth and interactions[M].CRC Press，2021.
② Ledford H. Global plant extinctions mapped[J]. Nature，2019，570（7760）：148-149.

态物种灭绝速度是过去 1 000 万年平均值的数千倍而且增速有可能进一步加快。[①]

二、生物多样性保护的原理

由于人类行动正在彻底地并在更大程度上不可逆转地改变着地球上生物的多样性，并且这些变化大多是生物多样性的丧失，预测和设想的情景模式表明这种变化速度在未来将继续或者加速。生物多样性的丧失速度大大超出自然的丧失速度，引发了一系列生态环境问题。作为生态安全的基础，保护和恢复生物多样性是实现区域生态安全的必由途径。

生物多样性通过直接（通过提供生活必需品、调节功能和文化方面的生态系统服务功能）和间接（通过支持性生态系统服务功能）的方式增进人类福祉，包括良好生活的基本原材料、健康、安全的社会关系及选择和行动自由。人类生产活动通过改造生态系统来增强一种服务，而生态系统内部存在的此消彼长的均衡效应，通常会使其他服务受到损害。与此同时，生态系统服务变化所带来的惠益并没有在公众中得到公正的分配，而从以往来看，生物多样性变化的许多成本和风险并未被纳入决策过程中。许多与生物多样性变化有关的代价可能需要较长时间才能显现出来，或可能只有在远离生物多样性发生变化的地方才能显现出来，也可能造成难以经受的临界变化或在稳定性方面出现变化。

引起生物多样性丧失和生态系统服务变化最重要的直接驱动力是栖息地变化，优化的评估技术和生态系统服务信息显示，社会为这些变化所承担的代价往往非常高，即使在对于效益和代价的了解不全面的情况下，当与生态系统变化有关的代价可能较高或将会造成不可逆转的变化时，也应采取预防性措施。生物多样性丧失的威胁主要是：森林面积缩小、碎裂分散；草场超载过牧退化；水资源的不合理利用；外来种的入侵；渔业资源的过度捕捞；动植物资源过度开发利用以及偷猎偷采行为的发生；旅游、采矿、围垦湿地等各种类型的人类活动导致的不断严重的环境污染。[②]保护生物学作为研究保护物种及其生存环境的科学，通过评估人类对生物多样性的影响，提出防止物种灭绝的对策和保存物种进化潜力的具体措施。具体包括物种迁地保护到栖息地保护、群落保护到生态系统和景观保护、环境对生物多样性的影响以及多样性对生态环境安全的意义等各个方面。为了在生物多样性保护方面取得更大进展，通过优化评估技术和提升生态系统服务功能，进一步增进人类福祉并减轻贫困，更要着眼于提升生态系统服务功能，不断加强和创新生物多样性保护举措，持续完善生物多样性保护体制。

三、生物多样性保护的必要性

地球上现存的自然生态系统大多处在不同的退化阶段，需要区别对待、修复和治理。中国幅员辽阔、海陆兼备，地貌类型和海域特征繁多，形成了森林、草原、荒漠、湿地与河湖、海洋等复杂多样的自然生态系统，孕育了丰富的生物多样性，但也存在诸多的生态问题，为了遏制和扭转当今生物多样性丧失的趋势，全球开展了以联合国《生物多样性公约》为引领的一系列生物多样性保护行动，虽然取得了一定的成效，但距离设想的有效保

① 张玉林. 人类世代的生物灭绝和生物安全——“2020 中国人文社会科学环境论坛”研讨综述[J]. 南京工业大学学报（社会科学版），2021，20（1）：1-10，111.

② 张健，孔宏智，黄晓磊，等. 中国生物多样性研究的 30 个核心问题[J]. 生物多样性，2022，30（10）：19-24.

护目标仍然存在相当大的距离。全球生物多样性保护的努力依然不足，亟须探索一条变革性转型之路。

（一）生物多样性自身价值是人类社会的坚实基础

生物多样性是人类生存和社会经济可持续发展的战略资源，是不可再生的社会资产。生物多样性的意义主要体现在生物多样性的价值，对于人类来说，生物多样性具有直接使用价值、间接使用价值和潜在使用价值。生物多样性的直接使用价值表现为生物为人类提供产品原料以及生物多样性美学价值（表现为大千世界色彩纷呈的植物和神态各异的动物与名山大川相配合构成赏心悦目的美景）。间接使用价值则是指生物多样性具有重要的生态功能。潜在使用价值指的是野生生物种类繁多，人类仅对极少数物种开展了比较充分的研究，仍然存在大量的具有潜在使用价值的生物尚未被发掘。

不同的生物有不同的使用价值，从食用、药用到工业原料、从科学研究到美学创造，人类的生活所需离不开物种多样性。截至 2022 年，全球经济收入有 50%的 GDP 产出都与生物多样性有关。全球有 30 亿人口的生计依赖海洋和沿海的生物多样性，占到全球总人口的近 40%。在用于治疗癌症的药物中，约 70%来源于动植物。一种野生生物一旦从地球上消失就无法再生，其各种潜在使用价值也就不复存在了。每种生物都有其特有的遗传特性，使其能适应一定的环境条件。生物多样性是世界有机体的多样化，反映了基因物种和生态系统的相互联系，维护了自然界的生态平衡，并为人类的生存提供了良好的环境条件。

（二）生物多样性是生态系统稳定与安全的重要前提

稳定的生态系统能够保证健康持续的生态系统服务功能的实现，对于人类生产生活的良性发展具有重要的支撑作用。生物遗传多样性不仅为人类提供了大量的基因资源，也在大气层成分、地球表面温度、地表沉积层氧化还原电位以及 pH 等方面的调控发挥着重要作用。物质循环是确保生态系统运转的基础之一，而光合作用与动物呼吸形成的“氧气-二氧化碳循环”打通了无机环境和有机生物之间的循环锁链，保持了大气中的二氧化碳平衡。[①]无论哪种生态系统，多样的生物物种都是不可或缺的组成成分，在生态系统中各种生物之间具有相互依存、相互制约的关系，我们保护生物多样性，实际上是保护生物在基因、物种及生态系统 3 个层次上的丰富多彩。

在生态系统中，不仅各个物种之间相互依赖，彼此制约，而且生物与其周围的各种环境因子也是相互作用的。因此生物多样性是人类社会赖以生存和发展的基础，共同维系生态系统的结构和功能。只有保护更多的物种存在，才能加强生态系统的抵抗能力，以更好地应对各种危机，而区域生物多样性的恢复为保持生态系统功能过程的完整性和稳定性奠定了基础，从而决定了区域生态安全格局的可持续性。与此同时，建设区域生态安全格局可对生物多样性保护起到直接的促进作用，在生态学理论、方法、经验与生物多样性保护实践之间架起一座桥梁。因此，针对区域生态环境问题，优化景观生态格局，从区域尺度保护和恢复生物多样性，维持生态系统结构和功能的完整性，对长久实现区域生态安全具有极为重要的意义。

---

① 井新，蒋胜竞，刘慧颖，等. 气候变化与生物多样性之间的复杂关系和反馈机制[J]. 生物多样性，2022，30（10）：293-311.

（三）生物多样性是国家可持续发展的坚实基础

生物多样性是一个国家重要战略资源，生物资源占有量是衡量一个国家可持续发展能力的重要指标。[①]一个基因可以影响一个国家的兴衰，一个物种可以左右一个国家的经济命脉，一个优良的生态系统可以改善一个地区的环境。中国是世界上生物多样性最为丰富的 12 个国家之一，是世界四大遗传资源起源中心之一，是水稻、大豆等重要农作物的起源地。中国拥有各种类型的陆地生态系统，物种数量位居北半球第一，果树种类位居世界第一。加强生物多样性保护，是中国生态文明建设的重要内容。“没有生态，何来文明”，生态文明不仅是对历史经验的理论总结，也是未来文明发展的方向。保护生物多样性是建设生态文明的应有之义，生物多样性保护也体现着一个国家的文明发展水平，无论是用法律来捍卫生态底线，还是进行生态思想启蒙，生物多样性都是人类文明社会变革共存和转型的关键所在。保护生物多样性作为一项国家战略，对中国的经济和社会发展、对人类现代和未来福祉、对建设美丽中国具有至关重要的意义。生态文明的发展目标在人类社会追求发展的目标上迈出了关键一步，保护好以生物多样性为核心的地球的生命支持系统，正是践行生态文明不可或缺的重要战略。

第三节　实施生物多样性保护与生态修复

一、实施生物多样性保护与生态修复的发展历程

我国作为世界上生物多样性最丰富的国家之一，高度重视生物多样性保护，走出了一条中国特色生物多样性保护之路。20 多年来，我国不断深化生态保护修复战略部署，系统开展顶层设计，推动生态保护修复制度的改革创新，持续加大生态保护修复的投入，为保障经济社会可持续发展奠定了坚实的生态安全基础。

2000 年，国务院印发《全国生态环境保护纲要》，提出“三区”推进的战略思路，工作思路从重点区域治理转向保护优先、分区分类管理。2006 年，《国民经济和社会发展第十一个五年规划纲要》突出强调推动生态保护和建设的重点从事后治理向事前保护转变，从人工建设为主向自然恢复为主转变；同年发布的《全国生态保护“十一五”规划》是中国首个生态保护五年专项规划，标志着生态修复与保护工作进入新阶段。2007 年，《国家重点生态功能保护区规划纲要》印发实施，首次提出生态功能保护区属于限制开发区的理念。2008 年，在《全国生态功能区划》中提出，在全国划分 50 个重要生态功能区。2011 年，成立了生物多样性保护国家委员会，发布中国生物多样性红色名录，编制《全国生物物种资源保护与利用规划纲要》《中国生物多样性保护战略与行动计划（2011—2030 年）》，组织实施一大批生物多样性保护重大工程。[②③]

党的十八大以来，以习近平同志为核心的党中央站在中华民族永续发展的战略高度，将生态文明建设纳入国家发展总体布局，提出新时代推进生态文明建设的“六项原则”。

---

① 柏成寿，崔鹏. 我国生物多样性保护现状与发展方向[J]. 环境保护，2015，43（5）：17-20.

② 王夏晖，陆军，饶胜. 新常态下推进生态保护的基本路径探析[J]. 环境保护，2015，43（1）：29-31.

③ 王夏晖，张箫. 我国新时期生态保护修复总体战略与重大任务[J]. 中国环境管理，2020，12（6）：82-87.

在习近平生态文明思想指引下，中国各地区、各部门认真贯彻落实党中央、国务院决策部署，生态保护修复职责分工逐步理顺。2015 年，国务院批准了《生物多样性保护重大工程实施方案（2015—2020 年）》，同年，环境保护部和中国科学院基于联合开展的 2000—2010 年全国生态状况调查评估成果，修编了《全国生态功能区划》，确定 63 个重要生态功能区。国家进一步启动实施一大批生态恢复与建设重大工程，[①②]同时，国务院印发实施《全国生态环境建设规划》《全国生态环境保护纲要》等重要文件，在“十一五”“十二五”“十三五”“十四五”连续印发实施全国生态保护五年规划，加快了中国生态保护修复工作。2018 年修订《中华人民共和国野生动物保护法》，制度体系逐步完善。生态保护修复实现从局部、单要素保护修复向区域山水林田湖草沙一体化保护修复和综合治理的加快转变，生态保护修复取得明显进展。

2020 年 6 月，《全国重要生态系统保护和修复重大工程总体规划（2021—2035 年）》公开发布。2021 年，生态环境部推出 15 篇案例，从不同角度介绍生物多样性保护重大工程实施成效，“浙江绿水青山展现生物多样性魅力”“云南省怒江傈僳族自治州独龙族传统养蜂技术”“大兴安岭林草交错带生态系统服务功能明显改善”等入选，展现了地方为生物多样性保护做出的努力。2021 年 10 月，中共中央办公厅、国务院办公厅印发《关于进一步加强生物多样性保护的意见》，提出扎实推进生物多样性保护重大工程。同年 12 月，国家发展改革委、科技部、自然资源部、生态环境部等部门印发了《生态保护和修复支撑体系重大工程建设规划（2021—2035 年）》，涉及科技支撑、自然生态监测监管、森林草原保护、生态气象保障 4 个重点领域，为推进其他各项重大工程的顺利实施提供重要保障，在维护国家生态安全上起到了支撑作用。2022 年 10 月，习近平总书记在党的二十大报告中指出“必须牢固树立和践行绿水青山就是金山银山的理念，站在人与自然和谐共生的高度谋划发展”，党的二十大精神专门强调了“提升生态系统多样性、稳定性、持续性，加快实施重要生态系统保护和修复重大工程”的重要性。

总体来说，过去 20 多年是我国生态保护与修复事业长足发展和体制机制创新变革的重要时期。在此期间，生物多样性保护与生态保护修复在国家治理体系中的地位和作用逐渐提升，初步构建起以维护国家生态安全、稳定和提升生态系统服务功能、改善生态环境质量为核心，涵盖生态系统“结构、过程、格局、功能、质量”综合调控的生态保护修复体系。

二、实施生物多样性保护与生态修复的国内成效

中国作为最早加入联合国《生物多样性公约》的国家之一，切实履行相关条约义务，在国际上率先成立了生物多样性保护国家委员会，在全球生物多样性保护和治理进程中发挥着重要作用。[③]中国于 2021 年积极承办《生物多样性公约》第十五次缔约方大会，同各方共商全球生物多样性治理新战略，共建地球生命共同体，获得全球认可，成为生物多样性治理理念引领者之一。2023 年，紧密衔接联合国《昆明-蒙特利尔全球生物多样性框架》，

---

① 高吉喜，杨兆平. 生态功能恢复：中国生态恢复的目标与方向[J]. 生态与农村环境学报，2015，31（1）：1-6.

② 侯鹏，高吉喜，陈妍，等. 中国生态保护政策发展历程及其演进特征[J]. 生态学报，2021，41（4）：1656-1667.

③ 罗茂芳，杨明，马克平.《昆明-蒙特利尔全球生物多样性框架》核心目标与我国的保护行动建议[J]. 广西植物，2023，43（8）：1350-1355.

将优先行动作为基本执行单元，以浙江为代表的地区先行首发生物多样性友好指数，为带动区域乃至全球生物多样性保护的风向标贡献中国力量。中国实施了一系列生态文明建设的举措，包括国土空间规划、生态保护红线划定和管控、以国家公园为主体的自然保护地体系的建设等，率先实现了《昆明-蒙特利尔全球生物多样性框架》中关于通过全域空间规划实现生物多样性主流化（行动目标 1）、保护 30%陆地面积（行动目标 3）等重要目标，为国际社会特别是发展中国家提供了可复制、可推广的样板。[①]作为世界上生物多样性最丰富的国家之一，中国高度重视生物多样性保护，坚持在发展中保护、在保护中发展，走出了一条中国特色生物多样性保护之路。

（一）全方位落实生态环境监测与物种保护的重大工程

在生态环境监测工程实践上，以长江和黄河为代表的水生态监测工程是加快补齐水生态保护短板、建设美丽中国的全局性工程。2010—2020 年，在以“水生态系统健康”为核心、以“水生境保护”“水环境保护”和“水资源保障”等为支撑的考核指标体系指导下，长江流域生态环境保护发生了历史性、转折性、全局性变化。长江流域水环境质量持续改善，2022 年地表水优良水质断面比例为 98.1%，较 2016 年上升 15.8 个百分点，无劣Ⅴ类水质断面，长江干流连续 3 年全线达到Ⅱ类水质。2023 年，生态环境部开展黄河流域生物多样性本底调查评估，建立健全生物多样性观测网络，黄河三角洲自然保护区鸟类数量由建立国家自然保护区时（1992 年）的 187 种增加到 371 种，完成全国入河排污口 80%溯源任务。自 2020 年以来，已经组织完成黄河中上游青海、四川、甘肃、宁夏、内蒙古 5 省（区）1.2 万余 km 岸线入河排污口现场排查，发现入河排污口 1.7 万余个。

在物种保护与生态修复上，长时间、大规模治理沙化、荒漠化，有效保护修复湿地，生物遗传资源收集保藏量位居世界前列。90%的植被类型和陆地生态系统、65%的高等植物群落、85%的重点保护野生动物种群得到有效保护。云南野象“旅游团”北巡，大熊猫受威胁程度等级从“濒危”降为“易危”，“微笑天使”长江江豚频繁亮相，三江源国家公园等地的雪豹频繁现身，青藏高原藏羚羊种群数量从 7 万头增至 30 万头等消息频频登上热搜。国家林草局统计数据显示，中国重点保护野生动植物种群持续恢复。亚洲象、雪豹、东北虎、海南长臂猿、黔金丝猴、藏羚、莽山烙铁头蛇、苏铁、兰科植物等 300 多种珍稀濒危野生动植物野外种群数量稳中有升。根据国家林草局数据，“十四五”时期以来华盖木由最初发现时的 6 株增至 1.5 万株，亚洲象野外种群增至 300 多头，东北虎野外种群增至 60 只左右，全球圈养大熊猫种群数量达到 698 只。[②]

（二）大力建设国家公园为主体的自然保护地体系

构建以国家公园为主体的自然保护地体系。自 1956 年建立第一个自然保护区以来，中国已建立各级各类自然保护地近万处，约占陆域国土面积的 18%。中国积极推动建立以国家公园为主体、自然保护区为基础、各类自然公园为补充的自然保护地体系，为保护栖息地、改善生态环境质量和维护国家生态安全奠定基础。2015 年以来，先后启动三江源等

---

① 马克平，任海，龙春林. 生物多样性保护需要更多的研究[J]. 广西植物，2023，43（8）：1347-1349.

② 周国梅，史育龙，[美]凯文 • 加拉格尔，等. 绿色“一带一路”与 2030 年可持续发展议程——对接 2030 年可持续发展目标促进生物多样性保护[M]. 北京：中国环境出版集团，2021.

10 处国家公园体制试点工作，整合相关自然保护地划入国家公园范围，实行统一管理、整体保护和系统修复，有效发挥自然保护地在保护重要生态系统和生物资源，维护重要物种栖息地中的作用。例如，2023 年青海省内以国家公园为主体的自然保护地总面积达到 26.75 万 km^2，占全省面积的 38.42%，国家公园占全省自然保护地总面积的 77.17%，形成了以国家公园为主体、自然保护区为基础、自然公园为补充的自然保护地新体系。通过构建科学合理的自然保护地体系，90%的陆地生态系统类型和 71%的国家重点保护野生动植物物种得到有效保护。2021 年国务院发布的《中国的生物多样性保护白皮书》显示，野生动物栖息地空间不断拓展，种群数量不断增加，大熊猫野外种群数量在 1981—2021 年由 1 114 只增至 1 864 只，朱鹮由 1981 年发现之初的 7 只增至 2021 年野外种群和人工繁育种群总数超过 5 000 只，亚洲象野外种群数量从 20 世纪 80 年代的 180 头增至 2021 年数据统计的 300 头左右，海南长臂猿野外种群数量从 1981 年的仅存两群不足 10 只增至 2021 年统计的五群 35 只。

（三）统筹推进山水林田湖草生命共同体

生态保护修复工程是维护和提升生态系统功能和环境质量的重要手段，2012 年至今，我国各地深入贯彻落实“山水林田湖草是一个生命共同体”重要理念，主要开展了山水林田湖草生态保护修复工程，全方位推进国土空间的生态保护修复。[①]

一是工程区域。主要是关系国家生态安全格局和永续发展的核心区域，与国家“两屏三带”生态安全战略格局和国家重点生态功能区分布相契合，体现了保障国家生态安全的基本要求。《全国重要生态系统保护和修复重大工程总体规划（2021—2035 年）》提到，通过“三北”、长江等重点防护林体系建设、天然林资源保护、退耕还林等重大生态工程建设，深入开展全民义务植树，森林资源总量实现快速增长。截至 2018 年年底，我国森林面积居世界第五位，森林蓄积量居世界第六位，人工林面积长期居世界首位。

二是草原生态系统恶化趋势得到遏制。通过实施退牧还草、退耕还草、草原生态保护和修复等工程，草原生态功能逐步恢复。2020 年全国完成种草改良面积 4 245 万亩[②]，全国草原综合植被盖度达到 56.1%，比 2011 年提高了 5.1 个百分点。

三是水土流失及荒漠化防治效果显著。积极实施京津风沙源治理、石漠化综合治理等防沙治沙工程和国家水土保持重点工程，启动了沙化土地封禁保护区等试点工作，全国荒漠化和沙化面积、石漠化面积持续减少。

四是河湖、湿地保护恢复初见成效。截至 2023 年 6 月，中国国际重要湿地数量达到 82 处，湿地面积约 5 635 万 hm^2。

五是海洋生态保护和修复取得积极成效。[③]一大批生态修复重大工程效果显现：山水林田湖草沙一体化保护和修复工程守住了自然生态边界和底线。福建闽江流域山水工程构建陆海统筹的流域生态保护修复治理模式，探索破解互花米草治理难题。安徽巢湖流域山水工程探索湖泊型流域一体化保护修复模式，近自然、低成本、高效、环保的生态渗滤岛技术成为基于自然的湿地生态修复技术典型代表。江西赣州南方丘陵山区山水工程开创

① 王夏晖，何军，牟雪洁，等. 中国生态保护修复 20 年：回顾与展望[J]. 中国环境管理，2021，13（5）：85-92.

② 1 亩≈666.67 m^2。

③ 徐海根，丁晖，欧阳志云，等. 中国实施 2020 年全球生物多样性目标的进展[J]. 生态学报，2016，36（13）：3847-3858.

“山上山下、地上地下、流域上下”的“三同治”治理模式。浙江省瓯江源头区域的“上、中、下”三段式保护，打造浙南物种宝库。

三、生物多样性保护与生态修复的深化与展望

随着生态文明建设的推进，人民群众对生物多样性保护有了更多的期待和更高的追求。积极探索尝试更多的方向和更加丰富的生物多样性保护措施，将生物多样性保护理念融入生态文明建设全过程在新时期有了更加现实的意义。为此，应积极推进应对气候变化与生物多样性保护政策协同的改革与创新，借鉴其他国家在立法、金融、公众参与等各个方面的做法，推动生物多样性保护迈上新台阶，助推实现人与自然和谐共生的现代化。

（一）加快生物遗传资源收集保存和利用，优化迁地与自然保护地建设

完善生物多样性“多维保护”工作体系，提升治理能力，走好保护与发展协同共进之路。实施战略生物资源计划专项，完善生物资源收集收藏平台，建立种质资源创新平台、遗传资源衍生库和天然化合物转化平台，持续加强野生生物资源保护和利用。[①]通过聚焦重点物种和重要生物遗传资源，摸清我国生物多样性底数和影响因素，掌握重要生态系统、重点物种及栖息地、生物遗传资源状况，评估保护成效。通过优化和完善生物多样性监测网络，及时掌握生物多样性动态变化趋势，更要建立布局合理、功能完善的观测网络体系，为生物多样性保护和管理提供更多的数据支撑，积极完善动植物物种的名录编制，绘制自然生态系统分布图，拓展相关物种图集。

继续优化国家公园体制试点在理顺管理体制、创新运行机制、强化监督管理、推动协调发展等方面的探索。整合相关自然保护地划入国家公园范围，实行统一管理、整体保护和系统修复，增强了自然生态系统的完整性和原真性保护。通过坚持山水林田湖草沙一体化保护和系统治理，划定生态保护红线和生物多样性保护优先区，实施山水林田湖草生态保护修复工程、生物多样性保护重大工程，聚焦生物多样性保护新形势、新需求，增加生态空间管控、执法监督、气候变化、生态产品价值实现、城市生物多样性、可持续管理、投融资机制、传统知识传承发展等优先行动，呼应国际、国内生物多样性重点和热点问题。

（二）强化生物基因与遗传安全管理，严密防控外来物种入侵

严格规范生物技术及其产品的安全管理，积极推动生物技术有序健康发展。开展转基因生物安全检测与评价，防范转基因生物环境释放可能对生物多样性保护及可持续利用产生的不利影响。加强对生物遗传资源保护、获取、利用和惠益分享的管理和监督，保障生物遗传资源安全。开展重要生物遗传资源调查和保护成效评估，查明生物遗传资源本底，查清重要生物遗传资源分布、保护及利用现状。通过完善生物多样性保护监管信息系统，提升保护和监管能力。加强海洋领域纳入信息基本普查。加快推进生物遗传资源获取与惠益分享相关立法进程，持续强化生物遗传资源保护和监管，防止生物遗传资源流失和无序利用。

高度重视生物安全，把生物安全纳入国家安全体系，持续颁布实施生物安全法，系统

① 平晓鸽，朱江，魏辅文. 从埃及到昆明-蒙特利尔——2020 年后全球生物多样性框架的转变[J]. 兽类学报，2023，43（4）：357-363.

规划国家生物安全风险防控和治理体系建设。逐渐完善外来物种入侵防控机制，生物技术健康发展，不断增强生物遗传资源保护和监管力度，持续提高国家生物安全管理能力。持续加强对外来物种入侵的防范和应对，完善外来入侵物种防控制度，建立外来入侵物种防控部际协调机制，推动联防联控。持续开展外来入侵物种监测预警、防控灭除和监督管理。加强外来物种口岸防控，严防境外动植物疫情疫病和外来物种传入，筑牢口岸检疫防线。

（三）高标准提升生态资源质量，协同推进高质量绿色发展

以恢复退化生态系统、增强生态系统稳定性和提升生态系统质量为目标，持续开展多项生态保护修复工程。在云南、广西等生物遗传资源丰富的省（区），开展遗传资源惠益分享的地方性试点。对生物多样性丰富、保护成效明显的地方，可给予更多资金支持。构建森林、草原、湿地、荒漠生态系统，珍稀野生动植物、重要自然景观、自然遗产全面保护的自然保护地网络，自然保护地内生态系统和物种得到系统保护。在落实《全国重要生态系统保护和修复重大工程总体规划（2021—2035 年）》背景下，统筹推进山水林田湖草沙一体化保护与修复，加强重点生态功能区、重要自然生态系统、重点生态工程的建设，提升生态系统的稳定性和复原力。

按照数量和质量并重、绿化和美化相统一的原则，走高质量、高效益的路子是实现国土绿化由扩张型向质量效益型转变的重要方针。着力提升草原质量和生态服务功能，继续加强重点生态工程建设，实施好新一轮退耕还林还草、退牧还草、天然林资源保护等国家重点生态建设工程，保证森林覆盖率、草原植被盖度持续“双提高”，荒漠化和沙化土持续“双减少”；按照乡村振兴战略总体要求和农村人居环境整治的总体部署，着力开展村、屯、街、巷和庭院绿化充分利用，闲置土地见缝插绿、因地制宜种植花草树木，建成生态宜居乡村；着力开展森林城市建设，搞好城市内、城市周边和城市群绿化，扩大城市生态空间，增强生态产品供给，使广大城乡早日实现“应绿尽绿”。[①]

（四）强化多方顶层设计与智治水平，融入国土空间“一张蓝图”

将生物多样性保护进一步上升为国家战略，把生物多样性保护纳入各地区、各领域中长期规划，不断建立健全生物多样性保护政策法规体系，加快实施《中国生物多样性保护战略与行动计划（2011—2030 年）》，从空间管控、保护与利用、保护与补偿等方面强化顶层设计，为生物多样性保护和管理提供制度保障。提升生态系统和重点生物类群监管能力，推动生物多样性监测信息化、智能化建设，加快卫星遥感和无人机航空遥感技术应用，建设天、空、地一体化监测体系，创新构建基于物联网和 AI 识别的生物多样性智慧监测体系，搭建融合保护监管、持续利用和公众参与三大场景的生物多样性数字监管系统，实现生态业务数智化、生态治理平台化、生态资源共享化。[②③]坚持科学绿化、规划引领、因地制宜，走科学、生态、节俭的绿化发展之路；要科学开展国土绿化，提升林草资源总量，保障质量，巩固和增强生态系统碳汇能力。实行造林绿化落地上图，以国土“三调”及其

---

① 关成华. 衡量绿色发展：突出生物多样性价值[J]. 人民论坛，2022（9）：72-75.

② 任涓，陶胜利，胡天宇，等. 中国生物多样性核心监测指标遥感产品体系构建与思考[J]. 生物多样性，2022，30（10）：260-275.

③ 米湘成，王绪高，沈国春，等. 中国森林生物多样性监测网络：二十年群落构建机制探索的回顾与展望[J]. 生物多样性，2022，30（10）：211-233.

年度变更调查成果为底版，建立国家、省、市、县四级落地上图管理，实行年度造林计划任务带位置上报、带图斑下达，实现直达到县、落地上图精细化管理，提高造林绿化数据的真实性和准确性。加强珍稀林木培育、森林经营等示范基地建设，开展国有草场建设等试点。开展造林绿化空间适宜性评估，全面摸清并在国土空间规划“一张图”中明确造林绿化空间，作为造林绿化任务安排、用地落实的主要依据。

（五）生态系统的保护制度与补偿机制并行，活化市场力量多方参与

以政府或相关环保组织为落实主体的生态补偿机制是缓解中国生态环境保护与经济发展矛盾的重要举措，重视解决“谁来补、怎么补、补给谁、补多少”问题。需要扩大补偿主体，建立多元生态保护补偿机制，解决“谁来补”的问题。要积极探索政府、企业和居民等多元主体参与的补偿机制。完善市场交易，推进生态产权交易制度建设，解决“怎么补”的问题。推进排污权、碳排放权交易，完善市场交易制度，扩大市场交易主体，建立能源消费总量指标跨地区交易机制。根据生态补偿的财力条件确定补偿标准，随着财力的增强不断提高标准，明明白白通过生态保护补偿支付，切实做到应补尽补。[①]

组织多方参与绿化，社会造林不断扩大。鼓励和支持社会资本以自主投资、与政府合作、公益参与等模式参与生态保护修复。探索实行先造后补、以奖代补、赎买租赁、购买服务、以地换绿等多种方式，组织动员和引导企业、集体、个人、社会组织等各种社会力量参与国土绿化。研究制定符合林业草原生态建设行业特点的招投标管理办法，完善造林种草等生态修复投资预定额编制基础工作，整体优化和规范市场秩序，培育一批专业企业、专业合作组织，专门从事生态保护修复，提高绿化专业化水平。全面推行林长制，压实地方党委、政府保护培育生态资源的主体责任。把责任明确到位、指标分解到位、任务落实到位，切实抓好林长制的各项改革工作，实现森林覆盖率“只提高、不降低”，生态环境质量“只变好、不变坏”，生态功能“只增强、不减弱”。

---

① 唐艳作. 中国生物多样性保护公众参与机制研究[M]. 成都：四川大学出版社，2021.

第八章　真正实现生态产品价值

当生态优势转化为经济优势时，绿水青山就成了金山银山。践行绿水青山就是金山银山理念，关键在于促进生态优势向经济优势转化。习近平总书记指出，"要积极探索推广绿水青山转化为金山银山的路径，选择具备条件的地区开展生态产品价值实现机制试点，探索政府主导、企业和社会各界参与、市场化运作、可持续的生态产品价值实现路径"。[①] 2021 年 4 月，中共中央办公厅、国务院办公厅印发的《关于建立健全生态产品价值实现机制的意见》，将生态产品价值实现正式提升为国家战略。本章主要围绕生态产品内涵、生态价值增值规律、生态产品价值实现渠道、生态产品价值实现政策等方面展开。

第一节　生态产品内涵

一、生态产品的概念界定

（一）生态产品

党的十九大报告指出，既要创造更多物质财富和精神财富以满足人民日益增长的美好生活需要，也要提供更多优质生态产品以满足人民日益增长的优美生态环境需要。这也就意味着，生态产品有别于物质财富和精神财富，不是物质的，也不是精神的，不是用以满足"美好生活需要"，而是用以满足"优美生态环境需要"。[②] 清新的空气、清洁的水源、舒适的环境和宜人的气候都具有产品的性质，能满足人类的需要。因而，生态产品不同于常规经济活动所交易和核算的物质产品、文化产品。

生态产品有狭义和广义之分。[③④] 狭义的生态产品就是维持生命支持系统、保障生态调节功能、提供环境舒适性的自然生态要素，主要包括物质产品供给、生态调节服务、生态文化服务等。广义的生态产品除了狭义的生态产品外，还包括依托自然要素生产出来的人工产品，也可称作"生态+产品"，也就是说生态产品是人类从自然界获取的生态服务和最终物质产品的总称，既包括清新的空气、洁净的水体、安全的土壤、良好的生态、美丽的自然、整洁的人居，还包含人类通过产业生态化、生态产业化形成的生态标签产品，如

---

① 刘奇．积极探索生态产品价值实现路径[J]．人民周刊，2021（13）：68-69.
② 习近平．努力建设人与自然和谐共生的现代化[J]．求是，2022（11）：6-7.
③ 潘家华．生态产品的属性及其价值溯源[J]．环境与可持续发展，2020，45（6）：72-74.
④ 沈满洪，魏楚．环境经济学回顾与展望[M]．北京：中国环境出版社，2015：15-27.

生态农产品、生态工业品、生态旅游品，以及其他可以附着的相关生态产业，转化为产权明晰、可直接交易的商品。[①]

（二）生态产品价值

生态产品价值可以定义为区域生态系统为人类生产生活所提供的最终产品与服务价值的总和。狭义的生态产品的价值转化主要依靠生态补偿、低碳补贴等绿色财政制度和矿权交易、土地使用权交易等生态产权制度，广义的生态产品价值转化需要依靠市场机制和产业政策。

（三）其他与生态产品价值相关的概念

与生态产品价值相关的概念主要有：生态系统服务（ecosystem services，ES）、生态服务价值（payments for ecosystem services，PES）、生态系统生产总值（gross ecosystem product，GEP）等。其中，生态系统服务是指人类能够从生态系统获得的所有惠益，包括产品供给服务（如提供食物和水）、生态调节服务（如控制洪水和疾病）、生态文化服务（如精神、娱乐和文化收益）以及生命支持服务（如维持地球生命生存环境的养分循环）；生态服务价值是指人类直接或间接地从生态系统得到的利益，主要包括生态系统向经济社会系统输入的有用物质和能量、接受和转化来自经济社会系统的废弃物，以及直接向人类社会成员提供服务（如人们普遍享用洁净空气、水等舒适性资源）；生态系统生产总值是指生态系统为人类提供的产品和服务的经济价值总量，即一定区域生态系统为人类和经济社会可持续发展提供的最终产品与服务价值的总和，包括物质产品价值、调节服务价值和文化服务价值。

二、生态产品的分类与特点

（一）生态产品的分类

依据不同标准生态产品的分类呈现多样化。如果按照狭义的生态产品定义来分，生态产品可分为物质产品供给类生态产品、生态调节服务类生态产品和生态文化服务类生态产品，该分类是从生态产品的供给侧视角进行的划分。

如果按照市场属性或消费属性来分[②]，生态产品可分为纯公共性生态产品、准公共性生态产品、经营性生态产品三种类型（图 8-1）。纯公共性生态产品主要指产权难以明晰，生产、消费和受益关系难以明确的公共物品。其具有非竞争性和非排他性特征，主要包括水源涵养、土壤保持、物种保育等生态调节服务，对于维持自然生态系统可持续性至关重要，但一般较难实现市场交易。准公共性生态产品主要指具有公共特征，但通过法律或政府规制的管控，能够创造交易需求、开展市场交易的产品。其具有有限的竞争性和非排他性特征，需要通过制度设计及开发经营形成经营性产品，包括基于固碳、水质净化等初级生态产品开发的生态资源权益产品，公共湿地、公共林地等公共资源性产品，以国家公园为主体的自然保护区、风景名胜区、自然文化遗产及其蕴含的休闲旅游、自然景观、美学

① 王金南，等. 生态产品第四产业：理论与实践[M]. 北京：中国环境出版集团，2022：1-62.

② 石敏俊，陈岭楠，王金南. 生态产品第四产业的概念辨析与核算框架[J]. 自然资源学报，2023，38（7）：1784-1796.

体验等。经营性生态产品，主要指产权明确、能直接进行市场交易的私人物品，是人类劳动参与度最高的生态产品，可直接参与市场交易，主要包括生态农、林、牧、渔、中草药产品，生态能源产品及通过延伸生态产品产业链生产的生态有机食品，工业品及文化产品等，还包括通过生态旅游、休闲农业、生态康养等生态产业化形成的经营性服务。

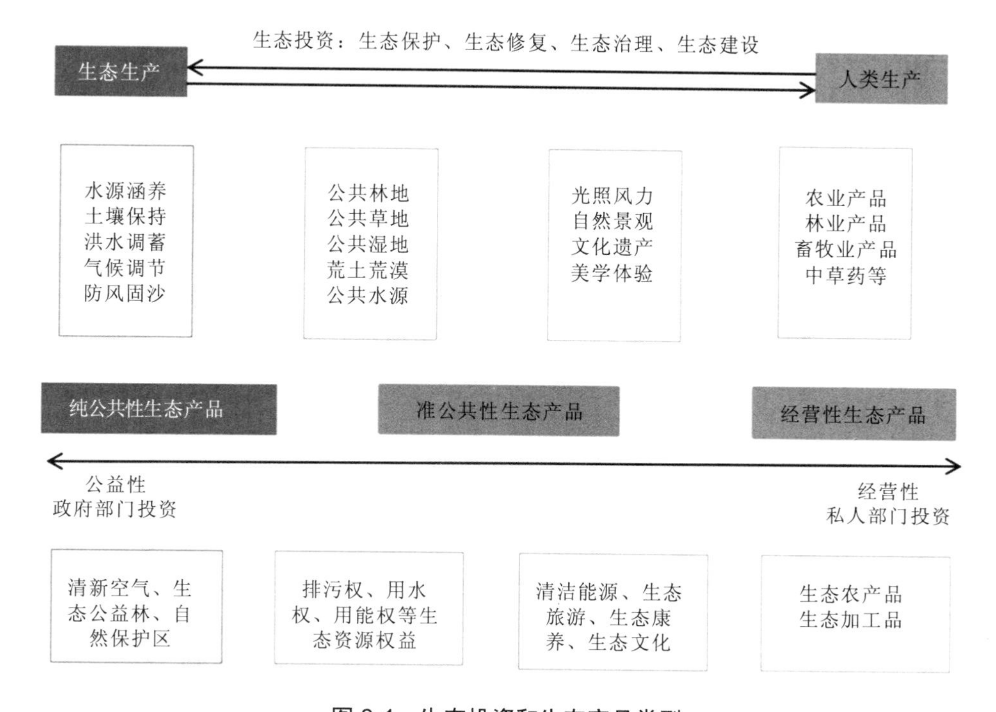

图 8-1　生态投资和生态产品类型

（二）生态产品的特点

全面把握生态产品的属性特征是促进其价值实现的重要一环。基于对生态产品概念的认识，总体来看，生态产品具有如下特征[①]：

一是生态产品具有外部性。公共产品和公共资源都具有非排他性，但公共产品是非竞争性的，公共资源则具有竞争性。从竞争性的角度看，生态调节服务和生命支持服务往往属于公共产品；物质产品供给服务、生态文化服务往往是公共资源。无论是公共产品还是公共资源都具有外部性。从本质上讲，生态产品价值就是一种外部经济，是生态系统向人类社会提供的正向外部经济。

二是生态产品具有不可分割性。生态产品或生态系统服务具有不可分割性，不能无限细分，而且往往有一定的规模门槛。因此，对于生态产品价值实现而言，整体规划和统筹协调就变得十分重要。这就是为什么许多生态基础设施建设不能依靠个体或企业自发进行，而是需要地方政府的统筹规划，甚至建设资金投入也需要依赖地方政府的根本原因。

三是生态产品具有质量主导定价性。评价生态产品价值，取决于生态产品的质量而非

① 潘家华. 生态产品的属性及其价值溯源[J]. 环境与可持续发展，2020，45（6）：72-74.

数量，而且生态产品千差万别，导致生态产品的市场结构是差异化市场，市场竞争是差异化竞争，而不是同质产品的数量竞争。因此，生态产品质量管理和维护，对于生态产品价值实现具有至关重要的意义。

四是生态产品具有多重价值性或价值多维性。一方面生态产品集使用价值和非使用价值于一体，另一方面其既具有经济价值也具有科学、审美、历史、宗教等非经济价值。

五是生态产品具有空间差异性或地域性。由于自然基础、经济社会发展水平不同，以及供需水平存在差异，生态产品的生产成本和经济价值在不同区域呈现出较大差异。

此外，生态产品还具有稀缺性、可再生性、依附性、人类收益性等特征。

三、生态产品价值实现意义

生态产品价值实现是我国由工业文明迈向生态文明的发展过程中提出的理念，具有鲜明的中国特色。早在 2005 年，时任浙江省委书记习近平就提出绿水青山就是金山银山理念，为生态产品价值实现提供了坚实的理论基础。2010 年，生态产品的概念首次在《全国主体功能区规划》中提出；党的十八大、党的十九大进一步提升了对生态产品重要性的认识，相关概念写入党章；2020 年 10 月 29 日，《中共中央关于制定国民经济和社会发展第十四个五年规划和二〇三五年远景目标的建议》明确提出，要建立相关机制使得生态产品的价值可以得到充分实现。生态产品价值实现围绕建立健全生态产品价值实现机制，中央政府不断强化顶层制度设计，2021 年 4 月由中共中央办公厅、国务院办公厅印发的《关于建立健全生态产品价值实现机制的意见》最为关键，其进一步将生态产品价值实现提升到国家战略，并明确了“十四五”时期乃至更长一段时间的主要目标和具体任务；各部委积极作为，生态环境部推进“绿水青山就是金山银山”实践创新基地建设，自然资源部选取并印发国内外具有代表性的生态产品价值实现案例等，为全国各地区推进生态产品价值实现提供了宝贵经验借鉴；地方积极推进落地实践工作，江西省在全国率先出台《关于建立健全生态产品价值实现机制的实施方案》，浙江、贵州、青海、福建等省份也相继出台生态产品价值实现的具体实施方案（或意见），并形成了一系列具有地方特色的典型做法和经验。建立健全生态产品价值实现机制，是建设人与自然和谐共生现代化的必由之路，对于科学有效挖掘自然要素价值，破解经济发展与生态保护矛盾，推动经济社会可持续发展具有重要意义。而生态产品价值实现不仅能够有效解决环境外部性问题，保护生态系统服务功能的完整性，而且能够将市场机制与政策工具相结合，建立稳定的生态产品供需关系，将生态价值持续转化为经济价值，促进社会财富在城乡间逆向转移，带动乡村振兴和共同富裕。也就是说生态产品价值实现兼顾生态效益、经济效益和社会效益，已成为践行绿水青山就是金山银山理念、加快推进生态文明建设和促进人与自然和谐共生现代化的重要抓手，有利于“绿水青山”更美、“金山银山”更高、社会更加和谐。

第二节 生态价值增值规律

一、需求拉动价值增值

生态产品的价值具有三维性，即生态价值、社会价值与经济价值的辩证统一，生态产品价值实现是三维价值的共同实现。[①] 其中，生态价值具有两层含义，其一泛指自然或非自然的个体、群体、过程对生态系统及环境维持的有用性；其二指生态系统通过为人类社会提供环境条件、自然资源和精神享受而产生的对人类社会生存、生活、生产和生计的有用性或有益性，也称为生态系统价值，是生态系统服务在哲学范畴中与人类之间的主客体效用关系。生态系统根据人类需求提供生态服务，生态价值通过生态资产化向生态资本化转变后形成生态产品（图 8-2）。[②] 可见，人类需求的生态资源不是无价的自由物品，而是有价的经济资源。

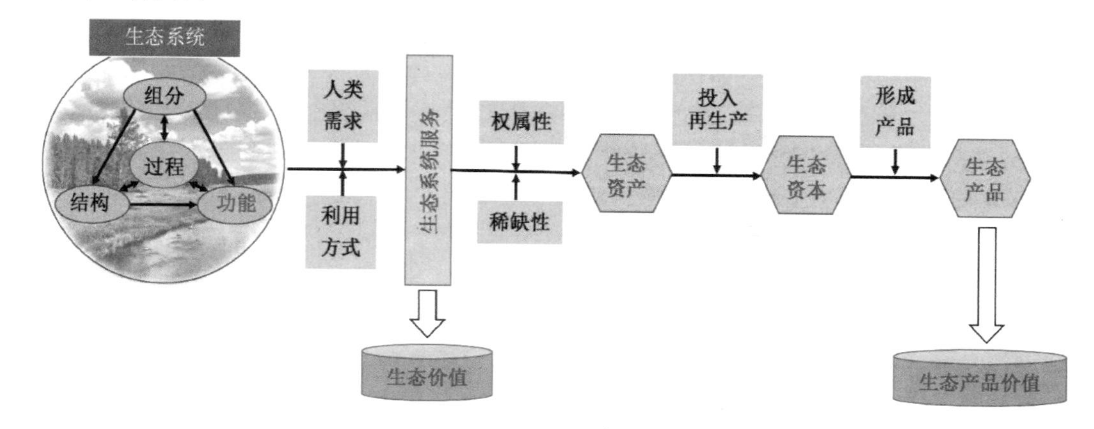

图 8-2 人类需求拉动下生态价值到生态产品的演进

生态产品的需求依赖市场的消费需求。一方面，将建立生态产品价值实现机制全面融入各地国民经济和社会发展、生态环境保护、资源利用等相关规划并作为重要任务，在明确需求主体（如个体及家庭、各级政府、各类企业和组织等）、需求内容（如清新空气、清澈水质、清洁环境等基础需求和生态旅游、生态休闲等升级需求）、需求类型（生态权益指标等政府调控性需求和生态旅游等市场引导性需求等）的基础上，加强各类需求提供相应的空间保障和政策支持，拉动生态价值增值；另一方面，通过建立生态产品质量追溯机制，健全生态产品市场交易流通全过程监督体系，推进区块链等新技术应用，实现生态产品信息可查询、质量可追溯、责任可追查，保障市场交易中生态产品质量，消费需求必然旺盛，从而拉动生态价值增值；同时，推进生态资产和生态产品确权登记，尽快摸清地区生态产品家底，实现生态产品价值核算，创新生态资产和生态产品交易制度，高质量满足人们对生态产品的需求，从而拉动生态价值增值。

二、供给推动价值增值

生态产品的供给依赖于蕴含生态要素产品的生产能力。[③] 一方面，生产主体主要是自然生态系统本身，以山水林田湖草沙为代表的自然生态系统基础，生态价值的供给推动增值可通过打造特色鲜明的生态产品区域公用品牌，将各类生态产品纳入品牌范围，加强品

① 廖茂林，潘家华，孙博文. 生态产品的内涵辨析及价值实现路径[J]. 经济体制改革，2021（1）：12-18.
② 于贵瑞，杨萌. 自然生态价值、生态资产管理及价值实现的生态经济学基础研究——科学概念、基础理论及实现途径[J]. 应用生态学报，2022，33（5）：1153-1165.
③ 宋德勇，杨柳青青. 生态宏观经济学研究新进展[J]. 经济学动态，2017（9）：111-123.

牌培育和保护，按照“生态资源统一整合、生态资产统一运营、生态资本统一融通”的原则，综合考虑山水林田湖草沙和生态功能，推动单一自然资源资产配置向各类自然资源资产组合、复合配置转变，重点以整体收储区域为单元，形成以土地资源为主或以矿产资源为主或以水资源为主、整合其他配套资源为“资源包”等不同模式进行整体配置，提升生态产品溢价，实现生态产品整体增值；另一方面，生产主体主要是人类或者人类主导下的企业市场主体，不仅可以通过植树造林、人工湖泊、人工湿地等方式生产生态产品，还能够通过一系列资源与要素的投入，将人力资本、人造资本与自然资本结合，将“生态要素”嵌入生态产品中，通过建立和规范此类生态产品的认证评价标准，构建具有区域特色的生态产品认证体系，推动生态产品认证国际互认，则可大大推动生态产品价值增值。也可以鼓励将生态环境保护修复与生态产品经营开发权益挂钩，对开展荒山荒地、黑臭水体、石漠化等综合整治的社会主体，在保障生态效益和依法依规的前提下，允许利用一定比例的土地发展生态农业、生态旅游获取收益，从而盘活土地等生态资源，推动生态价值增值。

三、贸易联动价值增值

贸易联动生态价值增值，则需要兼顾供需两个环节的联动。基于供应端的从自然资源到生态产品的“资源变产品”（价值提升）环节和面向需求端的保障生态产品满足需求、直面需求、便捷交易的“产品变商品”（价值实现）环节。在两大核心环节采取相应的引导措施，是保障和促进供需两端精准对接的核心重点。在“资源变产品”（价值提升）环节，重点是要根据供应端（自然资源）的基本情况和开发利用潜力确定其变为中间端（生态产品）的发展方向和适用方式；在“产品变商品”（价值实现）环节，重点是要建立起中间端（生态产品）和需求端（各类需求主体）之间的联系，使生态产品能够满足需求、直面需求、便捷交易。[①] 比如，碳汇生态产品的预期价值与碳达峰碳中和目标约束密不可分，能够通过碳市场（也称为碳金融市场）发挥其应有之义实现增值。[②] 碳金融市场为控排企业划定了排放配额，碳汇在碳金融市场中交易则体现经营性，企业可以通过碳金融市场交易来抵消碳排放，逐渐成为一种“稀缺资源”，政府可以将碳汇生态产品战略储备作为调控碳金融市场的重要工具，在市场低迷时购入，在市场供应不足时投放，从而有效防范和化解相关风险，提高碳金融市场韧性、稳定碳市场预期。[③]

贸易联动实现生态价值增值，应根据不同地区资源禀赋情况来寻找规律：①在生态环境资源富集的地区，要进一步打通生态产品“溢价”增值的通道，提高生态产品的“溢价”能力。在定位上重点突出绿色发展、生态文化。在内容上着力促进三产融合与“三生一体”同步发展。在实施路径上促使要素市场化配置与生态产品价值实现紧密结合、相互促进，充分发挥土地、资本、技术、数据等要素资源优势，实现政府和市场的合理分工。②在生态环境资源被过度开发的地区，要防止生态产品价值进一步遭受损失，即“贬值化”，要争取“扭亏为盈”。建立有效的生态产品价值实现项目监管机制并探索畅通多样化的信息

① 陈清，张文明. 生态产品价值实现路径与对策研究[J]. 宏观经济研究，2020（12）：133-141.

② Gu G，Zheng H，Tong L，et al. Does carbon financial market as an environmental regulation policy tool promote regional energy conservation and emission reduction？ Empirical evidence from China[J]. Energy Policy，2022，163：112826.

③ 顾光同. 碳市场衔接趋势下碳交易价格整合度及其风险预警研究[M]. 北京：中国农业出版社，2022：140-205.

透明渠道。统筹考虑自然生态各要素，针对矿山环境治理修复、土地综合治理、大气治理、生物多样性保护等山水林田湖草沙生态保护修复重点内容，进行整体保护、系统修复和综合治理，推动经济增长与生态环境协同发展。改造当地产业，加速新旧动能转换，因地制宜发展生态产业。升级当地生态产品融资方式，实现多渠道融资，用金融的“杠杆”扭转贬值现状。③在生态环境资源有很大优势，却一直没有得到合理开发与利用的地区，要实现“逆转颓势”。创新生态产品品牌运作模式，加强生态产品的大数据建设，精准打造生态产品区域公用品牌。④在生态环境资源较好的脱贫地区，要接续推进巩固对口帮扶成果与乡村振兴有效衔接，充分发挥生态资源优势，通过实现生态产品价值，变外部“输血”为自身“造血”。依托当地资源，选择适宜的发展模式。培育特色主导生态产业，实现生态产业集聚。通过股权激励或整体产权开发运营等方式调动原住居民和商户的积极性，实现长期可持续的运营。依托当地资源，通过实现“精细化”的生态产业融合，以实现特色生态产业的集群化发展。

第三节　生态产品价值实现渠道

一、政府主导型

政府主导的生态产品价值实现主要针对受益范围广、难以界定权责利的公共性生态产品，通过财政转移支付、财政补贴等生态补偿方式实现其价值，主要采取政府直接干预，制定强制性的标准约束企业、个人行为来实现公共性生态产品的价值。[①] 优点在于政府相较于个体，更加容易全面掌握深层次信息，更加清楚资源和环境保护的价值，因此更加有可能做出环境决策，以付出更低的行政成本。

政府主导型生态产品价值实现一般可涵盖以下几种产品类型：①开展强制性规制，划定自然资源保护范围或生态修复区域；②高层介入，引导地方合作实现共同保护；③参照生态系统服务的成本和收益，利用财税政策对受益者或干扰者课税，对保护者予以补贴；④建立自然资源利用的许可制度，创造资源稀缺性。

政府主导型生态产品价值实现主要有如下渠道：①财政转移支付。财政转移支付是政府主导模式的主要手段。例如，美国田纳西河流域项目建设政府的无偿拨款，我国财政转移包括有生态补偿作用的财力性转移支付和用于生态补偿的专项转移支付，黄土高原水土保持区等重点生态功能区财政转移等。②财政政策补贴。财政政策补贴是政府代表公众向企业、个人和组织等生态产品提供者进行购买的一种常用方式，主要适用于具有明确提供者的情形。例如，日本对积极实施休耕的农户进行休耕补贴，芬兰对生物多样性价值直接给予经济补偿，英国对私有林业主种植针叶林的行为进行补贴。我国各地都对生态公益林保护、退耕还林还草等进行补贴，补偿金直接发放至农户账户。③政府绿色税收。绿色税收是许多国家秉承“污染者付费”的原则，通过税收的经济手段筹集资金，用于生态环境改善治理的方式。例如，美国对自来水和下水道污染行为征收水污染税，用于治理水污染和净化污水，对家庭垃圾征收固体废物处理税，对风能和闭环生物质发电企业的所得税进

---

① 黎元生. 生态产业化经营与生态产品价值实现[J]. 中国特色社会主义研究，2018（4）：84-90.

行部分减免。欧盟通过征收二氧化碳税收筹集资金对生态环境进行补偿。④生态保护政府基金。生态保护政府基金是指政府通过统筹或向生态产品使用者征收费用，成立基金以对生态保护行为进行资助的方式。美国以《综合环境反应、补偿与责任法》为基础的超级基金制度，以国家直接划拨资金、向大型企业征税和环境污染损害赔偿资金为主要基金来源，支持生态环境保护修复。浙江省安吉县 2022 年成立黄浦江源生态保护基金，来自财政保障、市场调节和社会捐赠的资金专项用于生态保护、生态补偿等领域。

典型案例：在我国自然资源部第一批生态产品价值实现案例中，厦门五缘湾片区、徐州潘安湖等均是政府主导型生态产品价值实现的典型案例。其中，厦门五缘湾片区的生态修复与综合开发成为自然资源部推荐的典型案例之首，其通过开展陆海环境综合整治和生态修复保护，以土地储备为抓手推进公共设施建设和片区综合开发，依托良好生态发展生态居住、休闲旅游、医疗健康、商业酒店、商务办公等现代服务产业，增加了片区内生态产品，提升了生态价值。厦门五缘湾开发之初，厦门政府没有采用搞房地产开发等“速效”模式，而是谋定而后动，首先开展了自然资源家底调查。经多方听取意见、反复调查研究，厦门政府确立了“先保护、后开发”的发展模式。简单地说，这种模式就是依托陆海统筹、水体修复和生态治理等工作，先构建整个片区的软环境和生态轮廓，再进行片区土地开发和工程建设。通过生态修复、系统治理和综合开发，五缘湾片区已成为厦门集水景、温泉、植被、湿地、海湾等多种自然资源于一体的生态空间，生态产品供给能力持续增强。截至 2019 年底，五缘湾片区海域面积由原来的 112 hm^2 增至 242 hm^2，平均水深增加约 5.5 m，海域纳潮量增加约 500 万 m^3，水质达一类海水水质标准，海洋生态系统得到恢复。片区生态用地面积比开发前增加 2.3 倍，建成了 100 hm^2 城市绿地公园和 89 hm^2 湿地公园，城市绿地率从 5.4%升至 13.8%；人均绿化面积 19.4 m^2，超过了厦门市的人均水平。经测算，2019 年度该片区生态系统服务价值达 2.38 亿元，相比之前，片区生态价值有了大幅提升。

二、市场主导型

市场主导型的生态产品价值实现，主要针对经营性生态产品，通过生态产业化、产业生态化和直接市场交易实现其价值。开展生态产品市场交易，实现市场主导型价值实现的思想来源于罗纳德·科斯（Ronald Coase）的论文《经济学的灯塔》①。在该论文中，科斯指出像灯塔这样的生态产品，也可以开展私人收费，甚至认为包括纯粹的公共产品在内的一切物品都可以利用市场开展私人供给，并且这种资源配置的手段更有效率。市场主导型生态产品价值实现的核心思维是发挥市场在自然资源配置中的决定性作用，让自然资源保护者和增益者有收益，让受益者和干扰者付费，形成生态产品货币化机制。

市场主导型生态产品价值实现依赖于三大步骤推动：首先，需要明晰各类自然资源所有权、使用权、经营权等权利的权属关系，制定产权主体的权利清单；其次，参照“丽水山耕”物联网平台的经验，打造生态产品的交易市场；最后，还需要探索自然资源的买卖竞争机制，对稀缺性自然资源溢价收费。类似典型案例如福建省南平市光泽县以明晰水库所有权、水域经营权等为基础，建设“南平光泽水美经济”的市场主导型生态产品价值实现案例。

---

① Coase R H. The lighthouse in economics[J]. Journal of Law and Economics，1974，17（2）：357-376.

市场主导型生态产品价值实现主要有如下渠道：①市场化生态补偿。市场补偿主要体现在两个方面：一是政府之间的市场化补偿方式，如在流域上下游之间的横向补偿，典型案例包括欧洲易北河流域位于中下游的德国向位于上游的捷克进行经济补偿，我国新安江流域浙皖横向生态补偿等；二是补偿主体和受益主体之间的直接或间接补偿。②生态产权交易。生态产权交易是在环境资源要素稀缺的背景下，通过构建合法的许可证，将用水权、排污权等气候、环境资源产权像商品一样实现市场主体之间的流转和交易。在总量控制目标下，生态产权交易通过价格杠杆实现环境资源产权在各市场主体之间的转移，起到环境治理成本最小化、生态资源优化配置、激励企业环境治理技术创新的作用。③生态资本收益。生态资本收益手段是指生态资源资产通过金融方式，吸引社会资本盘活生态资源，实现存量资本经济收益的生态产品价值实现方式。其主要做法是将生态资源资产转化为生态资本，通过绿色金融扶持、资源产权融资、补偿收益融资等方式，借助其他经济活动实现价值增值，如浙江省丽水市的“茶商 E 贷”、江西省等推行的生态公益林补偿收益权质押贷款等。④生态产品交易。在广义生态产品概念下，经营性的生态产品价值实现方式主要是市场直接交易。市场主体参与此类生态产品的价值实现能够在激烈的市场竞争中敏锐发现市场需求，实现资源优化配置，如康养产业、生态农业、文旅产业等。⑤生态标签认证与品牌建设。为了解决生态产品中的信息不对称问题，将生态产品正外部性内置于价格中，在经营性生态产品直接交易中常采用的手段是生态认证和品牌建设。对生态产品进行生态认证和品牌化推广，在彰显产品品质的同时，能够减少消费者市场信息收集成本，有效降低市场磨蹭，减少交易成本，是生态产品溢价获取和价值实现市场化运营的重要手段。典型的例子包括欧盟生态标签、浙江省丽水市“丽水山耕”品牌[①]等。

典型案例：“丽水山耕”已成为国家发展改革委 2021 年重点推荐的市场机制驱动下生态产品价值实现的典型案例，其特点在于形成了地市级农业区域公共品牌溢价下的有效市场机制。丽水地处浙南山区，境内崇山峻岭，有“浙江绿谷”“华东氧吧”之誉。但是国家级农业龙头只有 1 家，著名商标屈指可数，优质产品难以与市场形成高效对接。“山”是丽水最大的自然特征，“耕”则是传统生产方式的体现，得天独厚的生态优势孕育了独有丽水特色的农耕文明。丽水市政府出台了《“丽水山耕”品牌建设实施方案（2016—2020）》，从品牌培育、推广、质量标准、农产品安全等方面给出了具体工作举措。“丽水山耕”品牌所有者为丽水市生态农业协会，实际运营和推广由丽水市农业投资发展有限公司负责。2017 年 6 月，“丽水山耕”成功注册成为全国首个含有地级市名的集体商标，以政府所有、生态农业协会注册、国有农投公司运营的模式，并结合生产合作、供销合作、信用合作“三位一体”改革工作，建立以“丽水山耕”区域公用品牌为引领的全产业链一体化公共服务体系，成为丽水践行“绿水青山就是金山银山”理念的新模式、新途径。丽水市农业投资发展有限公司和丽水市生态农业协会是“两块牌子、一套人马”，公司下属有丽水蓝城检测公司、丽水绿盒电子商务公司等 14 家子公司，工作人员达 200 多人。并不断创新，整合网商、店商、微商，形成“三商融合”营销体系，截至 2018 年 6 月底，电子商务平台完成 254 个农产品入驻，完成“丽水山耕”线下营销网点建设 173 个，丽水生态农业协会会员总数达 733 家，培育“丽水山耕”背书产品 875 个，“丽水山耕”建立

① 陈敬东，潘燕飞，刘奕羿. 生态产品价值实现研究：基于浙江丽水的样本实践与理论创新[J]. 丽水学院学报，2020，42（1）：1-9.

合作基地 1 122 个，已有百兴菇业、鱼跃等 733 家企业加入“丽水山耕”品牌旗下，形成了菌、茶、果、蔬、药、畜牧、油茶、笋竹和渔业九大主导产业。“丽水山耕”产品累计销售额达 101.58 亿元，平均溢价率超 30%，产品远销北京、上海、深圳等地。

三、“政府+市场”促进型

“政府+市场”促进型生态产品价值实现渠道最为代表性的是政府与市场相结合的渠道，主要针对准公共性生态产品。此类生态产品价值实现中政府存在生态补偿覆盖区域不足、覆盖领域不全、补偿资金力度不足、补偿方式单一等问题。而且，同一生态空间内可能同时涉及多个政策、管理部门，项目重复立项、分头跟进，难以充分沟通配合等问题，造成资源配置效率低下。这就要求生态产品价值实现采取从政府投资主导转向政府与社会共同投资，积极引入社会资本，形成政府主导和市场运作“双轮”驱动的“政府+市场”促进型的生态产品价值实现机制，以市场化运作挖掘生态产品的潜在效益。政府通过法律或行政管控等方式创造生态产品的交易需求，调动社会力量积极参与生态保护、投资和经营，能够充分利用各方主体的自身优势，市场通过自由交易高效实现生态产品价值，达到良好的生态保护、建设、治理和运营的目的。[①]

“政府+市场”促进型生态产品价值实现主要有如下渠道：①产业化运营。产业化运营的方式通常有特许经营、商业开发授权、租赁协议、合同外包等。根据政府和市场参与的顺序和程度具有多种不同政府和社会资本合作（PPP）方式。其中，特许经营是一种兼顾资源利用和生态保护，并结合市场机制和行政监管的特殊商业活动，所经营的项目包括住宿、餐饮、零售等大规模经营项目或服务，是生态资源经营开发的重要模式，在国内外具有较强公共性生态产品的开发利用领域中得到了广泛应用。②生态购买。生态购买是指政府直接购买生态产品，然后利用市场机制，吸引企业、个体、非政府机构等成为其供给主体。在湿地缓解银行中，购买方不仅包含各级政府，还包含因从事开发活动对湿地生态产生不可避免且程度无法降到最低的不利影响的个人和开发者。销售方是湿地缓解银行的建设者和生态修复公司，其参与主体既可是政府机构，也可为个人、私营企业以及将缓解银行业务作为投资组合的投资基金或投资公司等，其往往具有专业的技术人才队伍，能够确保湿地补偿效果。③生态银行。生态银行是政府和社会资本多重合作，促进生态资源的开发利用以及生态产品开发经营的一种综合方式。[②] 我国的生态银行是在借鉴了美国湿地银行、德国生态账户等国际经验的基础上发展起来的全新的生态产品价值实现模式。但与湿地银行、生态账户主要是出于生态保护和生态补偿的目的不同，我国生态银行的实践主要致力于促进生态资源的开发利用以及生态产品的开发经营，通过政府搭台、企业共同经营、吸引社会资本的方式，解决了因地理上、所有权和经营权的分散，生态产品投资经营面临的交易成本过高、难以吸引社会资本进入、产业化经营困难等问题，为生态资源富集的欠发达地区生态产品价值实现提供渠道。④公众参与。公众参与是指公益机构、行业协会和个人等与政府组织和部门合作，参与生态保护、修复治理、产业经营的方式。比如大自然保护协会在杭州建立“善水基金”信托，发展绿色产业，成立“水酷”公司，建设自然教育基地，打造公益组织、政府、村民、企业、社会公众等共同参与的生态产品价值实现“政

① 金铂皓，冯建美，黄锐，等. 生态产品价值实现：内涵、路径和现实困境[J]. 中国国土资源经济，2021（3）：11-16，62.
② 崔莉，厉新建，程哲. 自然资源资本化实现机制研究——以南平市“生态银行”为例[J]. 管理世界，2019（9）：95-100.

府+市场”促进型模式。

典型案例：青山村是浙江省杭州市余杭区黄湖镇下辖的一个行政村，距离杭州市中心42 km。村内三面环山、气候宜人，森林覆盖率接近80%，拥有丰富的毛竹资源。青山村附近的龙坞水库建于1981年，常年为青山村及周边村庄提供饮用水，水库上游2 600亩的汇水区内种植了1 600亩毛竹林。20世纪80年代起，周边出现很多毛竹加工厂，为增加毛竹和竹笋产量并获取更高的经济效益，村民在水库周边的竹林中大量使用化肥和除草剂，造成了水库氮磷超标等面源污染，影响了饮用水安全。由于水源地周边的山林属于村民承包山或自留山，仅通过宣传教育或单纯管控的方式，生态改善的效果不明显。2014年开始，生态保护公益组织大自然保护协会等与青山村合作，采用“政府+市场”促进型模式，建立“善水基金”信托、吸引和发展绿色产业、建设自然教育基地等措施，引导多方参与水源地保护并分享收益，逐步解决了龙坞水库及周边水源地的面源污染问题，构建了政府、市场等多元化的生态产品价值实现机制，一是组建“善水基金”信托，建立多方参与、可持续的生态补偿机制；二是坚持生态优先，在当地政府和青山村的支持下基于自然理念转变生产生活方式；三是因地制宜发展绿色产业，构建水源地保护与乡村绿色发展的长效机制；四是创新共建共治共享方式，扩大生态“朋友圈”和影响力。最终，实现了青山村生态环境改善、村民生态意识提高、乡村绿色发展等多重目标。

总之，生态产品价值实现渠道中的“主导”不等于“唯一”，无论是政府主导路径还是市场主导路径，都需要政府和市场的相互协作，区别在于发挥核心作用的主体不同。2018年5月，习近平总书记在全国生态环境保护大会上强调“要充分运用市场化手段，推进生态环境保护市场化进程，撬动更多社会资本进入生态环境保护领域”。[①] 这就要求，大力完善资源环境价格机制，构建政府主导、企业为主体、社会组织和公众共同参与的环境治理体系，充分发挥政府作为生态产品供给主体的作用，通过转移支付、生态补偿等手段推动生态产品的价值实现。

第四节　生态产品价值实现政策

一、生态产业政策

2018年全国生态环境保护大会提出，要加快建立健全以产业生态化和生态产业化为主体的生态经济体系。2021年4月由中共中央办公厅、国务院办公厅印发的《关于建立健全生态产品价值实现机制的意见》提出要推进生态产业化和产业生态化。[②] 随着关于生态资产、生态产品及其价值实现的理论研究与实践探索不断展开，生态产品和生态产品价值等概念逐渐普及，生态产业发展已成为生态文明建设的重要组成部分，相应的生态产业政策支持必不可少。

早在2013年，环境保护部和国家发展改革委就发布《关于加强国家重点生态功能区环境保护和管理的意见》（环发〔2013〕16号），强调加强生态产业发展引导。在不影响主体功能定位、不损害生态功能的前提下，支持重点生态功能区适度开发利用特色资源，合

① 郇庆治. 习近平生态文明思想的体系样态、核心概念和基本命题[J]. 学术月刊，2021，53（9）：5-16，48..

② 黎元生. 生态产业化经营与生态产品价值实现[J]. 中国特色社会主义研究，2018（4）：84-90.

理发展适宜性产业。对于不适合主体功能定位的现有产业，相关经济综合管理部门要通过设备折旧、设备贷款、土地置换等手段，促进产业梯度转移或淘汰。各级发展改革部门在产业发展规划、生产力布局、项目审批等方面，都要严格按照国家重点生态功能区的定位要求加强管理，合理引导资源要素的配置。编制产业专项规划、布局重大项目，须开展主体功能适应性评价，使之成为产业调控和项目布局的重要依据。[①] 2018 年，国家发展改革委发布了《关于印发〈建立市场化、多元化生态保护补偿机制行动计划〉的通知》（发改西部〔2018〕1960 号），要求在生态功能重要、生态资源富集的贫困地区，加大投入力度，提高投资比重，积极稳妥地发展生态产业，将生态优势转化为经济优势。中央预算内投资向重点生态功能区内的基础设施和公共服务设施倾斜。鼓励大中城市将近郊垃圾焚烧、污水处理、水质净化、灾害防治、岸线整治修复、生态系统保护与修复工程与生态产业发展有机融合，完善居民参与方式，引导社会资金发展生态产业，建立持续性惠益分享机制。2021 年，中共中央办公厅、国务院办公厅发布了《关于建立健全生态产品价值实现机制的意见》，鼓励各地方积极探索建立健全生态产品价值实现机制，积极提供更多优质生态产品满足人民日益增长的优美生态环境需要，深化生态产品供给侧结构性改革，不断丰富生态产品价值实现路径，培育绿色转型发展的新业态、新模式，精准对接、更好地满足人民差异化的美好生活需要，带动广大农村地区发挥生态优势就地就近致富、形成良性发展机制，让提供生态产品的地区和提供农产品、工业产品、服务产品的地区同步基本实现现代化，“倒逼”、引导形成以绿色为底色的经济发展方式和经济结构，激励各地提升生态产品供给能力和水平。

二、绿色财政政策

绿色财政政策在生态产品价值实现中扮演着至关重要的角色。一是有利于生态产品的持续供给。生态产品价值实现需要大量的投资和资源，绿色财政政策支持能够提供足够的资金，用于保护生态环境、治理污染和改善生态系统。通过投入资金，可以加强生态产品的持续供给；二是有利于支持生态产业的可持续发展。绿色财政政策支持可以鼓励企业和个人采取环保措施，推动生态产品开发方面涉及的绿色技术和绿色产业的发展。通过减税、补贴等财政手段，可以降低环保成本，推动绿色产业转型升级，支持生态产业的可持续发展；三是有利于培育新兴生态产业。生态产品价值实现涉及许多新兴领域，如绿色农业、清洁能源、绿色经济、绿色生态旅游等。绿色财政政策支持可以吸引更多的投资和创新资源，培育生态产业，推动生态产品价值的高质量实现；四是有利于生态产品开发领域的就业增长。生态产品开发不仅需要大量的资金，还需要大量的人力资源。绿色财政支持可以创造更多的就业机会，提高居民收入水平，促进可持续发展[②]。

2013 年，国务院发布了《关于生态补偿机制建设工作情况的报告》，要求加快建立生态补偿机制，在综合考虑生态保护成本、发展机会成本和生态服务价值的基础上，采取财政转移支付或市场交易等方式，对生态保护者给予合理补偿；同年，环境保护部和国家发展改革委发布《关于加强国家重点生态功能区环境保护和管理的意见》（环发〔2013〕16 号），要求加强国家重点生态功能区健全生态补偿机制，加快制定出台生态补偿政策法规，建立动态调整、奖惩分明、导向明确的生态补偿长效机制。中央财政要继续加大对国家重点生

---

① 靳诚，陆玉麒. 我国生态产品价值实现研究的回顾与展望[J]. 经济地理，2021，41（10）：207-213.

② 陈清，张文明. 生态产品价值实现路径与对策研究[J]. 宏观经济研究，2020（12）：133-141.

态功能区的财政转移支付力度，并会同发展改革和环境保护部门明确和强化地方政府生态保护责任；2015 年，环境保护部和国家发展改革委发布《关于贯彻实施国家主体功能区环境政策的若干意见》（环发〔2015〕92 号），要求持续推进生态保护补偿及考核评价机制。着眼于激励生态环境保护行为，制定和落实科学的生态补偿制度和专项财政转移支付制度，使保护者得到补偿与激励；2016 年，财政部发布《关于加快建立流域上下游横向生态保护补偿机制的指导意见》（财建〔2016〕928 号），指出中央财政对跨省流域上下游横向生态保护补偿给予支持。对达成补偿协议的重点流域，中央财政给予财政奖励，奖励额度将根据流域上下游地方政府协商的补偿标准、中央政府在不同流域保护和治理中承担的事权等因素确定。对率先达成补偿协议流域优先给予支持，鼓励早建机制；2019 年，财政部发布《关于财政生态环保资金分配和使用情况的报告》，要求加大财政生态环保资金投入的同时，认真贯彻落实《中共中央 国务院关于全面实施预算绩效管理的意见》和预算法要求，抓紧完善标准科学、规范透明、约束有力的预算制度，健全充分发挥中央和地方两个积极性体制机制，使有限的生态环保资金发挥更大的效益，切实做到花钱必问效、无效必问责。

地方上，浙江省丽水市自 2019 年 1 月成为全国首个生态产品价值实现机制试点市以来，积极探索绿色发展财政奖补机制，丽水市财政局始终立足财政职能，充分发挥财政资金四两拨千斤的作用，不断强化生态产品价值实现的财政保障。建立饮用水水源地保护财政补偿机制，与丽水市生态环境局联合制定《丽水市级饮用水水源地保护生态补偿管理办法》，截至 2022 年年底，累计安排补偿资金 2 370 万元。实施“绿色奖惩”，建立健全生态环境损害赔偿制度体系，先后出台《丽水市生态环境损害赔偿资金管理办法（试行）》《丽水市本级老旧营运车辆提前淘汰补助实施办法》等，安排专项经费支持构建较为完善的排污权交易制度框架，统一市域内的排污权交易政策，截至 2022 年年底，累计完成排污权有偿使用和交易笔数 4 037 笔，交易金额 2.12 亿元。

三、绿色金融制度

通常金融对经济发展起到资金融通、资源配置、风险管理、市场定价、清算支付等作用。随着国家对绿色发展重视程度的提高，绿色金融也被提升到了国家战略高度。2016 年，中国人民银行等七部门发布了《关于构建绿色金融体系的指导意见》，明确指出绿色金融是对环保、节能、清洁能源、绿色交通、绿色建筑等领域的项目投融资、项目运营、风险管理等所提供的金融服务，旨在激励更多社会资本支持经济向绿色化转型，主要的金融工具包括绿色信贷、绿色债券、绿色股票指数和相关产品、绿色发展基金、绿色保险、碳金融等。由此可见，有别于传统金融，绿色金融将保护环境的理念融入金融发展中，促进经济、社会和环境的可持续发展，充分发挥金融对绿色发展的资源配置、风险管理、市场定价作用。绿色金融通过绿色信贷、生态效益债券和生态银行等金融产品以及土地承包经营权、农村集体资产所有权抵押融资等模式，引导和激励利益相关方对生态产品进行交易，实现资源和资金互补。[①]

2018 年，国家发展改革委发布《建立市场化、多元化生态保护补偿机制行动计划》的

① 仇晓璐，赵荣，陈绍志. 生态产品价值实现研究综述[J]. 林产工业，2023（5）：1-11.

通知（发改西部〔2018〕1960 号），强调要不断完善生态保护补偿融资机制，根据条件成熟程度，适时扩大绿色金融改革创新试验区试点范围。鼓励各银行业金融机构针对生态保护地区建立符合绿色企业和项目融资特点的绿色信贷服务体系，支持生态保护项目发展。在坚决遏制隐性债务增量的基础上支持有条件的生态保护地区政府和社会资本按市场化原则共同发起区域性绿色发展基金，支持以 PPP 模式规范操作的绿色产业项目。鼓励有条件的非金融企业和金融机构发行绿色债券，鼓励保险机构创新绿色保险产品，探索绿色保险参与生态保护补偿的途径。2021 年，国务院办公厅发布《关于鼓励和支社会资本参与生态保护修复的意见》（国办发〔2021〕40 号），加强与自然资源资产产权制度[①]、生态产品价值实现机制、生态保护补偿机制等改革协同，统筹必要投入与合理回报，畅通社会资本参与和获益渠道，创新激励机制、支持政策和投融资模式，激发社会资本投资潜力和创新动力。2022 年，国务院发布《关于支持贵州在新时代西部大开发上闯新路的意见》（国发〔2022〕2 号），支持赤水河流域等创新生态产品价值实现机制，探索与长江、珠江中下游地区建立健全横向生态保护补偿机制，推进市场化、多元化生态保护补偿机制建设，拓宽生态保护补偿资金渠道。支持贵州探索开展生态资源权益交易和生态产品资产证券化路径，健全排污权有偿使用制度，研究建立生态产品交易中心。

---

① 中共中央办公厅、国务院办公厅印发《关于统筹推进自然资源资产产权制度改革的指导意见》[J]. 中华人民共和国国务院公报，2019（12）：6-10.

第九章　积极稳妥推进碳达峰碳中和

实现碳达峰碳中和（以下简称“双碳”），是以习近平同志为核心的党中央做出的重大战略决策，对于我国解决资源环境约束突出问题、实现中华民族永续发展、构建人类命运共同体具有重大的战略意义。“双碳”工作是新时代我国生态文明建设的重大任务。党的二十大报告指出“积极稳妥推进碳达峰碳中和”。实现“双碳”目标需要深刻把握实现碳达峰碳中和的长期性、系统性和复杂性等基本特征，通过能源革命、产业革命、科技革命以及体制机制改革，推进能源、产业、消费各领域的碳减排，以及生态系统和工程技术的固碳增汇。实现“双碳”目标还需要统筹兼顾发展与减排、整体与局部、长远与短期、政府与市场这四对关系。

第一节　碳达峰碳中和的基本内涵

一、碳达峰碳中和的相关概念

（一）温室气体与温室效应

温室效应是指大气的保温效应，俗称“花房效应”，大气能使太阳短波辐射到达地面，但地表向外散发的长波热辐射却被大气吸收，这样就使地表和低层大气温度增高，因其作用类似种植农作物的温室，因此被称为温室效应。能产生温室效应的自然和人为的气体主要有二氧化碳、甲烷、一氧化碳、氟氯烃及臭氧等 30 余种气体。《京都议定书》中规定的六种温室气体包括二氧化碳（CO_2）、甲烷（CH_4）、氧化亚氮（N_2O）、氢氟碳化物（HFCs）、全氟化碳（PFCs）、六氟化硫（SF_6）。多哈会议通过的《〈京都议定书〉修正案》规定了第七种温室气体三氟化氮（NF_3）。温室效应是全球气候变暖的罪魁祸首，引起了主流科学界的广泛关注。全球增温潜势的参数被用于评价各种温室气体对全球增温影响的相对能力。表 9-1 为 7 种主要温室气体的全球增温潜势。以二氧化碳的全球增温潜势值为 1，其余气体与二氧化碳的比值作为该气体全球增温潜势值。虽然二氧化碳以外的温室气体的全球增温潜势值一般远大于二氧化碳，但由于它们在空气中含量少，因此二氧化碳是温室效应的罪魁祸首，温室效应 63%由其引发。因此，全球碳达峰碳中和行动中仍然以二氧化碳为关注焦点。

表 9-1 主要温室气体的全球增温潜势

主要温室气体种类	全球增温效应占比/%	全球增温潜势	生命周期/年
二氧化碳	63	1	50～200
甲烷	15	23	12～17
氧化亚氮	4	296	114～120
氢氟碳化物	11	2 000	13.3
全氟化碳		5 700	50 000
六氟化硫	7	22 200	3 200
三氟化碳			

资料来源：IPCC. Climate change 2007: the physical science basis: contribution of working group I to the fourth assessment report of the Intergovernmental Panel on Climate Change [M]. Cambridge: Cambridge University Press，2007: 210-216。

（二）全球气候变化

气候变化一般指气候平均状态统计学意义上的巨大改变或者持续较长一段时间（典型的为 30 年或更长）的气候变动，即气候平均状态和离差，两者中的一个或两个一起出现了统计意义上的显著变化。离差值越大，表明气候变化的幅度越大，气候状态越不稳定。气候变化的原因既有自然因素，也有人为因素。自然因素包括太阳辐射的变化、地球轨道的变化、火山活动、大气与海洋环流的变化等。人为因素包括人类生产生活所造成的二氧化碳排放、土地利用变化、城市化等。自工业革命 200 多年以来，人类向大气中排放的二氧化碳等温室气体逐年增加，温室效应也随之加强，导致全球气候变暖等一系列严重问题，现已引起全世界各国的关注。图 9-1 是全球主要研究机构观测到的全球平均温度变化，很显然，工业革命以来全球平均温度在不断升高。

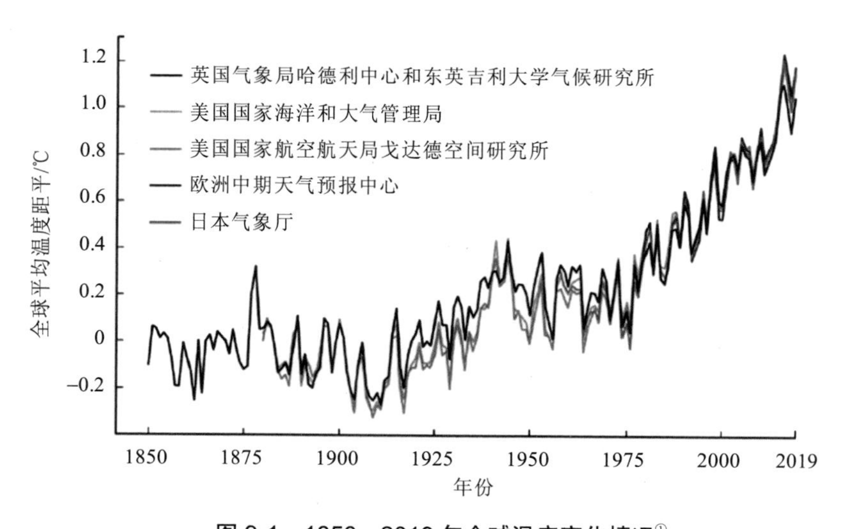

图 9-1 1850—2019 年全球温度变化情况[①]

① 中国气象局气候变化中心. 中国气候变化蓝皮书 2020[M]. 北京：科学出版社，2020：11.

（三）碳达峰碳中和

碳达峰是指一个区域或者国家二氧化碳排放总量达到一个峰值后不再增长，在总体趋于平缓之后逐步降低的状态。碳中和是指企业、团体或个人在一个时间段内直接或者间接产生的二氧化碳气体排放总量，通过能源替代、节能减排、产业调整和植树造林等方法抵消，实现二氧化碳“净零”（net zero）排放的状态。碳中和有广义和狭义之分。狭义碳中和仅指二氧化碳中和，广义则是二氧化碳中和、温室气体中和、气候中和、净零二氧化碳排放及净零温室气体排放等相关概念的统称。在国际语境下，碳中和往往是狭义理解，“净零”是涵盖各类目标的广义概念。各国提出的碳中和目标的用词和具体表述不一致，国内更多地使用“碳中和”概念，而国际上更多地使用“净零”概念（表 9-2）。①

表 9-2　各国或国家集团碳中和目标相关表述

碳中和目标表述	国家或国家集团	数量
净零	阿富汗，安哥拉，亚美尼亚，安提瓜和巴布达，比利时，贝宁，布基纳法索，孟加拉国，巴哈马，伯利兹，中非共和国，加拿大，瑞士，哥伦比亚，科摩罗，佛得角，哥斯达黎加，塞浦路斯，丹麦，多米尼加共和国，厄立特里亚，埃塞俄比亚，斐济，法国，密克罗尼西亚，英国，几内亚，冈比亚，几内亚比绍，希腊，格林纳达，圭亚那，克罗地亚，海地，匈牙利，爱尔兰，牙买加，日本，柬埔寨，基里巴斯，韩国，老挝，黎巴嫩，利比里亚，莱索托，立陶宛，卢森堡，拉脱维亚，摩纳哥，马达加斯加，马尔代夫，马绍尔群岛，马里，缅甸，莫桑比克，毛里塔尼亚，毛里求斯，马拉维，纳米比亚，尼日尔，尼加拉瓜，尼泊尔，瑙鲁，新西兰，巴基斯坦，秘鲁，帕劳，巴布亚新几内亚，卢旺达，塞内加尔，所罗门群岛，塞拉利昂，圣多美和普林西比，苏里南，斯洛伐克，瑞典，塞舌尔，乍得，多哥，东帝汶，汤加，特立尼达和多巴哥，图瓦卢，乌干达，乌拉圭，美国，圣文森特和格林纳丁斯，瓦努阿图，萨摩亚，也门，南非，赞比亚，阿联酋，澳大利亚，布隆迪，保加利亚，巴林，印度尼西亚，印度，以色列，哈萨克斯坦，尼日利亚，巴拿马，沙特，苏丹，索马里，泰国，土耳其，坦桑尼亚，越南，新加坡，纽埃	112
零碳	厄瓜多尔	1
碳中和	中国，阿根廷，巴巴多斯，不丹，智利，冰岛，葡萄牙，安道尔，巴西，斯里兰卡，马来西亚，俄罗斯，乌克兰	13
气候中和/温室气体中和	奥地利，德国，西班牙，爱沙尼亚，意大利，芬兰，马耳他，斯洛文尼亚，欧盟，南苏丹	10

一般而言，全球温室气体排放会经历“碳达峰—碳中和—温室气体中和”三个关键时点。由于二氧化碳排放占全球温室增温效应的 63%，因此，现阶段国际社会重点关注碳达峰与碳中和。

① 陈迎. 碳中和概念再辨析［J］. 中国人口·资源与环境，2022，32（4）：1-12.

二、碳达峰碳中和的提出背景

（一）全球气候变化的不利影响

全球气候变化的不利影响是全球推动“双碳”工作的直接原因。联合国政府间气候变化专门委员会（IPCC）发布的第六次评估报告指出，一个多世纪以来，化石燃料燃烧和土地利用等人类活动带来的温室气体浓度上升，从而导致了全球变暖，人类活动对气候系统的影响是“既定事实”和“毋庸置疑”的。[①] 全球气候变化导致海平面上升，地球极端天气灾害频发，生物多样性受影响严重，全球气候变化给人类社会带来了严重的不利影响。更为重要的是，很多不利影响已经频繁显现，形势越来越严峻。北美洲的超高温导致极端干旱和持续的森林大火等灾害，美国、加拿大“热穹顶现象”，西欧国家遭受持续的暴雨和洪灾，中国北方多地出现持续暴雨、河南“超千年一遇”的特大暴雨引发洪水等自然灾害的都很有可能与全球气候变化有关。

（二）碳达峰碳中和的国际行动

联合国组织召开了一系列应对全球气候变化的国际会议，达成了一系列具有国际约束力的应对全球气候变化国际公约，其中最为重要的是《联合国气候变化框架公约》《京都议定书》《巴黎协定》。在这些国际公约的推动下，世界各国纷纷开展碳达峰碳中和行动。世界资源研究所的统计数据显示，全球已经有 54 个国家的碳排放实现达峰。[②] 在 2020 年排名前十五位的碳排放国家中，美国、俄罗斯、日本、巴西、印度尼西亚、德国、加拿大、韩国、英国和法国已经实现碳达峰，墨西哥和新加坡等国家承诺在 2030 年以前实现碳达峰。欧盟 27 国作为整体早已实现碳达峰。在碳中和方面，根据英国气候问题智库的统计[③]，截至 2023 年 9 月，全球已有 151 个国家承诺碳中和，不丹、苏里南等 6 国已经实现碳中和，英国、法国、瑞典、丹麦等已经完成碳中和立法，欧盟、西班牙、智利等正在立法，德国、中国、日本等已经进行了政策宣示，大多数的国家的碳中和时间确定为 2050 年。全球前十大煤电国家占到了全球煤电总量的 86.7%；已经有 7 个国家承诺实现碳中和，包括中国承诺到 2060 年实现碳中和，日本、韩国、南非、德国 4 国承诺到 2050 年实现碳中和。

（三）碳达峰碳中和的中国承诺

2020 年 9 月，习近平主席在联合国大会上代表中国政府向世界宣布：“中国将提高国家自主贡献力度，采取更加有力的政策和措施，二氧化碳排放力争于 2030 年前达到峰值，努力争取 2060 年前实现碳中和。”[④]“双碳”目标的提出，顺应了绿色低碳可持续发展的全球趋势，充分展示了中国负责任的大国担当。根据国际能源署（IEA）的数据[⑤]，2022 年，我国二氧化碳排放量达到了 102 亿 t，占全球排放量的 27.7%。我国作为发展中

---

① IPCC.Climate change 2021：The physical science basis[R].Cambridge：Cambridge University Press，2021.

② Word Resources Institute. Turning points：Trends in countries' reaching peak greenhouse gas emissions over time[R/OL]. [2023-09-09]. https://www.wri.org/insights/turning-pointwhich-countries-ghg-emissions-have-peaked-which-will-future.

③ Energy&Climate Intelligence Unit. Net zero tracker [EB/OL]. [2023-09-09]. https://zerotracker.net/.

④ 习近平. 在第七十五届联合国大会一般性辩论上的讲话[N]. 人民日报，2020-09-23（3）.

⑤ IEA. CO_2 emissions in 2022[R/OL].[2023-09-09]. https://www.iea.org/reports/co2-emissions-in-2022.

的大国，实施积极应对气候变化国家战略，宣布“双碳”目标和愿景，主动承担碳减排国际义务，这不仅对于我国绿色低碳发展转型具有重要意义，也有助于全球“双碳”行动顺利推进。

三、碳达峰碳中和的基本特征

（一）碳达峰碳中和的长期性

一是能源结构新旧替代具有长期性。我国能源资源禀赋具有“富煤贫油少气”的特点，化石能源尤其是煤炭占比过大，2021 年化石能源占比和煤炭占比分别为 83.3%和 55.9%。实现“双碳”目标，必须在保证能源稳定供给的前提下，推动传统化石能源逐步退出和可再生能源替代。但能源结构难以短期内改变，这是因为风能、水能、太阳能、氢能等新能源在初期投资和设施建设需要较高的成本，限制了其大规模应用的速度，且与化石能源相比，新能源生产成本有待进一步下降，安全性和稳定性有待进一步提升。

二是产业结构绿色低碳转型具有长期性。我国第二产业占国内生产总值比重长期稳定在 40%以上。虽然 2022 年第三产业占比提升到 52.8%，但仍远低于发达经济体，也低于巴西、俄罗斯、印度、南非等新兴经济体。新兴产业扩张的就业增加与传统产业退出的就业减少之间存在时间、空间、产业与技能的不匹配。一些高度依赖化石能源产业的地区由于经济结构单一、劳动技能较低，很难享受绿色低碳产业转型带来的红利。

三是“双碳”领域科技创新具有长期性。国际经验表明，科技创新是实现“双碳”目标的关键。我国从碳达峰到碳中和目标的规划时间仅为 30 年，明显短于发达国家的 45～70 年，更加需要科技创新的支撑作用。然而我国“双碳”技术创新体系仍不够完善，市场导向的绿色技术创新体系尚未建立，尤其是自主创新能力较为薄弱，关键核心技术储备不足，面临“卡脖子”风险。

（二）碳达峰碳中和的系统性

一是碳达峰碳中和需要全过程发力。实现“双碳”目标，需要生产、流通、消费全过程碳减排。虽然高耗能工业是生产端碳减排的重点，但农业、服务业和其他行业也并非都是低能耗、低排放的。不仅要关注生产企业能源消耗环节的直接碳减排，也要关注生产过程、产业链上下游全链条的间接碳减排，还要关注流通环节的碳减排。此外，消费环节碳减排作用也不可小觑，消费者的绿色消费倾向可以对生产端、流通端起到引领作用。

二是碳达峰碳中和需要全方位推进。“双碳”工作需要全方位推进能源体系清洁低碳发展；坚决淘汰落后产能，严格控制高耗能行业新增产能，积极发展战略性新兴产业；推动能源消耗强度与总量“双控”制度向碳排放强度与总量“双控”制度转变；加快推进规模化储能、氢能、碳捕集利用与封存等技术发展；开展大规模国土空间绿化，加强生态系统保护修复，增强自然生态系统固碳能力。

三是碳达峰碳中和需要全社会协同。政府、企业、个人分别在迈向碳中和进程中具有至关重要而又各有侧重的作用。[①] 政府通过制定“双碳”工作的路线图、时间表与政策工

① 王灿，张雅欣. 碳中和愿景的实现路径与政策体系[J]. 中国环境管理，2020，12（6）：58-64.

具箱，在“双碳”工作中起到统领各方的主导作用。企业在“双碳”工作中处于主体地位，通过主动或被动承担碳减排的责任，消除经济活动碳排放的负外部性。居民是我国“双碳”工作的重要参与者。虽然2020年我国居民消费碳排放量占比约为53%，但根据发达国家60%～80%的占比预测，未来还将进一步提高。北京、上海、广东、浙江等地陆续推出个人碳账户等碳普惠措施，减碳正式进入全民时代。

（三）碳达峰碳中和的复杂性

一是经济发展与碳减排关系复杂性。我国工业化、城市化、现代化仍然在深入发展过程中，依然需要能源消费的适度增长来支撑经济合理增速，以满足人民日益增长的物质文化需求。因此，我国经济发展目标与“双碳”目标存在权衡取舍的关系。一方面，“双碳”工作要求严了，就会拖延现代化进程；另一方面，“双碳”工作要求松了，又会影响人与自然和谐共生的现代化。① 因此，如何在经济持续高质量发展的同时实现碳减排，实现经济发展与碳排放之间真正意义的脱钩，这是“双碳”工作必须攻克的难关。

二是政府与市场边界的复杂性。从全球气候变化的环境外部性角度来看，政府在克服碳排放所带来的外部性的过程中要扮演十分重要的角色。同时“双碳”工作某些领域尤其是产业链下游环节，都是与消费者生活消费密切相关的“私人物品”，市场仍是最好的配置工具。但在碳市场某些环节，兼具公共物品和私人物品的双重属性，需要政府与市场相结合进行混合规制。

三是整体与局部关系的复杂性。不同城市、不同领域、不同行业，资源要素、产业结构、经济发展水平和低碳科技水平都不尽相同，不存在一种手段、一种路径适用于所有城市、所有领域、所有行业。因此实现“双碳”目标需要充分考虑不同城市、领域、行业之间的差异，分类施策。但同时，碳达峰碳中和也需要加强顶层设计、层层分解任务、整体推进，采取切实有效措施，实现源头少碳、过程减碳、末端固碳，争取实现全链条减碳。因此，如何处理“双碳”工作整体与局部关系是复杂的。

四是短期与中长期关系的复杂性。实现“双碳”目标既要避免错失时机，也要避免不切实际。我国依然面临经济发展的压力，社会经济发展模式有一定的惯性，需要一定的时间去适应。支撑“双碳”目标实现的科技创新需要一定的时间，短期强行实现目标就会造成高昂的经济代价和社会代价。因此，要制定科学措施并分步实施、有序推进，将短期行为与长期目标进行合理有效匹配。因此，如何正确处理好短期与中长期的关系是复杂的。

第二节　碳达峰碳中和的重点领域

一、能源碳减排

（一）能耗“双控”转向碳排放“双控”减排

根据国际能源署（IEA）数据，2022年我国碳排放总量为102亿t，其中能源领域占

① 沈满洪，陈真亮，钱志权，等. 2021浙江生态文明发展报告：碳达峰碳中和在行动[M]. 北京：中国环境出版集团，2023：208.

比约为 88%，因此，能源领域碳减排是“双碳”工作的关键。我国从 1980 年发布《关于逐步建立综合能耗考核制度的通知》开始，逐步确立以“万元产值综合能耗”作为能耗强度的考核制度，到“十一五”期间实行全国强制考核。“十三五”期间由能耗强度单控提升为能耗强度和总量“双控”，对能源的使用提出更为严格的要求。能耗“双控”制度取得了显著成效，“十三五”期间全国能耗强度继续大幅下降，能源消费总量增速较“十一五”“十二五”时期明显回落，在支撑经济社会发展的同时，为促进高质量发展、保障能源安全、应对气候变化等发挥了重要作用。然而随着“双碳”目标的提出，能耗“双控”制度的弊端逐渐显现，能耗“双控”制度差别化管理措施偏少，“简单平衡、逐级分解、机械执行”的能源消费总量控制方式缺乏弹性，地方政府以“一刀切”停产限产等措施完成能耗“双控”指标等。推动能耗“双控”转向碳排放总量和强度“双控”，有助于更好地平衡经济增长与能耗降低之间的关系，既坚持节能增效的转型升级方向，又打破 GDP 增长被能源消费总量指标过度限制的束缚，同时有助于提升“控碳”举措的精准性，向社会各界释放出明确信号，即严格控制化石能源消费，积极推动可再生能源产业的发展。

（二）能效提升碳减排

我国能源利用效率偏低，2020 年我国单位 GDP 能耗为世界平均水平的 1.5 倍、发达国家的 2～3 倍，因此提升能效是碳减排的重要手段。健全能耗“双控”管理措施，增强能耗总量管理弹性，推动能源资源配置更加合理、利用效率大幅提高。坚决遏制“两高”项目盲目发展。深入推进煤电、钢铁、有色、建材、石化、化工等行业节能降碳工艺革新，全面建设绿色制造体系。打造节能低碳交通运输体系，调整优化运输结构，大力推动交通领域电动化，推广节能和新能源车船。提升建筑节能标准，推行绿色建造工艺和绿色建材，加强超低能耗和近零能耗建筑示范。推行公共机构能耗定额管理，全面开展节约型公共机构示范单位创建。健全节能标准体系，加强能源计量监管和服务，实施能效领跑者引领行动。推行合同能源管理，推动节能服务产业健康发展。提升数据中心、5G 等新型基础设施能效水平。加快推广先进高效节能产品设备，淘汰落后低效设备。加强节能低碳全民教育，坚决遏制奢侈浪费和不合理消费，形成绿色低碳社会新风尚。

（三）能源结构替代减排

能源消费以煤为主，能源结构需要优化。① 2021 年，我国煤炭占能源消费总量比重达 55.9%，造成大量的二氧化碳等温室气体的排放。仅煤电一项，就占到全国二氧化碳年排放量的一半。因此，加快传统能源转型升级、大力发展可再生能源，推动能源结构替代是碳减排的重要领域。一是推动存量化石能源的有序退出。从短期来看，需要立足以煤为主的基本国情，抓好煤炭清洁高效利用，增加新能源消纳能力，推动煤炭和新能源优化组合。② 从长期来看，煤电在能源系统中占比逐步下降的趋势是不可逆转的，但煤电具有大规模储能的经济性及对能源系统具有间接“外部性”贡献，煤电将转变为“灵活型”主体。二是加快能源替代。加快推进居民采暖用煤替代工作，积极推进工业窑炉、采暖锅炉“煤

---

① 江泽民. 对中国能源问题的思考[J]. 上海交通大学学报，2008（3）：345-359.

② 王金南，蔡博峰. 统筹有序系统科学推进“碳达峰”“碳中和”[J]. 上海企业，2022（5）：77.

改气”，大力推进天然气、电力替代交通燃油，积极发展天然气发电和分布式能源。在煤基行业和油气开采行业开展碳捕集、利用和封存的规模化产业示范，控制煤化工等行业碳排放。三是大力发展清洁能源。积极有序推进水电开发，安全高效发展核电，稳定发展风电，加速发展太阳能发电，同时积极发展地热能、生物质能和海洋能，构建以新能源为主体的新型电力体系。加强智慧能源体系建设，推行节能低碳电力调度，提升非化石能源电力消纳能力。[①]

二、产业碳减排

（一）工业碳减排

工业领域是能源消耗和碳减排的主要领域。工业领域碳减排的特征是长期性、系统性、动态性，并贯穿产业转型升级全过程。钢铁、建材、石化、化工、有色、电力等六大行业是工业领域用能大户和碳排大户，抓住六大高耗能行业脱碳的“牛鼻子”，是我国工业领域碳减排的重点所在。[②] 一是完善能源体系。引导工业企业用清洁能源替代传统能源。支持建设绿色用能产业园区和企业，发展工业绿色微电网，鼓励通过创新电力输送及运行方式实现可再生能源电力项目就近向产业园区或企业供电，鼓励产业园区或企业通过电力市场购买绿色电力。开发利用清洁低碳能源，建设分布式清洁能源和智慧能源系统。二是推进绿色转型升级。推动钢铁、炼油、石化、电力等行业向绿色低碳转型，加快化解过剩产能，针对高投入、高耗能项目，不断提高标准并优先采用先进合适的工业技术和装备。对新兴工业产业制定战略措施并大力发展，打造低碳转型效果明显的先进制造业集群。三是推动全生命周期减排。在源头方面，广泛使用清洁能源，开展绿色原料及工艺革新，同时对落后的工艺和设备进行淘汰。在过程方面，强化能源资源高效利用，对节能技术设备不断升级，尽可能地减少污染物泄漏，不断提升污染捕集能力。在末端方面，推广和使用低碳废气净化技术，帮助工业企业减少全生命周期碳排放。四是推动数字赋能减碳。将工业制造领域中的工艺革新、装备升级等与人工智能、云计算、大数据、互联网等深度融合，实现工业生产领域碳减排全过程闭环节能，保障工业领域碳减排措施的精准高效。

（二）建筑业碳减排

建筑产业的碳排放主要来自建筑物的能源消耗和材料生产过程中的能源消耗，2020 年我国建筑产业碳排放总量占全国碳排放总量的比重高达 51.3%，建筑产业碳减排空间巨大。一是完善绿色建筑标准。不断提升建筑节能标准，推动超低能耗建筑、低碳建筑规模化发展，对既有建筑节能改造继续推进并加大支持，积极推广使用绿色建材，健全建筑能耗限额管理制度。完善建筑企业的能源消耗和碳排放的监测、统计、分析、评价等工作机制，提高对建筑能耗和碳排放的管理水平和透明度。完善建筑可再生能源应用标准，鼓励光伏建筑一体化应用，支持利用太阳能、地热能和生物质能等建设可再生能源建筑供能系统完善。二是加大财政支持力度。可通过设立专项基金库、进行税收优惠和

---

① 舒印彪，张丽英，张运洲，等. 我国电力碳达峰、碳中和路径研究[J]. 中国工程科学，2021，23（6）：1-14.

② 沈满洪，吴文博，池熊伟. 低碳发展论[M]. 北京：中国环境出版社，2014：92.

信贷支持等方式，鼓励社会资本投入绿色低碳建筑行业，支持建筑企业采用低碳技术与材料。三是推动低碳建筑技术创新。不断加强建筑相关绿色低碳技术的研发和推广，建立智能化建筑耗材研发与生产控制系统，提高资源与能源利用率，减少建筑建材垃圾，同时利用计算机技术对建筑施工现场的电力系统、空调系统、供水系统、给排水系统等各系统的运行进行全面实时监控，实现施工现场能耗管理智能化。四是加强绿色建筑宣传。通过各种渠道向公众及建筑企业从业人员大力宣传建筑碳减排，提高建筑企业的碳减排意识。

（三）交通碳减排

2020年我国交通运输行业的碳排放占全国碳排放总量的11%，是碳排放的主要来源之一。交通领域要实现“双碳”目标任务艰巨，重点在对用能车辆、设备燃料替代技术、智能化信息化等进行改革。一是推进能源清洁替代。推广大容量电气化公共交通和电动、氢能、先进生物液体燃料、天然气等清洁能源交通工具，完善充换电、加氢、加气站点布局及服务设施，扩大新能源、清洁能源在交通运输领域的应用并降低成本。开展多能融合交通供能场站建设，推进新能源汽车与电网能量互动试点示范。二是优化交通运输结构。大力发展多式联运，推动不同运输方式合理分工、有效衔接，充分发挥铁路和水路的低碳优势，完善骨干通道和集疏运体系，创新多式联运组织，对内贸多式联运和集约化配送进行大力推广，并推动冷链、危险化学品等专业化联运发展，对重点区域运输结构进行调整。三是推动运输设施装备与技术创新。大力推广绿色、轻量、环保的交通装备及成套技术装备，加快落后技术和高耗能交通装备淘汰速度。同时，加快运输装备标准化，提高装卸、转运和资源再利用效率。加强交通能耗与污染排放技术研发与节能环保关键技术推广应用。四是完善碳排放监测体系。研究制定交通运输领域碳排放统计方法和核算规则，利用在线监测系统及大数据技术，建立交通运输碳排放监测平台系统，完善碳排放监测体系和控制政策，加强交通碳排放基础统计核算，建立绿色低碳交通激励约束机制，对交通运输领域形成全过程闭环管理。

（四）农业碳减排

农业领域碳减排是实现“双碳”目标的重要途径。农业领域的碳排放主要来源于家畜的肠道发酵、畜禽粪便和稻田产生的甲烷、化肥使用、秸秆还田和动物粪便以及能源消耗产生的二氧化碳。一方面，由于化肥农药过量施用、畜禽养殖粪污处置失当、农用地膜和农药包装回收不足，我国农业高排放、高消耗、高污染的特点十分明显。2020年农业排放的温室气体量占我国温室气体总量的17%，远高于10%～12%的国际平均水平，且以年均5%的速度增长。另一方面，农业领域减排固碳的技术标准和规程相当缺乏，同时以小农户种植为主的生产结构，既有的减排固碳技术不仅规模效应难以显现，还使生产成本大幅增加，应用推广面临较大障碍。此外，农业农村领域未颁布气候变化法律法规，也缺乏清晰的“双碳”路线图。为此，一是加强政策引导。政府指导先行区和示范区制定农业碳减排试点方案，根据实际情况推广减排技术，不断探索农业碳汇交易机制，对碳减排核算论证体系进行更深层次的研究，探索开发茶园果园、沼气、农田等农业碳汇项目，促进农业绿色低碳生产转化为碳汇交易产品。二是推广绿色农用机械。加大老旧农机报废更新力度，大力推广先进适用的绿色低碳节能农机装备，加大绿色农用机械的研发，将绿电、绿氢替代柴油作动力，加快绿色、智能、高效农机技术装备普及应用。三是加强技术创新。大力推广并应用稻田甲烷减排技术、农田氧化亚氮减排技术、保护性耕作固碳技术、农作物秸秆还田固碳技术、反刍动物肠道甲烷减排技术、畜禽粪便管理温室气体减排技术、牧草生产固碳技术、渔业综合养殖碳汇技术、秸秆能源化利用技术、农村沼气综合利用技术等，研发减排但不影响作物产量的技术，尽可能地增加土壤的碳含量。四是完善监测体系。完善监测指标、关键参数、核算方法，创新监测方式和手段，使监测评价体系更加科学合理，同时加快智能化、数字技术在农业领域碳减排过程中的推广应用。

三、消费碳减排

根据中国科学院的研究，消费端的碳排放量在碳排放总量占比为53%。① 此外，城市是人为温室气体排放的“主角”，建筑、交通行业和产品碳排放都是典型的消费端排放，生活消费的碳排放虽分散，但总量巨大。同时中国消费部门已成为仅次于工业的第二大能源消费部门，且能源消费还呈现不断上升趋势。因此消费端的碳减排对于实现“双碳”目标也具有较重要的意义。

（一）完善减排政策体系

结合生活消费端的碳减排潜力、地方实际情况与国际实践的共识，制定生活消费端碳减排及碳交易的整套立法体系和政策方案。同时完善消费端碳排放核算体系，标准化碳减排量化，将消费端与企业生产端的碳排放核算和规则方面进行关联打通。

（二）强化减排市场激励

建立个人参与的碳普惠市场。利用网络数字技术，构建个人数字化碳账户，作为生活消费端自愿减排交易平台基础，打造数字化技术+公益+商业化多元运营模式，允许生活消费端碳减排通过第三方数字化碳平台建立碳普惠计量、交易和抵消的认证，丰富个人碳普惠的应用场景，强化对个人消费减排的市场激励。由于在消费端个人碳减排量微小，即使可以交易，但由于交易金额过小，改变个人行为的难度较大，因此需要给予多元化的溢价激励，构建市场交易平台进行资源配置，以达到推动合作、互利共赢的目标。

（三）强化绿色消费支撑

对先进绿色低碳技术加大推广应用，推动产供销全链条衔接畅通，拓宽闲置资源共享利用和二手交易渠道，构建废旧物资循环利用体系。充分利用传统媒体与新媒体平台加大绿色低碳生活宣传力度。倡导衣、食、住、行、用、游等方面的绿色行为，如多使用绿色交通工具出行、购买新能源汽车、购买节能家电等，减少使用塑料袋、一次性餐具等，倡导绿色生活，提升居民绿色消费意识。

---

① 丁仲礼. 中国“碳中和”框架路线图研究[R]. 北京：中国科学院，2021.

四、提升碳汇能力

（一）巩固生态系统碳汇

生态系统是减排固碳的重要领域，巩固提升生态系统碳汇能力需重点完成以下任务。一是严守自然生态安全边界。构建绿色低碳导向的国土空间开发保护新格局、助力巩固生态系统碳汇能力，严格保护自然生态空间、夯实生态系统碳汇基础，强化国土空间用途管制、严防碳汇向碳源逆向转化，全面提高自然资源利用效率、减少资源开发带来的碳排放影响，强化生态灾害防治、降低灾害对生态系统固碳能力的损害。二是积极推进山水林田湖草沙系统治理。对生态保护修复重大工程统筹布局，持续提升生态功能重要地区碳汇增量，充分发挥森林在生态系统碳汇中的主体作用，持续增强草原碳汇能力，整体推进海洋、湿地、河湖保护和修复工作，提升农田和城市人工生态系统碳汇能力，加强退化土地修复治理工作。三是完善生态系统碳汇保障措施。强化生态系统碳汇法治保障，对生态保护补偿机制进行不断的健全完善，积极推进生态系统碳汇交易，完善生态保护修复多元化投入机制。建立生态系统碳汇调查监测评估体系，完善计量体系。完善对企业的激励政策，鼓励企业参加生态功能区碳汇开发和交易，对相关企业免征碳交易税、提供补贴、加大政策性贷款倾斜力度等。

（二）提升工程碳汇能力

工程碳汇主要是指碳捕集、利用与封存（carbon capture，utilization and storage，CCUS）技术，它是指将 CO_2 从工业过程、能源利用或大气中分离出来，直接加以利用或注入地层以实现 CO_2 永久减排的过程。作为应对全球气候变化的关键技术之一，CCUS 旨在将 CO_2 从源头捕获，提纯继而循环再利用，或者封存于地下，从而平衡 CO_2 对气候产生的消极影响。一是将 CCUS 技术体系纳入“双碳”目标路线图、施工图。立足中国能源结构和化石能源禀赋的基本国情，明确 CCUS 技术战略定位，将其纳入国家实现碳中和目标重大战略中进行统筹考虑。尽快组织研究制订 CCUS 中长期发展规划，明确国家牵头部门，强化部门分工和协同。结合碳中和目标下的具体应用场景，开展精细化的 CCUS 技术潜力和发展趋势评估。二是加快推进超前部署大规模集成示范。加快部署各环节低成本、低能耗关键技术研发，加快难减排行业的 CCUS 技术示范。超前部署前沿和颠覆性 CCUS 技术验证，以及生物质能碳捕集与封存（BECCS）、直接空气捕集（DAC）等负排放技术研发示范，在源汇相对集中区域超前开展 CO_2 管网基础设施建设，建设规模化 CCUS 全产业链技术研发平台，形成国家级 CCUS 技术创新策源地。三是完善制度法规标准体系。制定 CCUS 行业规范、制度法规以及科学合理的建设、运营、监管、终止标准体系。明确和完善在役电厂及工业排放源改造的技术适用性标准、新建电厂的碳排放标准、输送管道的设计及安全标准，以及 CO_2 利用和封存的技术和工业标准。四是探索形成有效激励机制。开发构建面向 CCUS 全链条的国家核证自愿减排量（CCER）核算和监测方法学，探索将 CCUS 纳入碳交易市场，引导开展跨行业、跨企业的 CCUS 技术示范合作，推动 CCUS 产业集群发展。通过减免采油特殊收益金、对部署 CCUS 的电厂优先分配发电量和进行绿色电力认证等激励手段，以及设立 CCUS 专项基金等方式打通 CCUS 产业低成本投融资渠道，同时鼓励CCUS各技术环节的利益相关方通力合作，促进形成适合中国国情的有效商业模式。①

第三节 碳达峰碳中和的主要举措

一、推进能源革命

（一）推动能源供给革命

一是构建清洁零碳安全高效的新型能源系统。充分考虑“双碳”目标、能源资源禀赋、环境承载力等条件，降低碳含量高的煤炭、石油等化石能源的消费比重，提高零碳的可再生能源以及低碳的天然气等清洁能源的消费比重，在保障消纳基础上加快推进风能和太阳能开发，在做好生态环境保护前提下有序推进水电开发，在确保安全原则下有序发展核电，构建以新能源为主体，化石能源+CCUS和核能为保障的清洁零碳、安全高效能源系统。二是推进化石能源清洁高效利用。加快淘汰落后煤炭产能，优化煤炭开发布局和产能结构，提高煤电机组发电效率，推进煤电灵活性改造，发挥气电调峰作用，实现化石能源与可再生能源互补发展。三是构建智能化弹性能源产供销体系。加强跨省跨区域输电通道建设，优化跨区域能源配置，加快构建能源产供销智能感知与调控体系，推动能源系统运行与管理模式向全面标准化、深度数字化和高度智能化加速转变，能源系统效率、可靠性、包容性稳步提高。②

（二）推动能源消费革命

一是控制化石能源消费总量。对标“双碳”目标所需控制的化石能源消费规模，强化重点地区、重点行业、重点企业的能耗管理，严格控制和减少煤炭消费总量，减少能源生产、运输和消费环节的浪费，完善用能权、碳排放权交易制度。二是提升社会综合能效水平。加快工业、建筑、交通等领域的电气化，全面推进电力、工业、建筑、交通等重点领域节能，严格限制高能耗、高污染产业发展，以能源效率提升、能源消费结构优化为约束倒逼重点领域产业转型升级。拓宽可再生能源使用领域，推动城乡终端能源消费向电气化、低碳化方向转型。三是加强全社会节能减排意识。传播普及应对气候变化和碳中和知识，推动碳标签和碳账户等制度应用，推动全社会向绿色低碳生活方式和消费模式转变。

（三）推动能源治理革命

一是推动能源治理体系现代化。加快推进“应对气候变化法”“能源法”等相关法律法规的制定，修订完善《中华人民共和国电力法》《中华人民共和国可再生能源法》《中华人民共和国节约能源法》等现行法律法规，进一步完善适应“双碳”工作的能源法治体系。

---

① 张贤，杨晓亮，鲁玺，等. 中国二氧化碳捕集利用与封存（CCUS）年度报告（2023）[R]. 北京：中国21世纪议程管理中心，全球碳捕集与封存研究院，清华大学，2023：24.

② 魏文栋. 能源革命：实现碳达峰和碳中和的必由之路[J]. 探索与争鸣，2021（9）：23-25.

积极推进能源体制改革，建立起适应以新能源为主体的新型电力系统的治理体系和市场体系。二是完善能源安全保障体系。加强海外能源和矿产资源投资的风险管理以及进口通道的保障，建立和完善石油、天然气等能源储备体系，保障我国短期和中长期能源资源安全。完善能源监管和应急管理体制，适时扩大能源监管范围和监管力量，提升应对自然灾害、极端天气和地缘政治纷争等极端情况下的能源保障能力。重视完善与碳中和目标相适应的能源系统应急处置管理体系，提高防范和处置各类能源突发事件的能力。三是增强国际气候和能源治理话语权。深入推进“一带一路”倡议和全球能源互联网战略，推动跨国跨区域电网互联互通和可再生能源发展，深化碳中和国际产能和装备制造合作，支持沿线国家实现能源低碳转型、完善能源基础设施建设，满足生产生活对清洁能源的需求。

二、推进产业革命

（一）构建绿色低碳产业体系

制定政策措施加快引导市场主体发展低耗能低排放行业，逐步降低经济增长对高耗能高排放发展路径的依赖。加快第二产业节能降碳和绿色低碳转型，推动能源、钢铁、有色金属、石化化工、建材、交通、建筑等行业尽早碳达峰。加快传统产业绿色转型，建设绿色制造体系。以节能降碳为导向，修订产业结构调整指导目录，提高能耗和碳排放的准入标准。利用绿色制造技术和新一代信息技术对各产业进行全链条改造，将加快推进工业领域低碳工艺革新和数字化转型，鼓励互联网、人工智能、绿色制造技术向各产业领域渗透。培育发展绿色金融、合同能源管理等生产性服务业，将加快商贸物流数字化绿色化转型，提升服务业节能降碳水平。

（二）坚决遏制高耗能高排放产业盲目发展

“高耗能高排放”项目不仅浪费资金、侵占土地、消耗能源、破坏生态，还将损害国家、区域和行业可持续发展的基础和能力。要把坚决遏制“两高”项目盲目发展作为“双碳”工作的当务之急，“倒逼”地方政府加快转变发展方式，推动产业结构转型升级。[①] 对“两高”项目实行清单台账管理，进行分类处置和动态监控。对于新建、扩建钢铁、水泥、平板玻璃、电解铝等高耗能高排放项目，要严格落实产能等量或减量置换。对于煤电、石化、煤化工等项目，要加快出台产能控制政策。对于未纳入国家产业规划的，一律不得新建、改建、扩建炼油和新建乙烯、对二甲苯、煤制烯烃项目。加强“两高”项目产能预警调控，定期调度各地区能耗量较大的项目特别是“两高”项目建设投产情况，发布能耗双控目标完成情况晴雨表，加强对地方能耗双控工作的窗口指导，建立通报批评、用能预警、约谈问责等工作机制。

（三）大力发展绿色低碳产业

加快发展新一代信息技术、生物技术、新能源、新材料、高端装备、新能源汽车、绿

---

① 沈满洪. 资源与环境经济学[M]. 3 版. 北京：中国环境出版集团，2021：335.

色环保以及航空航天、海洋装备等战略性新兴产业，提高产业链、供应链现代化水平。加大太阳能、风能、氢能、生物质能等新能源技术研发和应用，提高能源产业中的新能源生产比重。要加快汽车电动化、智能化、网联化进程，推动氢燃料电池汽车产业化，大力发展新能源汽车产业。加大煤炭清洁高效利用，发展节能和环境治理新技术，推动资源循环利用，壮大节能环保低碳产业。推动互联网、大数据、人工智能、5G 等新兴技术与绿色低碳产业深度融合，释放数字化智能化绿色化叠加倍增效应。要依托现有产业园区等平台，推动企业、科研单位等有效集聚，促进先进制造业集群发展，提高能源利用效率和循环经济发展水平。

三、推进科技革命

（一）加快零碳电力技术研发与推广

围绕能源生产消费方式深度脱碳转型需求，以一次能源结构非化石化为主线，研发推广大规模低成本储能、智能电网、虚拟电厂等技术，构建水、风、光等资源利用—可再生发电—终端用能优化匹配技术体系，发展支撑实现高比例可再生能源电网灵活稳定运行的相关技术，推动工业、交通、建筑电气化进程。加快化石能源制氢+CCUS 等“蓝氢”技术部署，积极推动可再生能源发电制氢规模化等“绿氢”技术研发，加快扩大 CCUS、氢能等突破性技术的商业化应用，[①] 超前储备其他氢能制备技术，推动生物质能、氨能等其他零碳非电能源技术发展，探索以上能源形式与工业、交通、建筑等深度融合发展的新模式。

（二）大力发展节能节材循环利用技术

利用新材料、新技术升级现有节能技术和设备，持续挖掘节能潜力提升能效，提高能源精细化管理水平。推动钢铁、水泥等基础材料的高性能化、减量化和绿色化转型，减少钢铁、水泥、化工等产品的需求量与提高材料利用效率。重点推进电能替代、氢基工业、生物燃料等工艺革新技术并推广应用，包括氢能炼钢、电炉炼钢、生物化工制品工艺等，强化和加速推进以 CO_2 为原料的化学品合成技术研发。

（三）超前部署增汇与负排放技术

发展 CCUS 关键技术及其与工业、电力等领域的集成技术，重点部署生物质能碳捕集与封存（BECCS）以及直接空气捕集（DAC）技术，探索太阳辐射管理等地球工程技术并开展综合影响评估，发展农业、林业草原减排增汇技术，研究海洋、土壤等碳储技术，发展以红树林、海草床、盐藻为代表的海洋蓝碳等技术。

（四）推动零碳示范应用

聚焦能源体系零碳转型升级、工业产品绿色低碳发展、各终端消费部门近零排放等，及时评估相应脱碳、零碳和负排放技术发展进程，促进不同技术单元集成耦合，最大限度

① 余碧莹，赵光普，安润颖，等. 碳中和目标下中国碳排放路径研究[J]. 北京理工大学学报（社会科学版），2021，23（2）：17-24.

地挖掘相应技术的减排潜力，协同温室气体与污染物减排，促进社会经济各部分全链条低碳、脱碳绿色转型。融合人工智能、互联网、信息通信等系统优化技术，开展技术融合优化的工程示范。

四、创新体制机制

（一）完善碳减排目标分解与监督制度

建立科学有效的“双碳”目标分解机制。碳减排目标的分解要考虑地区差异，规避“一刀切”政策，要充分考虑欠发达地区的发展空间、发展权利，分配其相对较低的减排指标。[①] 同时，强化各地区底线减排目标，充分考虑地区间可能存在的“碳转移”和“碳泄漏”问题。此外，各地区执行碳减排目标的过程中，要充分考虑地区发展阶段、产业结构、能源结构等特征，把握好碳减排的节奏，制定可持续的减碳策略。更为重要的是，碳减排目标的分解要建立带有正向激励、承诺可信、有效互动的全过程监督机制，强化监督的约束力，增加对各地区减排进程的监测、控制和预警，提高监督结果的可应用性。

（二）完善碳排放统计监测制度

碳排放统计监测制度是设计碳达峰碳中和相关技术和制度的前提，既可以为绿色技术创新提供数据、信息和市场反馈，也可以为设计、调整和完善相关制度提供依据。应该首先建立统一科学的“双碳”工作标准计量体系，加快节能标准更新升级，完善碳排放核算、检测认证、评估、审计等配套标准，加大碳排放统计监测基础设施的投入力度，提升监测统计能力和信息化水平。此外，还应进一步拓展统计监测范围，既要考虑能源消耗、二氧化碳排放等方面的监测，也要逐步将技术固碳、生态固碳等碳吸收的领域和关键环节纳入监测体系中，形成“闭环”的监测系统。

（三）创新绿色财税制度

构建包括绿色公共支出、绿色税收、碳预算制度在内的绿色财税体系，财政支出应着眼气候变化减缓和适应两个方面，明确财政支出中与“双碳”工作相关的优先顺序，把握重点，突破关键技术，体现地区和行业差异，强化绩效导向。例如，财政资金重点向绿色低碳重大科技攻关和推广应用领域配置，改变财政资金配置方式，采用“揭榜挂帅”机制，开展低碳零碳负碳和储能新材料、新技术、新装备攻关。建立完善绿色低碳技术评估、交易体系和科技创新服务平台。将绿色低碳理念贯穿到税收制度体系中，并作为税收立法、税收征管、税务稽查、税收服务的重要理念，提升整体税制体系的“绿色度”，通过关键税收政策矫正负外部性行为和补偿正外部性行为，来实现各类利益相关方在实现“双碳”目标进程中形成对称性的激励约束兼容。发挥预算制度比较优势，加强应对气候变化政策的预期引导，强化对公共部门应对气候变化的约束和调节力度。

---

① 吴伟光，钱志权，谢慧明，等. 浙江省率先实现碳达峰、碳中和路径对策研究[M]. 北京：中国环境出版集团，2022：68-69.

（四）创新绿色金融制度

全面推进绿色信贷、绿色保险、绿色投资、绿色基金、绿色证券等投资和金融政策的建设和完善。加快绿色金融基础设施建设，建立全覆盖的绿色金融强制信息披露制度，注重发挥金融科技在绿色识别与风险管理中的作用。开展地区间、国家间绿色金融合作和绿色金融跨境投资。探索建立区域环境效益评价统一标准、绿色金融数据信息共享机制和绿色发展投资基金。明确各地区、各行业部门在绿色金融生态链的定位与分工。鼓励地方设立绿色发展基金，并与国家绿色发展基金衔接。创新“双碳”工作的财政性融资机制，引导社会资本资金进入应对气候变化的投资项目，降低碳达峰碳中和过程中财政直接投资的压力，通过划拨财政专项资金、设立绿色基金和提供财政贴息等财政措施，引导并支持绿色金融的发展。

（五）创新碳市场交易制度

我国碳减排政府约束性政策大于市场机制，以后要更多地依靠市场来发挥作用。[①] 精准对接“双碳”目标，按照排放义务主体在“双碳”目标中所承担的减排义务，确定并公开配额总量，建立短中期控制配额盈余的市场调节机制，将国家核证自愿减排量（CCER）纳入碳市场，将除电力行业之外的其他重点行业逐步纳入全国碳市场，加快形成推动合格、多元市场主体大规模入市的制度。尽快引入配额分配的拍卖机制推动价格发现，引导价格走向。建立碳储备机制，加快建设和完善碳市场的信息公开透明机制，形成碳价格的长期预期，创新碳市场的期货、期权等衍生品交易。加快引入做市商制度，研究市场内互换、掉期、对冲等多种形式风险管理产品，减少履约与非履约期之间的价格波动，稳定碳交易价格，探索以配额核证减排为目标的碳质押、碳抵押、配额回购以及碳交易期货等碳金融产品，增加企业对冲风险的能力。开展包括碳基金、碳资产质押贷款、碳资产授信、绿色债券等各项碳金融服务，强化企业参与碳交易的市场激励。

第四节　碳达峰碳中和的统筹协调

一、统筹发展与减排的关系

统筹发展与减排关系的实质是在发展的前提下实现减排，在减排的过程中实现发展。习近平总书记指出，“减排不是减生产力，也不是不排放，而是要走生态优先、绿色低碳发展道路，在经济发展中促进绿色转型、在绿色转型中实现更大发展”。[②] 这一论述深刻地阐明了发展与减排之间对立统一关系。统筹发展与减排的关系的实质就是要超越发展与减排的对立性关系的阶段，使得发展与减排成为辩证统一的关系。一方面，“双碳”目标的提出，我国已到了不减排就无法更好发展的地步，减排势在必行；另一方面，我国也到了有能力解决发展和减排矛盾的历史阶段。因而应立足新发展阶段，始终坚持统筹经济高

① 丁仲礼. 中国碳中和框架路线图研究[J]. 中国工业和信息化，2021（8）：54-61.

② 习近平. 深入分析推进碳达峰碳中和工作面临的形势任务　扎扎实实把党中央决策部署落到实处[N]. 人民日报，2022-01-26（1）.

质量发展与“双碳”工作。[①] 不能在推进碳减排的过程中采取盲目的、毫无计划的行动措施以致破坏生产力，更不能因此危及能源安全、经济安全、粮食安全，乃至影响人们正常生活。当然，也不能采用不可持续的方式推进经济社会发展，从而导致合理的减排目标不能实现，并且造成生态环境破坏。

处理好发展和减排的关系，需要采取如下策略。一是在策略层面突出有序减排。坚决把能源绿色低碳转型作为碳达峰碳中和行动之首。确立以光伏和风能等新能源在能源转型过程中的核心地位。做好煤炭有序减量替代，在保证能源供给和安全的前提下，严格合理地控制煤炭消费。集中式、分布式光伏风能并举。坚决遏制“两高一低”产业盲目发展。将钢铁、有色、石化、化工、建材等行业纳入碳排放权市场交易体系，持续推进减排市场化。二是在中观层面要系统减排。着眼产业发展、资源禀赋、产业链安全，夯实减排相关产业发展的制度和技术基础，加大对低碳、循环、绿色发展关键技术的研发投入，继续提升对光伏产业、动力电池产业链的控制力。推进减排与区域发展协调，经济发达地区嵌入电动汽车、功能材料以及关键零部件制造等产业，沿海地区大力开发海上风电，中、西部地区重点发展光伏产业上游以及建设风、光、储、氢一体化项目。三是在微观层面必须精细减排。重视清洁生产，落实园区和企业循环化、低碳化改造。精细减排需要精细化运营管理，对生产流程、管路或建筑物进行必要的改造，确保减排系统的正常持续运转；大力发展高效、绿色农业，持续推进化肥农药减量增效；有针对性地发展光伏电池、风电设备、动力电池回收利用以及资源化产业；有效推进生活垃圾分类，合理、充分利用城市绿化废物。

二、统筹整体与局部的关系

统筹整体和局部的关系的实质是在“双碳”工作中区域分工合作协同增效。习近平总书记指出，“既要增强全国一盘棋意识，加强政策措施的衔接协调，确保形成合力；又要充分考虑区域资源分布和产业分工的客观现实，研究确定各地产业结构调整方向和‘双碳’行动方案，不搞齐步走、‘一刀切’”。[②] 这一重要论述深刻体现了马克思主义关于社会发展空间的辩证观点。由于中国幅员辽阔，各个地区的能源资源禀赋、产业结构、经济技术发展水平差异较大，因而不同地区应当采取不同的碳减排策略，不能“一刀切”，以免对一些地区的经济社会造成不必要的负面冲击。在保证全国按预期方案实现“双碳”目标的同时，应当允许部分地区根据自身现实情况适当延缓碳减排进度，并鼓励有条件的地区率先实现“双碳”目标。在具体实践中，加强宏观上的“全国统筹”顶层设计与局部地区“先行先试”相结合是“双碳”工作统筹整体与局部关系的有效手段。

统筹整体与局部的关系，一方面必须坚持“全国统筹”。加强“双碳”工作顶层设计，部署重大举措，明确实施路径，汇聚全国力量实现“双碳”目标。我国已经将应对气候变化作为国家战略，将“双碳”战略纳入生态文明建设整体布局和经济社会发展全局，已建立“双碳”工作“1+N”政策体系[③]，各省（区、市）均已制定了本地区碳达峰实施方案，

---

① 张友国. 碳达峰、碳中和工作面临的形势与开局思路[J]. 行政管理改革，2021（3）：77-85.

② 习近平. 深入分析推进碳达峰碳中和工作面临的形势任务 扎扎实实把党中央决策部署落到实处[N]. 人民日报，2022-01-26（1）.

③ “1”由《中共中央 国务院关于完整准确全面贯彻新发展理念做好碳达峰碳中和工作的意见》《2030 年前碳达峰行动方案》两个文件共同构成，“N”是重点领域、重点行业实施方案及相关支撑保障方案。

总体上已构建目标明确、分工合理、措施有力、衔接有序的“双碳”政策体系。另一方面必须坚持因地制宜。碳排放已经基本稳定的地区，进一步优化能源结构和产业结构，在率先碳达峰的基础上进一步降低碳排放，为全国达峰争取时间。产业结构较轻、能源结构较优的地区，进一步加大节能减排力度，形成可持续的绿色低碳发展机制，力争率先实现碳达峰。产业结构偏重、能源结构偏煤的地区要合理控制碳排放峰值总量，通过淘汰落后产能、传统产业低碳化改造，力争与全国同步实现碳达峰。同时加强地区间交流合作，促进产业有序转移和资源合理配置，推进各地区梯次有序实现碳达峰碳中和。

三、统筹长远与短期的关系

统筹长远与短期的关系的原因是“双碳”工作具有阶段性特征，减排增汇的能力提升需要一个过程。习近平总书记指出，“既要立足当下，一步一个脚印解决具体问题，积小胜为大胜；又要放眼长远，克服急功近利、急于求成的思想，把握好降碳的节奏和力度，实事求是、循序渐进、持续发力”。① 这一重要论述为我国“双碳”工作中处理好长远与短期的关系指明了方向。我国推进“双碳”工作仍然面临诸多挑战和困难，绿色低碳技术水平、产业结构低碳化程度、能源体系绿色低碳高效水平、经济发展承受能力等都还有所欠缺。换言之，我国的降碳能力还亟待提高，但降碳能力的提升是一个日积月累的过程，不可能一蹴而就。因此，推进“双碳”工作不宜操之过急，而应水到渠成。可以锚定碳减排长远目标，将之分解为阶段性的、与降碳能力相匹配的、可行的短期目标，通过实现一个个短期目标最终实现长期目标。

碳排放具有明显的阶段性特征，不同发展阶段下碳排放特征和碳减排手段有所不同，应分时序、有侧重地实施差异化的减排策略。既要通过“攻坚战”完成短期行动任务，又要立足打“持久战”来实现远期目标。为此，既要制订远景目标和长期规划，又要设置阶段性任务和短期目标，明确“双碳”战略的实现路径。从长期看，要通过经济发展方式转变、产业和能源结构转型促进经济社会系统性变革；通过完善制度体系建立全社会低碳发展的长效机制；通过低碳环境教育普及塑造全社会低碳意识和低碳行为。从短期看，要将碳达峰碳中和纳入生态文明建设整体布局，实现减碳与节能、控污有效协同；要结合各地区各行业实际情况，明确“双碳”工作的时间表、路线图、施工图。实施好分地区、分行业的碳达峰行动方案，将远期目标分解为短期行动。

四、统筹政府与市场的关系

正确处理好政府与市场的关系不仅是我国全面深化改革的核心问题，当然也是改革碳治理体系、建立健全“双碳”工作激励约束机制的应有之义。碳排放是一个典型的经济外部性问题，市场就不可能自动引致碳减排。习近平总书记强调，要坚持两手发力，推动有为政府和有效市场更好结合，建立健全“双碳”工作激励约束机制。② 实现“双碳”目标既需要用好“看得见的手”，发挥政府顶层设计、战略引领的作用，用好新型举国体制的优越性，打好“双碳”“总体战”。但是，政府能够调动的资金、设备、人员等碳减排资源是有限的，碳减排需要动员全社会力量共同参与。这就需要采取市场化的手段，构建完善

---

① 习近平. 深入分析推进碳达峰碳中和工作面临的形势任务　扎扎实实把党中央决策部署落到实处[N]. 人民日报，2022-01-26（1）.
② 习近平. 深入分析推进碳达峰碳中和工作面临的形势任务　扎扎实实把党中央决策部署落到实处[N]. 人民日报，2022-01-26（1）.

的市场机制，通过市场机制引导全社会力量参与碳减排。同时，政府采取的行政化碳减排手段可能存在经济效率不高的问题，市场化手段则有可能更加具有经济效率。因此，在“双碳”工作中要推动有为政府和有效市场更好结合。

一方面要充分发挥市场配置资源的决定性作用。全国碳排放权交易市场自2021年7月启动以来，运行健康有序，交易价格稳中有升，对企业减排和绿色低碳转型促进作用初步显现。推进碳排放权交易、用能权交易等建设，完善电价和电力调度交易机制，推进电力市场化交易，发挥好市场机制作用，引导各类资源、要素向绿色低碳发展集聚，激发各类市场主体绿色低碳转型的内生动力和创新活力。另一方面要更好地发挥政府作用。加快建立促进绿色低碳发展的制度体系和政策体系，打好包括法律、规划、规则、标准、宣教在内的组合拳，强化统筹协调和督察考核。加大绿色低碳产品采购力度，促进绿色低碳消费等。深化能源和相关领域改革，大力破除制约绿色低碳发展的体制机制障碍。通过“两手并用”发挥出最大效能。“双碳”工作需要的资金投入规模介于150万亿～300万亿元，相当于年均投资3.75万亿～7.5万亿元。满足巨量资金需求，必须发动社会力量广泛参与。应充分发挥政府投资引导作用，积极发展绿色金融，构建与“双碳”工作相适应的投融资体系。充分发挥新型举国体制集中力量办大事的制度优势，强化科技和制度创新，加快绿色低碳科技革命，提前布局低碳、零碳、负碳重大关键技术，把核心技术牢牢地掌握在自己手中。

第十章　大力弘扬生态文化

生态文明建设是关系中华民族永续发展的根本大计。习近平总书记在党的二十大报告中指出，中国式现代化是人与自然和谐共生的现代化。人与自然的关系有多种多样的途径，但无论是哪一种结合或交往方式，最终都会积淀为文化的方式。文化是自然的“人化”，一切文化的创造物都表述着人与自然的关系。生态文化就是对人与自然关系的进一步探索，是对人与自然关系内在规律再认识与把握的文化。生态文化是当代中国先进文化的重要组成部分，是生态文明的灵魂。大学生作为生态文化的主要传播者与重要践行者，要以中国式现代化全面推进中华民族伟大复兴，就需要当代大学生深刻理解生态文化的核心要义，积极践行绿水青山就是金山银山理念。为进一步提升大学生的生态文化素养，持续发挥大学生群体对弘扬生态文化的重要作用，本章将分别从生态价值引领、生态道德教育、生态习惯养成三个方面和路径进行详细讲解。

第一节　生态价值引领

一、生态价值的内涵

（一）生态的内涵

何谓生态？按照《辞海》的解释，生态是指生物与其环境之间的关系的整体或模式。按照《现代汉语词典》的解释，生态是生物在一定的自然环境条件下生存和发展的状态。前者的解释突出了生态及其环境的“关系”，体现了生态动态性、整体性的本质，后者则强调了生命个体在生态系统中的整体发展状态。①

（二）价值的内涵

“价值”一词是个非常复杂的概念，国内外的学者对于价值的解读也各有不同，且是纷繁多样的。价值论则是一种哲学理论，即关于价值及其意识的本质、规律的哲学理论。从主体、客体和主客体关系角度对价值的内涵和本质进行考察，目前，对于价值的理解主要存在以下三种观点：

第一种观点认为价值是客体对于主体的意义，用意义来界定价值，即价值等同于意义，称为主体价值论。主体价值论者认为价值是客体对主体的效应，价值是相对主体而言的，

---

① 胡安水. 生态价值的含义及其分类[J]. 东岳论丛，2006，27（2）：171.

离开主体就谈不上价值。

第二种观点与主体价值论相反，它突出强调价值的客体性，认为客体是价值产生的唯一源泉，离开客体，价值无从产生，称为客体价值论。客体价值论认为，“所谓价值，就是客体主体化后的功能或属性，即已纳入人类认识和实践范围内的客体的那些能够满足作为主体的多数人一般需要的功能或属性”。[①]

第三种观点认为价值既与主体无关，也与客体无关。如有的学者认为价值是“第三世界”，价值不存在于主体中，也不存在于客体中，价值是独立的领域，即所谓价值“往往在主体和客体之外形成一个完全独立的王国”的观点。[②]

（三）生态价值的内涵

对于“生态价值”的内涵，可以从两个方面加以理解：一是将生态价值理解为自然物所具有的满足人和社会需要的能力，表现在生态系统及其要素作为环境对人类生存发展的价值。[③] 二是将生态价值理解为人与自然的互动关系，生态价值是主体在与生态环境相互作用过程中产生的生态环境对于主体的功能和效用，要将人与自然看成高度相关的统一整体，强调人与自然相互作用的整体性。[④] 本节主要从人与自然的整体性、互动性角度出发，对生态价值进行阐述。

二、生态价值观教育的意义

在中国生态文明思想的发展过程中，从党的十七大明确提出的要建设生态文明，到党的十八大把“中国共产党领导人民建设社会主义生态文明”写入党章，作为行动纲领，再到党的十九大报告提出“建设生态文明是中华民族永续发展的千年大计”和党的二十大报告提出的“像保护眼睛一样保护自然和生态环境，坚定不移走生产发展、生活富裕、生态良好的文明发展道路”[⑤]，都表明我国生态文明建设作为一种执政理念和实践形态，贯穿于中国共产党带领全国各族人民实现全面建成小康社会的奋斗目标过程中，贯穿于实现中华民族伟大复兴美丽中国梦的历史愿景中。具体到社会每个个体，生态价值观规范着人的生存方式、生活方式、行为方式、思维方式和自我价值的实现方式等，对人们如何看待自我、如何理解生活、如何处理人与自然环境的关系都有重要的影响。

错误的生态价值观在面对全球性生态恶化、能源短缺、水土流失、气候变暖、森林减少等环境问题时将陷入更深的危机，一种是“只要经济增长、不要生态保护”的机械主义生态价值观，将会造成生态价值选择的混乱和冲突，使大学生在面临人类和环境冲突时缺少足够的理性和清醒的意识进行正确的选择。把谋求自身价值和尊重自然价值相背离，把人类发展权利凌驾于自然生存发展之上，从而使大学生的道德情感和道德认知产生偏差。另一种是“只要生态保护、不要经济增长”的环保主义生态价值观，不能辩证地看待生态保护和经济发展的关系，否认经济建设的成果及其积极意义，这种建立在生态中心主义上

---

① 王玉樑. 客体主体化与价值的哲学本质[J]. 哲学研究，1992（7）：21.

② 李凯尔特. 文化科学和自然科学[M]. 北京：商务印书馆，1986：115-116.

③ 余谋昌. 生态文化论[M]. 石家庄：河北教育出版社，2001：149-150.

④ 刘大椿，岩佐茂. 环境思想研究[M]. 北京：中国人民大学出版社，1998：192.

⑤ 习近平. 高举中国特色社会主义伟大旗帜 为全面建设社会主义现代化国家而团结奋斗——在中国共产党第二十次全国代表大会上的报告[M]. 北京：人民出版社，2022.

的极端环保主义生态价值观会直接对经济建设成果造成破坏。甚至在极端思想的煽动蛊惑下，扰乱公共秩序，破坏公共设施、科研单位、大型工程，会对社会经济发展造成不利影响。

大学生的生态价值观教育，要在坚持以人为本，充分尊重大学生的主体地位的前提下，使大学生能够正确认识到无论人类自身多么强大，一旦违背大自然发展的规律，人类的生存和发展便会受到威胁。任何急功近利破坏自然的行为都是危害人类的不道德举动。要教育大学生放弃传统的人统治自然和人类中心主义的价值观，转而树立科学的生态价值观，使其在为社会创造财富的同时，也要关爱和保护身边的环境，营造人与自然和谐共生的关系。可以说，生态价值观教育体现了教育的社会本位与个体本位的有机结合，把自然发展的规律、社会发展的需求与人的发展的需求更好地统一起来，为构建高等教育主体价值观提供了强有力的理论指导和实践支持。因此，加强生态价值观教育对当代大学生具有重要的意义。

三、大学生生态价值观的教育

（一）第一课堂：生态价值教育进课程

一是挖掘高校思想政治理论课中大学生生态价值观教育内容。在时代进步、社会要求以及大学生思想的实际变化和发展中，高校思政课要切实把握好“马克思主义基本原理”“毛泽东思想和中国特色社会主义理论体系概论”“思想道德与法治”“中国近现代史纲要”“形势与政策”以及“习近平新时代中国特色社会主义思想概论”等课程中的生态价值观教育内容，从不同角度、各有重点地讲授生态的生命价值、伦理价值、经济价值以及审美价值，注重深化高校大学生生态价值观教育内容的情感认同，实现生态价值观教育理论上有深度、生态价值观教育视野上有广度以及生态价值观教育内容中有厚度。

二是增加专业课生态价值知识供给，促进生态价值观教育的完整性、系统性。高校应深入挖掘专业课程中的生态价值观教育资源。在高校各类专业课程中，蕴含着丰富的生态价值观教育实例，需要深度挖掘和合理利用专业课程中的课程思政元素，培养大学生形成正确的生态价值观。譬如，在本科“生态学”课程教学里提到种群动态中的逻辑斯蒂模型、生态系统的结构与功能等专业知识，体现了生态中人与自然和谐共生的生命价值；本科“实验动物学”课程教学中强调的动物实验伦理，动物实验中实验动物选择的基本原则中指出要善待为人类科学研究牺牲的动物，要尊重生命、尊重实验动物，动物实验宜实行减少、代替和优化的原则，尽量避免实验动物的恐惧和疼痛等内容，体现了生态中敬畏生命、保护生命体存在的伦理价值。

三是加强思政课教师在生态价值观教育中的言传身教。创新高校思政课教师的生态价值观教育话语表达。开展高校大学生生态价值观教育是思政课教师和大学生双向互动的过程，在这个过程中离不开高校思政课教师语言的运用。一方面，高校思政课教师的生态价值观教育话语表达要形象活泼，从大学生的心理需要和情感倾向入手，灵活运用习近平生态文明思想来进行理论武装，再用通俗易懂、生动活泼、声色并茂的语言来表述生态价值观；另一方面，高校思政课教师的生态价值观教育话语表达要风格多样，对于理性思维能力较强的学生可以较多地使用在生态哲学中提炼的规范化语言，而对于理性思维能力较弱的学生应采用身边生态案例与其进行口语化交谈，力求思政课教师在具备有针对性的话语表达中增强生态价值观教育的感染力。

（二）第二课堂：生态价值教育进校园

一是运用多样化的高校大学生生态价值观教育活动载体。在校园内可以积极开展形式多样的生态价值观教育活动。在高校可以积极开展形式多样的校园活动，如举办全国生态日系列活动、“全国节能宣传周”为主题的文艺汇演、世界野生动植物日保护宣传、国际自然课堂等生态价值观教育校园活动等，让大学生在极具多样性、趣味性、参与性的校园活动中既丰富生态价值观知识、开阔自身视野，又在积极健康的生态价值观教育活动中形成和巩固正确的生态价值观。积极组织关于生态价值观教育的社会实践，积极探索和建立社会实践活动与生态价值观学习相结合的长效机制，呼吁大学生在周末或者寒暑假走出家门，在进行义务植树、为流浪动物搭建一个温暖小窝等生态公益活动中感悟生态价值观，引导大学生在亲身经历中认同、接受正确的生态价值观并使之内化为自身的价值认知，在生态主题的社会实践中对良莠不齐的生态现象进行自我辨别、比较、判断和取舍，进而塑造大学生保护环境、关注生态、厉行勤俭节约、践行低碳生活的优秀生态品质。

二是挖掘综合性的高校大学生生态价值观教育文化载体。充分开发校园物质文化载体。首先，高校从生态环境保护的角度出发，建设一个布局合理、干净整洁的校园环境，通过在校园内设置分类垃圾桶、节能水龙头、太阳能路灯等基础设施，为全校师生营造人与生态和谐相处的育人氛围。其次，高校可以借助校园宣传栏海报、图书馆标语等文化阵地弘扬通俗易懂的生态价值观内容，让社会主义生态文明建设的理念、方针、政策醒目地呈现在大学生面前，使大学生获得生态价值观教育的熏陶和感染，有助于提高大学生对生态文明和生态价值观的认同。最后，高校可以把握好“全国生态日”“世界环境日”“全国低碳日”等时间节点开展生态主题文化品牌活动，组织大学生前往生态文化博物馆观赏专题展览，进而增强大学生生态价值观感悟，在充满生态人文气息的环境中深化大学生对社会主义生态价值观的认同。

三是开发现代性的高校大学生生态价值观教育网络载体。充分利用好网络载体构建生态价值观教育的线上阵地。高校可以通过微信、微博、抖音等大学生喜爱的新媒体平台和网络社交平台，实时推送与生态价值观教育相关内容，用轻松幽默的表情包、模拟对话等代替晦涩冗长的说教，使网络载体成为弘扬社会主义生态文明主旋律、开展生态价值观教育的创新手段。其次，高校可以结合学校实际开发多种形式的线上小程序、微应用，引导学生通过这些载体学习生态文明知识、低碳生活小常识等，提升大学生的生态价值认同感。此外，高校还可以探索做好以 VR 技术为支撑的三维全景视频应用，在多维表现生态价值观育人资源中鼓励大学生积极发表感受和体会，帮助大学生对网络载体的生态体验感知逐步演化成为生态行为。

（三）第三课堂：生态价值教育进社会

参与社会实践是大学生将理论知识转化为行动能力最为有效、最为直接的方法，利用寒、暑假可以进行长时间、深层次的社会调研和考察总结。高校寒暑假的大学生社会实践活动有：社会调查、社会服务、挂职锻炼，文化、科技和卫生“三下乡”，科技、文化、卫生、法律“四进”社区，全国大学生乡村振兴创意大赛等活动和比赛，高校可以将生态教育作为社会实践活动的重要组成部分，设立生态主题的实践内容，在社会实践中引导学生树立正确的生态价值观。

一是要将生态教育相关内容和主题融入各类常见的实践活动和比赛之中，如“三下乡”“四进社区”活动可以增加生态宣传教育内容，将其转化为“四下乡”“五进社区”的活动。二是要开拓多种渠道宣传各类形式的生态社会实践活动，提高生态类实践活动在整个假期实践活动中的比例。例如，向学生布置生态社会实践的科研报告，向社区进行生态文明的宣讲活动等。三是要积极组织学生参加形式多样的生态主义社会实践、创新创业创意类竞赛。例如，组织参加大学生乡村振兴创意大赛、大学生环境生态科技创新大赛等，有助于学生在社会实践中接受生态价值观教育。

（四）第四课堂：生态价值教育进网络

党的十八届五中全会提出“实施国家大数据战略，推进数据资源开放共享”，表明我国在国家政策层面已将大数据作为战略资源，鼓励使用和推广。同时，习近平总书记也多次强调依托信息技术高速发展推动思想政治教育，“推动思想政治工作传统优势同信息技术高度融合，增强时代感和吸引力”。[①] 在此背景下，将大数据运用于生态价值教育必要且可行。

生态价值教育进入网络虚拟空间是一种创新性的探索，在课堂建设过程中要抓好以下三个方面的工作。

一是要尽快搭建协同数据平台。在网络主管部门的支持和指导下，与相关网站、App及各类传统、新媒体平台合作，全面了解大学生对生态价值教育的关注和掌握程度，收集大学生在生态生活中最感兴趣或渴望了解的内容，引导大学生聚焦生态价值教育相关问题展开讨论，建立数据库，实现校园学习、生活等相关数据的全覆盖，以通俗的方式应用于课堂教学、线上和媒体教学，提高生态价值教育的针对性和整合性，同时加强大数据实时监管预测功能的运用，对学生可能使用的微博、微信、小红书、抖音等主要平台进行动态监管和数据采集。[②]

二是要加快配备专业人才队伍。一方面，专门招聘或选拔具备大数据处理分析等相关专业技能的人才加入生态价值教育团队；另一方面，高校和相关部门从事生态价值教育的人员，也要在积累足够经验的基础上，主动树立强烈的大数据意识和创新意识，要通过理念推广、技术培训、案例分析、业务示范等不同形式和渠道，全面提升团队整体能力和水平，加快两类人才的成长和融合，更好地挖掘大数据的价值。[③]

三是要规避智能算法风险隐患。第一，推动算法治理，重塑算法场域价值生态，尽快建立健全“主流价值观+行业伦理+公共监管”的协同治理体系；第二，加强算法协同，弥补算法工具理性缺陷，大数据平台要主动加强人文关怀，加强生态主题公共信息推送；第三，对管理与运用生态价值教育数据以及算法的人员要进行严格保密教育，引导从业

---

① 陈萌，于滢，侯永朝. 大数据视域下大学生社会主义核心价值观认同教育探析[J]. 思想教育研究，2022（3）：154-155.
② 陈萌，于滢，侯永朝. 大数据视域下大学生社会主义核心价值观认同教育探析[J]. 思想教育研究，2022（3）：156-157.
③ 陈萌，于滢，侯永朝. 大数据视域下大学生社会主义核心价值观认同教育探析[J]. 思想教育研究，2022（3）：157-158.

人员树立良好的隐私保护和保密安全意识，提高师生算法素养。[①] 此外，还需要在生态教育数据平台建设过程中制定必要的应急预案和应急处置机制，更全面地保障信息和隐私安全。[②]

第二节 生态道德教育

一、生态道德教育的内涵

（一）生态道德的内涵

道德作为社会意识形态的一个重要组成部分，受历史发展的影响而变化和发展。[③] 生态道德就是以善恶标准评价，并依靠社会舆论、风俗习惯和人们的内心信念来维系的，调整人与自然及生态之间的行为规范的总和，其实质反映了人们对未来、对人类整体、对自己及子孙后代切身利益、根本利益、长远利益、最高利益的责任心和义务感。[④]

（二）生态道德教育的内涵

生态道德教育是指通过教育的方式和手段，培养和引导人们形成和践行生态道德观念、价值观和行为准则的教育，从而促进社会生态道德风尚的建设，增强人们对自然生态系统的尊重、保护和可持续利用的意识。通过道德教育使人们正确处理好当代人与人之间、当代人与其后代之间以及人类与生态之间的关系，认清三者的关系密不可分，恰当地控制自身的行为，摆正人类处于自然当中的位置，引导人们热爱自然，认清人与自然的长短期关系，养成良好的生态道德意识。

生态道德教育是一种层次更为丰富的道德教育，在教育过程中围绕对生态的保护利用、人与人之间的利益平衡、人与自然之间的生态平衡等展开。生态道德教育显著的时代性就是把抽象的道德说教与客观现实的自然现实生活结合起来，把围绕自然生态发展的教育与科学技术研究辩证统一起来，用一种中和、平衡的价值观看待现代科学技术发展、环境保护和自然界生态平衡的关系。其核心是将生态环境保护和道德价值观结合起来，强调保护环境是一种道义上的责任和义务。通过教育，使人们理解生态系统的复杂性和脆弱性，认识到环境污染、资源浪费和生物灭绝等问题对人类和地球的影响，从而增强践行生态理念、倡导低碳生活、参与环保行动的动力和决心。

二、生态道德观教育的意义

在全球面临气候变化、生物多样性下降、环境污染的背景下，党的二十大报告旗帜鲜明地提出“尊重自然、顺应自然、保护自然，是全面建设社会主义现代化国家的内在

---

① 马素伟，朱飞. 智能算法对高校思想政治教育的风险挑战与治理路径[J]. 学校党建与思想教育，2023（9）：57.
② 陈萌，于滢，侯永朝. 大数据视域下大学生社会主义核心价值观认同教育探析[J]. 思想教育研究，2022（3）：158.
③ 张玉霞. 大学生生态道德教育研究[M]. 银川：宁夏人民出版社，2010：20.
④ 张玉霞. 大学生生态道德教育研究[M]. 银川：宁夏人民出版社，2010：22.

要求”。[①] 青年大学生是国家发展的未来栋梁，是保护生态环境、践行生态保护理念、弘扬生态文化的主力军。生态文明是对当今全球生态问题进行追问的产物，是对人与自然之间紧张关系的伦理反思。生态问题的日益恶化折射出人类的道德危机。无视、缺失生态道德，忽视生态文明建设会导致生态环境的日益恶化，加剧人与自然关系的紧张，导致人类社会和生态系统的共同毁灭；重视、弘扬生态道德，才可能实现人与自然的和谐共生。

（一）生态道德教育的重要性

一是防范缺失生态道德的消极影响。生态问题的日益恶化折射出人类的道德危机。随着工业科技等的发展，生态方面的问题逐渐显现，高能耗、粗放发展的经济模式使得人们在注重经济发展的同时，忽略了生态系统的保护建设。导致环境出现问题的因素多种多样，究其根本在于生态道德的缺失。人们缺少相应的生态道德教育，对于生态保护的意识较为薄弱，从而在认知层面就缺乏建设，进而影响人们做出对生态系统的种种不恰当行为，使得生态环境日益恶化。长期以来，在处理人与自然的关系方面，没有建立起系统的行为规范和生态道德，造成了对自然无情地掠夺，导致了环境污染、资源枯竭、生态失衡等恶果。

生态道德的缺失造成了人类生存环境的危机化，全球变暖、冰川融化、沙尘暴、水污染、空气污染等众多的环境问题日益加重，甚至威胁到人类的生存环境。在这种恶果危及人类本身的生存时，才迫使人类重新审视其与自然的关系，建立规范人与自然关系的法律和生态道德的迫切性才得以凸显。因此，急需建立人类对自然、环境的行为规范，以调节人与自然之间的紧张关系，实现人与自然的伦理回归，消解环境危机，建设人与自然的和谐关系。

二是扩大弘扬生态道德的积极影响。生态道德作为与保护生态平衡、实现生态可持续发展相关的道德意识、道德规范和道德行为的总和，可以说是多种思想的融合。它来源于处理人与人、人与社会之间关系的社会道德，并在社会道德的基础上，以人与自然关系的和谐相处为逻辑起点，使人类对地球环境以及所有生物承担起相应的责任和义务。人的行为均受到其意识的控制。人们有了生态道德意识，才会控制住自身的行为，做出对生态环境有益的决定，将生态道德内化于心、外化于行，自觉产生保护环境的意识，抵制破坏环境的一切行为，杜绝对大自然产生伤害，进而维护生态秩序，争做生态护卫，保护人类共同的家园。

生态道德教育使人们提高生态觉悟，在认识到生态环境之于人类的地位以及重要性的基础上，形成保护生态的意识，认清生态道德建设的重要地位，明白生态道德建设的重要性和迫切性，进而人人约束自身，形成良好的社会风气和保护环境的良好氛围，达到对生态环境系统的保护和建设，缓解人与自然紧张的关系，建设美丽生态的环境，提高人类生活环境质量，促进人民对美好生活的向往。

（二）生态道德教育的必要性

生态道德是人们在认知层面上对于生态保护的约束概念。生态道德的基本原则包括尊

---

① 习近平. 高举中国特色社会主义伟大旗帜　为全面建设社会主义现代化国家而团结奋斗——在中国共产党第二十次全国代表大会上的报告[M]. 北京：人民出版社，2022.

重和珍视自然、平衡与和谐、可持续与绿色发展、公平与公正等。这些原则引导着人们在对待自然、利用资源、实施环境保护和推动可持续发展等方面的道德行为。

生态道德的核心是认识到人类是自然的一部分，与自然界相互依存、相互影响。因此，人类必须对自然环境负起责任，以持久的方式管理资源、减少对环境的损害，确保当前和未来世代的生存和福祉。生态道德的实施需要人们改变消费行为、减少对自然资源的过度开采，采取环保措施、推动可持续发展，促进环境公平与公正，保护生物多样性等。

生态道德建设是一项复杂的系统工程，牵扯社会的方方面面，关系到各方的利益，这使得生态道德教育显得尤为重要。只有不断加强生态道德教育，引导人们主动遵守生态道德，人类才能获得生态可持续发展的伦理保障，实现自然与人类的和谐共生。

三、大学生生态道德观的培养

大学生作为未来发展的主流力量，对于其生态道德的教育刻不容缓。通过对大学生的生态道德教育，培养大学生对生态保护建设的认知，进一步对其行为进行约束，从而形成良好的社会风气，用道德约束自身的行为，建立生态保护的荣辱观，履行生态保护实践，做热爱环境、保护生态的积极践行者。

家庭教育是大学生生态道德教育的基础工程，学校教育是大学生生态道德教育的主体工程，社会教育为大学生生态道德教育提供平台，从而实现三者“联网”，由此形成一种强大的合力。[①] 总体来讲，生态道德教育要构建家庭教育、学校教育、社会教育的协同体系，需要三者协同合作，才能为生态道德建设打好基础，形成清晰坚实的生态道德体系，进而有力地约束自身行为，促进生态系统的保护建设，促进人与自然和谐相处。生态道德教育的具体策略可以根据不同的受众、环境和教育机构的特点进行定制。对于学生群体，生态道德教育主要依靠学校的指引、家庭的培养以及社会的耳濡目染。

（一）大学生生态道德教育的独特性

青年大学生是未来社会发展的主角，始终是走在时代前列的有生力量，是未来社会的建设者。他们接受的教育会深深影响日后社会的发展方向以及风气形成等，所以对大学生的生态道德教育是不容忽视的，对青年大学生进行生态道德教育是解决当前生态危机的重要手段。

一是大学生的生态道德教育有助于为良好的社会风气形成奠定坚实的基础。大学生作为社会发展的主要力量，对于日后社会风气的形成具有举足轻重的作用。对于大学生的教育，在无形之中影响着社会风气的形成，而良好的社会风气有助于维护社会秩序的有序进行。对大学生进行生态道德教育，使其具有较强的生态道德意识，有助于他们通过恪守规范自身的行为，可进一步影响周围人群，形成良好的生态道德风气。

二是大学生的生态道德教育有助于提高自身的综合素质。生态道德教育融合了马克思主义关于人的全面发展学说和社会主义核心价值观，是大学生提高自身综合素质的需要，是处理人与人之间关系的重要尺度。“生态道德作为生态文明的伦理基础，属于道德的范

① 张玉霞. 大学生生态道德教育研究[M]. 银川：宁夏人民出版社，2010：172-180.

畴，生态道德水平的高低是衡量一个国家、一个民族文明程度的重要标志，也是衡量一个人综合素质的重要尺度。”①

（二）大学生生态道德教育的协同体系

一是生态道德教育之家庭教育。家庭是人生当中的第一所学校，是大学生接受生态道德教育的起点，良好的生态道德教育必须从孩子抓起。② 家庭对学生的思想教育具有启蒙和奠定的作用，在家庭的教育当中，大多数家长注重的是知识教育、日常行为教育，往往忽略了对孩子的思想道德教育。所以将生态道德融入家庭教育当中，从小养成对大自然的敬畏之心是非常有必要的，这也是加强学生生态道德教育的有效路径之一。

在家庭教育当中，长辈和家人是孩子的第一任老师，孩子通过模仿他们的行为形成自己的行为举止，家人不仅包括家长，还包括其兄弟姐妹。所以，家庭的每位成员都需要规范自己的言行举止，树立一个好的榜样作用，产生正向的激励作用，使孩子主动学习。在家长的监督下，规范自身的言行举止，能够区分正误，内化于心，真正地养成生态道德价值观，并伴随家庭的行为互动，使得生态道德在家庭中形成一个良性循环，可进一步巩固生态道德意识，让孩子从小形成正确的价值观，建立良好的生态道德意识，从而为生态道德思想奠定良好的基础。

二是生态道德教育之学校教育。学校是学生受教育的场所，人们在受教育期间，大部分时间都是在学校当中接受规范的教育，从而形成良好的教育认知体系，规范自身的行为方向，形成正确的人生观、价值观、世界观等。所以，学校之于学生在教育层面具有不可替代的重要作用。我国在生态道德教育方面还较为薄弱，缺少专业的师资团队、教学体系、教育资源等重要因素。

秉承学校教育在人生教育中的重要地位，学校需要加强师资团队、教育体系、教学方法、教育资源等方面的建设，形成在生态道德方面完备的教学体系，建设强大的师资团队，以期让生态道德教育在学校教育中发挥更加深刻的作用。在校内形成良好的学习风气，正确的生态道德氛围，从而进一步影响规范每位成员的思想意识。

三是生态道德教育之社会教育。社会整体的生态道德水平是一个社会文明进步的标志和尺度，直接影响社会风气的形成。③ 大学生作为社会一分子，其生态道德意识不仅受到家庭、学校的影响，还会受到社会风气的影响。所以，同在家庭、学校一样，社会教育也是生态道德教育的一个重要环节。社会为家庭以及学校提供相应的社会资源，在人生的教育当中也发挥着不可忽视的作用。

实践是认识的来源，社会是实践的场所。社会上的行为风气，会使大家进行无意识的模仿，导致大学生被当代社会风气同化。所以，形成建设具有生态道德的社会风气迫在眉睫。各部门、各单位可以通过宣传标语、标识标牌、网络杂志等渠道进行生态道德的传播与宣传，营造一个具有良好生态道德的社会氛围，产生积极的引导效应，进而提升每个人的生态道德意识。同时，相关部门还需要一些具有强制性的政策制度对人们的行为方式进行强有力的束缚，如相应的法律法规等。

---

① 农春仕. 公民生态道德的内涵、养成及其培育路径[J]. 江苏大学学报（社会科学版），2020，22（6）：41.

② 张玉霞. 大学生生态道德教育研究[M]. 银川：宁夏人民出版社，2010：179.

③ 张玉霞. 大学生生态道德教育研究[M]. 银川：宁夏人民出版社，2010：180.

第三节　生态习惯养成

一、生态习惯的内涵

（一）习惯的内涵

习惯作为一种非正式制度，在新时代基层社会治理的语境中仍具有顽强的生命力和现实解释力。[①] 习惯是指由于重复或练习而巩固下来并变成需要的行动方式，如人们长期养成锻炼身体的习惯、学习的习惯等。[②] 习惯可以在有目的、有计划练习的基础上养成，也可以在无意中多次重复同一动作的基础上形成，可以分为积极的习惯和消极的习惯。[③] 在社会方面，习惯是心理关系的一种因素，是调节人们行为的一种方式，是维持风俗并将风俗传给下一代的最为简单的一种形式。[④]

人们可以通过角色演习（指通过扮演角色的方式）、社会赞许（如社会对个体行为的肯定和称赞等）、道德规范（社会向人们提出的应当遵循的行为准则）等方式，对积极的行为进行正强化，对消极的行为进行负强化，经过多次反复养成积极的习惯。

（二）生态习惯的内涵

一般地，生态习惯意指与生态保护有关的行动习惯或行为模式，包括在传统生产中生成的生态保护习惯、因宗教信仰产生的生态保护习惯、因习俗以及乡规民约而形成的生态保护习惯等。[⑤] 生态习惯规范是人们在认识自然环境基础上形成的一套保护、利用及分配自然资源的民间或地方传统文化，具有规范成员行为、维护地方生态系统平衡及社会稳定的作用。[⑥]

随着主流生态价值的弘扬和正确生态道德的培养，人们积极的生态习惯正在逐渐养成。坚决抵制食用野生动物、购买使用野生动植物制品、捕杀和饲养野生动物、贩卖购买珍稀木材用具、使用一次性塑料袋等塑料制品等不良生态习惯，自觉养成植树护林、领养树木、保护野生动物、无污染旅游、做环保志愿者等各式各样的保护环境、保护生命多样性、维护生态平衡的良好生态习惯。[⑦]

大学生作为生态文化的主要传播者和践行者，需要建立和发展的生态习惯包括：一是要感恩和善待生活环境，不仅要尊重自己的生命，还要尊重一切生命，维护生物多样性，尊重生态的完整性、稳定性，保护生态的审美价值；二是养成适度消费、绿色消费等积极的习惯，反对“消费主义”和“享乐主义”等消极的习惯；三是合理利用资源，树立资源节约意识，切实保护资源，确保人类社会能够持续稳定发展，不压缩子孙后代的生存空间

---

① 陈成文，陈静. 习惯与新时代基层社会治理[J]. 探索，2020（1）：131.
② 宋书文，孙汝亭，任平安. 心理学词典[M]. 南宁：广西人民出版社，1984：17.
③ 宋书文，孙汝亭，任平安. 心理学词典[M]. 南宁：广西人民出版社，1984：17.
④ 孙非，金榜. 社会心理学词典[M]. 北京：农村读物出版社，1988：26.
⑤ 李明华，陈真亮. 生态习惯法现代化的价值基础及合理进路[J]. 浙江学刊，2009（1）：163.
⑥ 陈祥军. 本土知识与生态治理：新疆牧区习惯规范的当代价值[J]. 北方民族大学学报（哲学社会科学版），2022（5）：23.
⑦ 蔡永海. 以人为本与生活多样化 漫谈环境与自然生态哲学[M]. 哈尔滨：黑龙江人民出版社，2002：382.

与资源；四是运用正确的科技发展观，促进社会全面、协调、可持续发展，不以科技为工具对社会、生态造成不利的影响。[①]

二、生态习惯养成的意义

（一）生态习惯的重要性

党的十八大以来，习近平总书记提出要“像保护眼睛一样保护生态环境，像对待生命一样对待生态环境”“强化公民环境意识，把建设美丽中国化为人民自觉行动”，并在中共十八届中央政治局第四十一次集体学习时指出“生态文明建设同每个人息息相关，每个人都应该做践行者、推动者”。[②] 党的二十大报告强调“要推进美丽中国建设，坚持山水林田湖草沙一体化保护和系统治理，统筹产业结构调整、污染治理、生态保护、应对气候变化，协同推进降碳、减污、扩绿、增长，推进生态优先、节约集约、绿色低碳发展”。[③] 生态环境保护的意识和习惯一旦形成，就会对人们行为习惯的形成产生更大的影响，甚至对整个社会解决生态环境问题产生更大的影响。[④] 在现在的环境法还没有完全内化为人们的价值观或内在需求时，允许生态习惯和生态习惯规范等非正式规则作为正式资源或手段在当今社会加以利用是可能的，也是必要的。

生态经济建设是经济发展的有机组成部分，环境保护和生态建设不仅是生态系统发展的客观要求，也是经济持续发展的客观要求。在生产中保护环境，要将消防式的被动保护，转向主动积极地防治与保护。[⑤] 当人们在经济生活中养成了积极的生态习惯，使消费行为具有了生态保护的功能，能使消费转变为生态消费。生态消费具体表现在：消费品本身是生态的，即通常所说的绿色环保型商品；消费过程是生态型的，包括生产用的原材料和生产工艺、生产过程与环境的关系；消费结果是生态型的，完成对消费品的使用后，不会产生过量的短时间内难以处理的对环境产生压力和破坏的消费残存物。[⑥]

生态习惯的养成是一个长期的训练过程，长期逐步提高的过程，是一个知、情、意、行相互转化、相互促进的过程。进入新时代，大学生作为新时代的接班人，其生态习惯的养成对于个人、社会都有积极的促进作用。全面发展的大学生不仅要具备处理好人际关系的能力，还要具备与自然和谐共处的基本素养，生态习惯因此成为衡量新时代大学生全面发展的标准之一。此外，如果大学生缺乏生态文明素养和生态习惯，很可能在未来的工作中采用不正确的生态行为，以牺牲生态换取发展，这将严重阻碍社会的可持续发展，阻碍生态文明社会的建设。中国生态文明事业的未来属于青少年，只有青少年养成良好的生态习惯，增强生态意识，使之成为中国可持续发展的主力军，中国的生态文明事业才有希望，因此，重视生态习惯的养成具有战略意义。

---

① 曹群. 大学生生态文明教育主要内容探析[J]. 思想教育研究，2008（3）：63.

② 习近平主持中共中央政治局第四十一次集体学习[R]. 中华人民共和国中央人民政府，2017.

③ 习近平. 高举中国特色社会主义伟大旗帜　为全面建设社会主义现代化国家而团结奋斗——在中国共产党第二十次全国代表大会上的报告[M]. 北京：人民出版社，2022.

④ 刘艳华. 论大学生生态环保意识及行为习惯的培养[J]. 北京交通大学学报（社会科学版），2009，8（1）：106.

⑤ 姜学民，徐志辉. 生态经济学通论[M]. 北京：中国林业出版社，1993：284.

⑥ 潘鸿，李恩. 生态经济学[M]. 长春：吉林大学出版社，2010：30.

（二）生态习惯养成对个人的影响

一是培养个人科学的生存方式和正确的生存意识。党的十七大报告指出："坚持节约资源和保护环境的基本国策，关系人民群众切身利益和中华民族生存发展。"[①] 个人树立科学的生态习惯，形成主动的生态行为，有利于提高个人的基本素质，培养勤俭的品格，为自己创造良好的生态生活环境。良好的生态行为习惯一旦形成，就会成为内在的自律需要和精神动力，引导和激励自己追求真善美。[②] 比如节水节电，对资源的循环利用，低碳环保的出行方式等良好的生态习惯，既有利于提升自己的生态文明素养，也有利于节约家庭开支，促进资源的合理利用。

二是兼顾个人的权利与义务并努力创造人生价值。生态文明理念是全体人民、所有国家都要恪守社会良性运行、协调发展的原则，享有不受污染和破坏的生存发展环境的权利，健康生活，承担关爱他人生命的责任，保护子孙后代的可持续生存和发展，维护地球的生态平衡。生态习惯的培养，可以使个人在拥有扎实广泛的专业知识和技能的同时，进一步增强生态文明意识和解决生态问题的能力，在生态文明建设中创造自身价值。

三是增强个人与自然的联系并深化对生命的敬畏。人类的生存离不开自然环境，人与自然和谐共处是人类社会可持续发展的基础。生态习惯的养成可以培养热爱生命、热爱自然、与自然和谐相处的个体的内在情感，大自然的魅力可以极大地丰富精神世界，提高审美能力，使保护自然成为一种自觉的行为。在自然的生态中参与保护生态，加强人与自然的相互联系，实现人与自然，环境与经济、人与社会的和谐共生。

（三）生态习惯养成对社会的影响

一是有利于推进生态文明的建设。对个人特别是大学生生态习惯的培养，可以使大学生进入社会后更加自觉地践行科学发展观，发挥资源节约型、环境友好型社会建设的生力军作用，对全社会产生示范和辐射，也将影响全社会生态文明建设水平。

二是有助于推进绿色大学的建设。高校在教育战线上发挥着主导作用，也起到示范、引导和辐射作用。培养学生生态习惯是"绿色大学"活动的基础工作。大学生生态习惯的形成，有利于促进人们对建设绿色大学的认识，绿色大学的建设又进一步反哺大学生的生态习惯养成，从而实现良性循环。

三是具有传承与延绵文化的价值。生态习惯是生态习惯法的法律渊源之一，生态习惯养成后，人们可以自觉遵守生态习惯法，传承民族文化和民间艺术，促进邻里、亲友、同民族和谐共处、互助，维护道德秩序，促进社会良好风俗习惯的形成。

三、大学生生态习惯的养成

大学生生态习惯是指大学生在生态文明思想的指导下，坚持以生态理念为中心，以生态行动来践行人与自然和谐共生的一种自觉、主动、健康、绿色的意愿倾向和行为方式的总和。

---

① 胡锦涛. 高举中国特色社会主义伟大旗帜　为夺取全面建设小康社会新胜利而奋斗——在中国共产党第十七次全国代表大会上的报告[R/OL].（2007-10-25）[2023-10-07]. http://www.npc.gov.cn/zgrdw/npc/xinwen/szyw/zywj/2007-10/25/content_373528.htm.

② 俞白桦. 大学生生态文明行为养成探讨[J]. 福建农林大学学报（哲学社会科学版），2008（5）：99.

（一）在学习研究中养成生态习惯

一是了解和掌握生态文明行为的具体做法。处于信息时代，学生能获取的生态知识比较广阔，但生态文化的涵养需要进一步加强，尤其对部分内容的理解深度还不够，大多数学生只有模糊的基本概念。学校将生态环保教育融入各学科教学中，根据不同学科特点，与教学相结合，展开各类生态文明行为讲座以及生态教育课程，能够让大学生更深入地接触生态习惯相关科学理论，了解生态文明行为的做法。比如少数民族地区在认识自然基础上形成的一系列生态习惯，如防止过度放牧、过度开垦等。使大学生逐渐养成反复学习与思考所学生态文明行为知识的生态习惯，加强对生态文明行为的印象。

二是校园生态文明氛围促进生态习惯养成。学校在营造良好自然生态环境的同时，也要营造良好的人文环境。各种生态价值思想的传播和生态道德教育在教学管理中的渗透，将使高校成为生态文明建设的领导者。学生从生态角度出发，对学校总体规划建设、校园环境与发展措施、学生公寓管理、学生餐厅建设、维护、管理提出相关意见，养成积极探求身边生态问题并寻求解决办法的习惯，学校要高度重视学生的意见，积极做出维护校园自然与人文生态的行为。良好生态自然、人文环境的营造，会形成辐射带动效应，促使学生养成主动加入校园生态行为队伍，积极参与生态校园建设的生态习惯。

三是制定奖惩激励机制进行生态行为规范。学校制定严格的管理制度和有效的奖惩激励机制，是大学生培养生态习惯的重要途径和重要手段。通过奖惩激励机制强化学生的积极生态习惯，促使大家为了获得奖励展开生态行动。比如给予参与校园生态建设志愿者服务活动的同学一定的奖励等，从而在反复的行动中养成生态习惯；负强化学生的消极生态习惯，促使大家为了避免受到惩罚减少危害生态的行动。如乱扔垃圾、破坏学校公物等不文明行为会受到学校的惩罚，从而不断规范其生态习惯。还可以树立典型，营造榜样作用，提高学生的自我认同感，促使学生自觉进行生态保护行为，养成良好的生态习惯。

（二）在实验实践中养成生态习惯

一是积极参与生态活动，提高实践的能力。学校在校园内广泛开展生态环保宣传活动，不仅可以利用“全国生态日”“植树节”“世界水日”“世界气象日”“世界地球日”“世界环境日”等节日契机开展活动，还可以利用校内媒体阵地开展节能降污、绿色消费、环保购物等宣传教育，积极组织校外生态环保活动，加大课外实践，以竞赛促学习，激励学生积极参与生态文明活动，充分利用各类载体开展校外生态教育实践，将生态课堂搬至户外，促进知行合一。学生通过参与校内组织的各类生态活动，不断养成将自己所学的生态知识合理运用到实践中的生态习惯。

二是在实验实践中遵循生态守则按规操作。在实验实践前，提前预习需要操作的内容，把握其中的生态要素；在进行实验实践时，注意节约所要使用的资源与材料，尤其在实验过程中要注意操作恰当，严格遵守实验操作流程，防止操作失误带来有毒物体等造成对环境的污染；在实验后，注意清理在过程中产生的垃圾及有害废弃物，及时采用有效手段进行垃圾分类和回收利用。逐步养成在实验实践中减少对环境资源等造成破坏浪费的生态习惯。

三是发挥科技创新潜力，大胆探索和创新。大学生要在努力学习相关生态知识以及技术的同时，秉持创新精神，探索利用科技在生态建设中的新运用，在未来的生产生活实践中努力去创造，追求低成本、高效率，低投入、高产出，从而达到降低对资源和能源的消耗，实现生态环保的目的。养成时时用科技展开生态环境保护的习惯，比如不断探索清洁能源、可再生能源的开发与利用，并将其运用到实践实验中，利用科学的生态习惯助力生态社会的建设。

（三）在日常生活中养成生态习惯

一是树立科学生活态度、消费观念和方式。大学生应在了解国情、了解生态破坏程度的基础上，懂得资源的宝贵性，盲目追求高消费以及随手乱扔垃圾等不文明行为会给有限的自然资源造成极大的浪费与破坏，从而养成勤俭节约、珍惜资源的习惯，进而培养自己的生态习惯。比如节约用水、用电、做好垃圾分类、进行以旧换新、绿色消费等生态行为，拒绝过度包装的商品，不购买使用高耗能、高污染的产品，远离铺张浪费，积极践行绿色生活方式，在日积月累中形成良好生态习惯。

二是利用社会传媒平台优化社会生态环境。充分利用各种形式的媒体阵地，制作面向大学生群体的生态行为广告以及生态习惯专栏，开展全民生态活动，邀请大学生群体中较受欢迎的、积极参与生态环保活动的偶像与先进个人同台，增加大学生对生态生活的关注度以及执行力，引导大学生养成积极参加生态环保的社会公益活动，比如参与植树造林、清理河道、保护野生动物等活动的良好生态习惯。将自己置身于生态保护的事业中，担当生态活动组织者与参与者，通过角色扮演的形式对自身的生态行动起到先锋模范作用，带动周围的同学共同参与生态事业，可以培养自己以及他人积极的生态习惯。

三是社会家庭组织规范引导生态习惯养成。大学生作为村居民的一员，社会家庭组织的规范引导对其生态习惯的养成具有重要的影响。区域构建绿色生态生活宣传机制，各城镇、社区、村落制定生态守则和绿色生活指南，对公共垃圾等实施定点投放、定时收集、资源化处理的操作方式。制定开展生态考核和激励机制，对村居民的生态行为进行评判，适当给予奖励与惩罚，规范村居民的生态习惯。固定开设“生态日”活动，组织全体村居民参与活动，比如绿化环境、清理社区垃圾等，引导村居民养成良好生态习惯。

典型案例一：浙江省安吉县是浙江北部一个极具特色的生态县，也是“绿水青山就是金山银山”理念的发源地，该县居民生态自觉成为全民生态习惯的经验具有可借鉴意义。自 2004 年 3 月启动第一个“生态日”以来，安吉县在培育安吉人民生态习惯中做出了许多尝试，探索出许多行之有效的路径：一是将“3·15 生态日”作为每年的一项重要活动，并于 2019 年调整为“8·15 生态日”，进而从 2023 年起，8 月 15 日被确定为“全国生态日”，安吉县的“好日子”变成了全国的“大日子”。此外，安吉县还开展了生态文明建设“集中推进日”，使安吉人民在享受绿色生活带来的发展成果的同时，积极投身生态文明建设，引导每个人都把践行生态文明理念当成一种习惯。二是逐步构建生活方式绿色化宣传联动机制，设立县、乡、村三级“两山”讲习所，相继开展绿色出行、绿色消费等环保公益行动，深入推进绿色家庭、健康家庭等创建活动，使绿色生活蔚然成风。三是制定《安吉县生态文明教育读本》《生态安吉县民守则》《美丽乡村村规民约》等生态守则，设置劝导和奖罚机制，为村居民自觉践行生态文明理念提供指南，改变村民的生态习惯，比如报福镇成立了全县首家乡镇“两山绿币银行”村民“存入”绿色行为，就能换取“两山绿币”。

四是发挥个体典范作用，比如被习近平总书记称为推进生态文明建设的一个生动范例的塞罕坝人，用 50 多年的实际行动，将“黄沙遮天日，飞鸟无栖树”的荒漠沙地，创造出荒原变林海的人间奇迹，铸就了牢记使命、艰苦创业、绿色发展的塞罕坝精神，激励全国各地包括安吉人民践行生态文明理念，养成生态习惯。安吉县在机制保障下，不断增强全民生态环境保护的思想自觉和行动自觉，以钉钉子精神推动生态文明建设不断取得新成效，助力生态文明建设成为社会风尚、规范行动，养成更多践行生态文明理念的好习惯，为生态自觉注入更多内涵。

典型案例二：生态习惯养成的“生态育人、育生态人”模式——以浙江农林大学为例。一直以来，浙江农林大学深化全员、全过程、全方面“三全育人”综合改革，坚持把生态习惯养成融入思想政治教育工作全过程。从 2021 年开始，学校实施“生态育人、育生态人”工程，全力打造生态特色鲜明、具有较强浙江农林大学标识度和较高社会知名度的思政工作品牌。

1. 牢记嘱托，启动“生态育人、育生态人”工程

浙江农林大学 1958 年建校后一路与绿色环保、生态建设相伴，经过 60 余年的发展建设和几代浙农林大人的不懈努力，已发展成为以农林、生物、环境学科为特色，涵盖九大学科门类的多学科性大学。致力于生态文明、生态科技、生态产品领域的人才培养与科学研究，并以此服务与引领社会。

2004 年，时任浙江省委书记习近平来校视察时指出“生态省建设，林学院大有可为”。从此，一代代浙农林大人按照习近平总书记的嘱托，坚定不移地推进生态理念办学，坚持一张蓝图绘到底，先后提出“创建人民满意的生态大学”“生态育人、创新强校”等发展战略。“两园（校园、植物园）合一”的现代化生态校园被誉为“浙江省高校校园建设的一张亮丽名片”“一个读书做学问的好地方”，2010 年，学校被教育部、国家林业和草原局等单位授予“国家生态文明教育基地”。

2019 年，学校承办中国新农科建设安吉宣言发布会后，收到习近平总书记给全国涉农高校书记校长和专家代表的“重要回信”。在回信中，习近平总书记寄语广大师生“以立德树人为根本，以强农兴农为己任”。2020 年，学校第三次党代会提出建设区域特色鲜明的高水平生态性研究型大学的战略目标。2021 年，学校加强顶层设计与系统谋划，全面实施“生态育人、育生态人”工程，强化学生生态习惯养成，为师生烙上“生态印记”。

2. 全面推进，以五大行动助力大学生生态习惯养成

浙江农林大学通过“生态育人”的过程和途径，实现“育生态人”的目标和要求。着力推进“生态课程”“生态文化”“生态环境”“生态研究”“生态实践”五大育人行动，全面探索打造大学生生态习惯养成新模式。

一是坚持生态提质，实施“生态课程”育人行动，深化学生生态认知。设置 4 学分生态类通识必修课程，建设了“中国竹文化”“茶文化艺术呈现”等 14 门代表性“新生态”系列课程。开设了“大学生烹饪基础教育与实践”等劳动实践试点课程。成立了一批生态领域的名师工作室。

二是坚持文化引领，实施“生态文化”育人行动，润泽学生生态涵养。学校每年举办

生态节大型精品文化活动、生态主题展和学院生态育人成果展，开设“天目大讲堂”，并邀请施一公院士等一批名家大师开讲。打造智慧思政网络育人平台“浙里成长”，入选教育部 2023 年度高校思政精品项目。结合学院学科专业特点，组织开展了农业文化节、森林文化节、茶文化节、昆虫文化节和低碳文化节等特色活动，上万名师生参与了“1+X”生态文化活动。成立 11 个生态文化创意工作室，打造了竹文化等 11 个生态类“一院一品”文化育人品牌，生态主题文化品牌获国家级奖项 9 项。

三是坚持绿色赋能，实施“生态环境”育人行动，锤炼学生生态品格。学校开展爱绿、植绿、护绿“三绿”行动，校园植物种类数量连续 4 年位居中国大学校园植物排行榜榜首，是国家生态文明教育基地（浙江省属高校首个），入选首批浙江省绿色学校。结合学科专业特点，建设了森林文化馆、农林碳汇馆、农作园、翠竹园、百草园、茗茶园、月季园、珍贵木材标本室、中药标本室、昆虫标本室等一系列生态育人场所。建成“生态·人文”两条走廊，在浙江省内高校率先推出“校园十景”“校园十大名树”“七彩新农人”校内十大耕读教育基地等生态名片。建立“掌上植物园”，开展“植物达人”比赛，要求师生每人至少辨认 50 种植物成了学校特有的生态标签。

四是坚持创新驱动，实施“生态研究”育人行动，厚植学生生态底蕴。学校成立生态文明研究院、碳中和研究院，设立思政专项研究课题，开展习近平生态文明思想研究，主持教育部重大专项“习近平生态文明思想在中国大地的生动实践研究”1 项。周国模教授连续 10 年应邀出席联合国气候变化大会。第五届茅盾文学奖得主王旭烽教授创作的茶文化主题长篇小说《望江南》作为《茶人三部曲》续篇出版。学校成立浙江省首个碳中和学院，积极培养“双碳人才”。

五是坚持知行合一，实施“生态实践”育人行动，磨砺学生生态气质。学校出台《浙江农林大学生态文明公约》，每年表彰评选“生态节能寝室”“节能卫士”，树立“绿色节约”生态新风。完善心理健康教育，塑造学生“阳光善美”的生态人格。为了让思政工作更加显性化，学校还建立完善“生态青年成绩单”，设立生态积分和生态勋章。“生态青年成绩单”由生态意识、生态知识与生态行为三部分内容组成，三者之间相互转化、相互影响，共同塑造现实、立体的新时代“生态人”画像，实现过程和痕迹“四可”化，即可追溯、可记录、可评价、可感知，优秀者可获得生态勋章。

3. 提升成效，打造可复制的生态习惯养成模式

一是全校师生对生态育人的认知更加统一。学校每年举办生态节等，让全校师生人人参与，使“生态”理念内化于心，服务生态文明建设参与积极性不断增强。生态相关的研究项目明显增加，并通过成果转化积极助力生态文明建设。作为秘书处单位组织举办浙江省大学生环境生态科技创新大赛，在全省产生了很大的影响。越来越多的学生积极参加生态创新创业大赛，并取得良好成果。

二是全校生态育人的氛围和品牌逐渐形成。融入生态习惯养成理念的 19 项课程思政成果，先后获得省级以上荣誉，思政课质量普遍提升。其中，思政课“习近平生态文明思想的萌发与升华”被中央组织部评为“全国学习贯彻习近平新时代中国特色社会主义思想好课程”，“一堂田间地头的思政课”入选教育部高校思想政治工作精品项目。开设的一批以生态习惯养成为内容的劳动课程成为浙江省一流课程。涌现出了一批生态育人优秀教师

和生态科技标兵。

三是生态育人的社会辐射面不断扩大。学校连续举办生态节系列活动，开展各类活动120多项，固化了一批精品文化活动，如给中小学植物挂牌活动，已经先后为30所中小学进行挂牌；如校园开放日，每年吸引数千名中小学生进校园感受生态校园；如农林共富竹笋宴，全校数千名师生共同参与，被《光明日报》等主流媒体争相报道。生态科普成效显著，生态科普作品《我是吸碳王》的动漫短视频网络传播以及配套绘本读物的观看阅读数以10万计，《竹林碳觅》系列科普作品开展碳汇科普宣传受益群众近30万人次，一批教师接受CCTV-10《中国在行动》栏目采访、传播竹林碳汇知识。

第十一章　积极开展绿色单元创建

从生活圈的角度而言，绿色单元是用于描述人们在生产生活领域中采取环保、可持续或生态友好措施的组织、实体或社团。绿色是生命的象征、大自然的底色，更是美好生活的基础、人民群众的期望。根据党的二十大关于全面建成社会主义现代化强国“两步走”的战略安排，到 2035 年，广泛形成绿色生产生活方式，碳排放达峰后稳中有降，生态环境根本好转，美丽中国目标基本实现；到 21 世纪中叶，物质文明、政治文明、精神文明、社会文明、生态文明全面提升，全面形成绿色发展方式和生活方式，生态环境领域国家治理体系和治理能力现代化全面实现，建成人与自然和谐共生的美丽中国。[①] 习近平总书记指出，“绿色生活方式涉及老百姓的衣食住行。要倡导简约适度、绿色低碳的生活方式，反对奢侈浪费和不合理消费。广泛开展节约型机关、绿色家庭、绿色学校、绿色社区创建活动，推广绿色出行，通过生活方式绿色革命，‘倒逼’生产方式绿色转型”。[②]

第一节　绿色校园创建

一、绿色校园建设理念溯源与演变梳理

21 世纪以来，可持续发展作为时代的主流价值取向，已获得高等教育界的广泛认同，有关校园实体空间可持续发展的概念常有“可持续校园”、“低碳校园”和“绿色校园”三种称谓，在我国多为绿色校园。[③] 绿色校园包括中小学、大学或教育机构等采取可持续性实践的场所，能够通过使用可再生能源、减少能源消耗、推广废物回收等措施以降低对环境的不良影响。同时，校园作为教育、科研和服务社会的重要阵地，绿色校园也是绿色文化、绿色人才和绿色科技的生产基地，在贯彻落实绿色发展理念、形成绿色发展和绿色生活方式方面发挥着重要的作用。

（一）绿色校园建设理念概述

在关于“绿色校园”概念的阐述中，住房和城乡建设部在 2019 年发布的《绿色校园评价标准》（GB/T 51356—2019）中给出的定义称：“为师生提供安全、健康、使用和高效的学习及使用空间，最大限度地节约资源、保护环境、减少污染，并对学生具有教育意义

---

① 陆军，秦昌波，肖旸，等. 新时代美丽中国的建设思路与战略任务研究[J]. 中国环境管理，2022，14（6）：8-16.
② 习近平. 在同出席博鳌亚洲论坛 2015 年年会的中外企业家代表座谈时的讲话[N]. 人民日报，2015-03-30（1）.
③ 吕斌，阚俊杰，姚争. 大学校园可持续性测度及其评价指标体系构建研究[J]. 当代教育科学，2011（13）：30-35.

的和谐校园。”[1]

构建绿色校园，首要是要深入贯彻落实绿色发展理念，这是一种综合性的理念，旨在创建符合环保、可持续发展原则的校园环境，以促进学习、生活和行为的可持续性。我国的绿色校园建设力求将“绿色发展”理念贯穿学校发展的每一个环节，使生态文明与校园建设有机结合，包括环保与可持续、健康与安全、能源可再生等，其核心就是要将可持续发展、环境保护和生态文明的理念融入学校人才培养、科学研究、社会服务、文化传承、校园建设和学校管理等各个方面。

为更高质量、更大规模地推进绿色校园建设，我们需要一套能够引导、规范绿色校园建设的指标体系。绿色校园指标是用于评估和衡量校园可持续性和生态性的一套标准体系，有利于校园建设更加环保、可持续和健康。绿色校园指标有可持续建筑和基础设施、交通和交通管理、资源管理、绿色教育与参与等，各国在研究和实践的过程中形成了各自的评价指标及评价指标体系（表 11-1），中国城市科学研究会绿色建筑与节能专业委员会 2013 年发布《绿色校园评价标准》（CSUS/GBC 04—2013），标志着我国绿色校园建设的规范化发展。但是与国际上成熟的绿色校园评价体系相比，我国《绿色校园评价标准》颁布时间不长，实践运用较少，有关绿色校园评价体系的研究更多的是运用评价指标体系进行案例分析，在框架结构、指标范围和评价方法等方面还存在一些不足。应借鉴国外评价体系的先进经验，提出细分指标类别、突出地域评价、增加创新类指标、适当减少必备项、采用分级打分方式等建议，以更好地指导绿色校园评价工作，推动绿色校园发展。[2]

表 11-1　绿色校园评价指标体系

发布国家及机构	评价体系名称	评价指标	发布年份
美国绿色建筑委员会	Leadership in Energy and Environmental Design，LEED for school	可持续建筑、水资源利用、建筑节能与大气、资源与材料、室内空气质量	1995
英国建筑研究院	Building Research Establishment Environment Assessment Method，REEAM Education	管理、健康与舒适、能源、交通、水、材料、废物、土地使用与生态、污染、创新	2008
澳大利亚绿色建筑委员会	Green Star Education	管理、室内环境质量、能源、交通、水、材料、废物、土地使用与生态、排放、创新	2002
德国绿色建筑协会	Deutsche Guetesiegel Nachhaltiges Bauen，DGNB	经济质量、生态质量、功能及社会、过程质量、技术质量、基地质量	2008
日本建筑物综合环境评价研究委员会	Comprehensive Assessment System for Building Environmental Efficiency，CASBEE	建筑环境质量和为使用者提供服务的水平；能源、资源和环境负荷的付出	2001
中国绿色大学联盟	高等学校节约型校园标准体系及考核评价办法	组织及制度建设、校园规划设计、校园建筑节能监管体系建设、能耗、资源消耗指标、节能技术应用、节能校园文化建设	2012

① 住房和城乡建设部. 绿色校园评价标准：GB/T 51356—2019[S].
② 杨晶晶，申立银，周景阳，等. 国内外绿色校园评价体系比较研究[J]. 建筑经济，2016，37（2）：91-94.

发布国家及机构	评价体系名称	评价指标	发布年份
中国城市科学研究会	《绿色校园评价标准》（CSUS/GBC 04—2013）	规划与可持续发展场地、节能与能源利用、节水与水资源利用、节材与材料资源利用、室内环境质量、运行管理、教育推广	2013
中华人民共和国住房和城乡建设部	《绿色校园评价标准》（GB/T 51356—2019）	规划与生态、能源与资源、环境与健康、运行与管理、教育与推广	2019

（二）绿色校园建设理念溯源与演变

国外关于绿色校园建设的起步较早，20 世纪 60 年代，受到环保运动的影响，一些学校开始采取简单的环保措施；自 1972 年绿色校园理念在斯德哥尔摩会议上首次提出后，相关的理论和实践研究开始兴起；1990 年，来自世界各地的大学校长共同发起并签署了《塔罗利宣言》，首次将大学本身的可持续发展纳入大学主体，标志着绿色校园建设的开始；1992 年 6 月，联合国《21 世纪议程》推动了可持续发展教育的高潮；2000 年后，可持续校园运动成为重要趋势，绿色校园的研究转向建设实践和评价阶段，其中比较有代表性的有美国布朗大学的“布朗运动”、英国爱丁堡大学的“环境议程”、美国哈佛大学“校园绿色行动”等。

我国绿色校园建设起步相对较晚，总体来看，经历了由浅至深、逐步明确、逐步拓展的过程，依据我国绿色校园建设历程及发展特征，主要可以分为三个阶段。1993 年到 2005 年是绿色校园理念形成阶段：1993 年，《中国 21 世纪议程》白皮书提出要贯彻环境保护和可持续发展教育；1996 年，教育部提出在全国逐步开展“绿色学校”活动；1998 年，清华大学率先提出从教育、科研和校园三个方面进行绿色大学建设，开启了我国绿色大学建设的序幕。2005 年到 2011 年是绿色校园建设的初步实践阶段：2005 年，教育部印发通知明确指出高等学校必须加强节能节水工作，建设节约型学校，自此，正式开启了我国绿色校园建设的初步实践阶段；其中 2011 年，以浙江大学、同济大学等 10 所院校为首，发起成立了中国绿色大学联盟，为今后绿色校园活动发展奠定了基础。2012 年至今是绿色校园的内涵多元化与国际化阶段：2012 年 6 月“高等教育可持续发展”全球宣言发布，揭开了我国大学可持续发展的新篇章，越来越多的高校加入绿色校园的建设行列，绿色校园建设内容也逐渐多元化、逐步与国际接轨。①

如今，我国部分高校已经实现了绿色建筑标准，改善了资源利用效率，推广了环保技术，培养了一批环保领域的专业人才。然而，校园认知障碍、绿色课程障碍、绿色文化障碍、政府政策障碍等问题依旧凸显，需要政府、学校和社会自组织积极合作，推动绿色校园建设，促进环境保护、资源节约和可持续发展目标。

二、绿色校园精神文化的培育导引

习近平总书记在生态文明建设方面提出了一系列观点和指导思想，强调环境保护与可持续发展的紧密关联，倡导人与自然和谐共生，通过文化和教育引导社会转变生态观念和行为，但是习近平生态文明思想融入高校绿色校园建设的过程仍存在建设不深、渠道不

① 陆敏艳，陈淑琴. 中国高校绿色校园建设历程及发展特征[J]. 世界环境，2017（4）：36-43.

广、效果不实等现象，[①] 对于绿色理念的理解较为片面和滞后、学校师生对绿色活动开展的自觉性和主动性还不够、校园绿色文化活跃度相对较低等问题在绿色校园建设中普遍存在。绿色校园精神文化是绿色校园建设的思想核心，注重绿色校园精神文化培育，才能凝聚校园文化内核，有效推动绿色校园精神文化建设。

（一）建设绿色校园精神文化，彰显学校建设特色

校园是学生学习和生活活动的场所，将绿色理念、绿色文化精髓贯穿于每个环节和细节中，打造“校园处处是教育，学生时时受熏陶”的绿色校园环境，有助于师生树立人与自然、人与人和谐相处的理念，形成良好的生态道德氛围，塑造具有可持续发展的人生观、价值观和世界观。

（二）弘扬绿色校园精神文化，彰显校园的强大凝聚力

师生是绿色校园精神文化的主体，优秀的绿色校园文化内容可融合在多样的校园文化形式中，运用校园 App、校园公众号、杂志、广播等舆论媒体的广泛宣传，让绿色校园精神文化深入师生的日常生活中，吸引师生对绿色校园的兴趣和关注，潜移默化地影响师生的思想和行动。

（三）提升绿色校园精神文化，彰显建设绿色校园的决心

绿色校园建设与社会热点问题相结合，可有效突出绿色校园建设的现实意义和社会影响力。提升校园师生对绿色校园精神文化的品位和追求，将绿色校园与环境保护、可持续发展等社会问题联系起来，通过聘请各个领域的学者、研究人员、企业家等专家到学校开设相关专题讲座，组织研讨会，引导师生关注绿色校园建设问题，开展环保主题的活动培养师生的环保意识，形成绿色校园在社会上的关注和共鸣。

（四）建立绿色校园交流平台，扩大绿色校园的影响力

学校搭建绿色校园互动平台，为学生提供交流、分享和合作的机会。包括组建线上社交媒体群组、绿色校园博客或论坛等交流平台，让学生可以互相启发、分享构建绿色校园管理体系的想法，学校可以设立专门的绿色校园管理机构或部门，与学校其他部门密切合作，负责绿色校园建设和监督，进而确保相关的各项工作得到有效推进和协调。

三、绿色校园生态文明教育的实践建设

我国对坚持绿色低碳发展的立场长期而坚定。在生态文明建设方面，党的十八大报告、党的十九大报告、党的二十大报告分别强调了“大力推进生态文明建设”“加快生态文明体制改革，建设美丽中国”“推动绿色发展，促进人与自然和谐共生”的内容。从理念认同到项目落地，建设绿色校园的关键是积极开展生态文明教育教学，通过学科专业建设等方式、教学科研活动、校园文化建设等方式，奠定广大学子生态文明的理论基础。由此，在校园中推动生态文明普及化，培养学生的环保意识和参与能力。[②]

---

① 王尉，王丹. 习近平生态文明思想融入高校思想政治教育探析[J]. 学校党建与思想教育，2022（17）：31-34.

② 沈满洪. 生态文明建设要先行示范[J]. 浙江经济，2020（6）：21-22.

绿色校园生态文明教学实践中主要存在两大障碍：一是校园作为绿色教育的主要传递场所，教师尚未形成完善的绿色教学思想，难以开展有效的绿色课堂教学；二是绿色环境教育多局限在本专业范畴内，学科之间的交融性较差，大部分学生的绿色理念较弱，难以参与到绿色校园的建设实践中。有针对性地开展生态文明实践活动有助于高校推进生态文明建设。

（一）探索先行、营造绿色校园实践氛围

学校积极举办绿色建设和环保活动，通过鼓励学生组织参与绿色主题的环保社团、举办绿色创意比赛等活动，促进学生在绿色校园建设的过程中承担环保宣传任务，提高校园师生对于可持续发展理论和当前所面临环境问题的认识，引导树立正确的环境价值观，使学生和老师更加关注环境保护方面的问题。

（二）教学共进、构建生态文明教学体系

随着生活水平的提高，在校师生对校园的生态环境质量提出了更高的要求，同时对生态环境领域的相关学科知识和实践活动产生了更多需求。广大师生需要学校进一步改善生态环境、建设绿色教学的课程体系，从而提供更加广阔而有效的学习和生活平台。[①] 首先，学校可以通过建设生态文明教师队伍，让教师在日常的教学内容中融入生态文明教育，使学生树立起生态文明观并转化成行动；其次，可以通过开设绿色发展通识教学课程，组织多学科教师研究绿色校园案例，开展讨论和分析，以提升绿色教育实效；最后，将现实问题融入相关课程教材，制定多学科交叉的绿色教学方案，构建相应的学科创新链和知识链，有助于进一步形成具有绿色发展理念的人才培养体系。

（三）研学共促、推进绿色科技创新研发

在“双碳”目标的引领下，绿色校园建设以绿色转型为引领。绿色校园的学术生态既是一种社会生态，也是一种教育生态，更应是一种绿色生态。为此，要不断解放思想，探索学科建设新维度，以便能更加适应社会和环境治理的要求，进而推动研究成果、研究方向向高端化、绿色化和智能化转型，关注绿色发展的各方问题及解决方法，不断以研促学，推进绿色科技的发展，创造绿色科技，引领绿色文明。

（四）学用共行、开展绿色实践行动

弘扬生态文明、加强实践行动，是绿色校园建设的重要环节。结合专业优势开展社会实践，如举办丰富多彩的系列专题活动，与企业、政府、社区等开展合作，鼓励大学生利用假期时间开展社会实践活动，增强生态环保的意识，让学生成为绿色校园建设的积极参与者和推动者，有助于全校师生共同建设一个更加美丽、绿色和可持续发展的校园。

四、绿色校园运行管理体系运行与验证

绿色校园运行管理体系的运行与验证是确保绿色校园建设取得可持续成果的关键环

---

① 赵天旸，刘卉，金鑫. 试析北京大学开展绿色校园建设的有效途径[J]. 环境保护，2009，37（6）：40-42.

节，形成更加实效、更加可行的建设思路有利于高校绿色校园管理体制的形成。当前，许多校园管理层对绿色校园建设的重视度较低，缺少绿色校园建设的总体规划，导致各部门缺乏有效协调与联系，造成资源浪费，见效甚微。[①] 在加快绿色文化宣传的同时，校园可采取一系列运行管理体系及评价标准体系，推动绿色校园有效建设。

（一）健全组织管理，形成组织架构“一体化”

建立完善的绿色校园运行管理体系，包括设立绿色校园建设的相关部门和岗位，谋划顶层设计，明确责任和权限，制定操作规程和管理制度，确保绿色校园的各项工作有序进行，并提供有效的管理和监督机制，树立和践行绿色发展理念，一体化统辖绿色校园建设的突出问题，形成全员参与、全员奋斗的氛围。

（二）夯实监测体系，形成项目推进“一站式”

建立完善的监测体系是绿色校园建设的基础，可以提高绿色校园建设的高效性和协同性。构建绿色校园的运行与体系验证包括对绿色校园各项措施和政策的实施情况进行监测和评估，通过定期对校园资源利用情况、环境质量、能源消耗等方面进行数据收集和分析，有利于进一步发现问题并提出相应的建设对策，具体可以表现为学校监管部门与工作组之间实现信息共享和协同合作，与供应商和专业机构的良好合作关系，为校园建设提供全方位的技术支持和咨询服务，确保项目的质量和可持续发展，提高绿色校园建设的质量和效率。

（三）制定标准操作和管理流程，形成运行管理“一套图”

学校制定详细的运行管理流程和标准操作规程，确保全面贯彻各项绿色措施，包括节能减排、资源回收利用、环境监控等方面的具体操作步骤和要求。通过制定规范的流程，进一步确保绿色校园的各项措施在日常运营中得到有效执行。

（四）完善评价机制，形成绿色发展“一条龙”

建设好绿色校园的运行与验证体系，组建绿色评价工作组，共同讨论绿色发展指标体系的建设工作，持续跟踪绿色项目的实施并开展评价工作。在绿色评价机制的运行过程中，依照绿色校园建设的评价标准的要求，在对标阶段、评审阶段前后找出差距，着重抓好实施，以确保绿色校园的持续运行和不断提升。

第二节　绿色企业创建

一、绿色企业建设理念溯源与演变梳理

生态破坏达到一定的阈值会导致生态系统退化且不可逆转，环境污染达到一定的阈值会导致环境质量下降且不可逆转，温室气体的排放达到一定程度会导致气候变暖且不可逆

① 黄锴强，徐水太. 我国绿色校园发展方向研究[J]. 建设科技，2019（15）：66-69，75.

转。[①] 绿色发展是对工业革命以来以生态破坏、环境污染、资源枯竭为代价的黑色增长范式的变革。[②] 传统企业一直以来所采用的粗放型发展模式对环境造成了严重的污染和破坏，而企业实现可持续发展就要改变生产方式和管理模式，实现企业发展绿色化，走绿色发展道路是推进生态文明建设的必然选择。

习近平总书记指出："构建以政府为主导、企业为主体、社会组织和公众共同参与的环境治理体系，即绿色治理需要多元主体协同参与。"[③] 这意味着可以依靠"自上而下"的政府环境和"自下而上"的非正式环境相结合的方式来推进企业绿色发展进程。

（一）绿色企业建设理念概述

由于"绿色企业"这一概念被提出来并研究的时间不长，所以人们对"绿色企业"的概念和内涵仍在探讨中，尚未形成一致的界定。通过对现有文献的归纳，可将"绿色企业"的基本内涵描述为：绿色企业是一种注重环保和可持续发展的商业实体，其经营和管理方式致力降低对环境的负面影响，促进资源的有效利用，同时考虑社会责任和经济效益的企业。这些企业追求在生产、经营和产品生命周期的各个环节中采取环保措施，以减少碳排放、资源浪费，并提供环保产品或服务。绿色企业在实践中强调可持续性、社会责任和创新，注重实现商业和社会层面的成功。

绿色企业建设理念是指企业在经营过程中积极采取环保措施、推行可持续发展，以实现环境保护、社会责任和经济利益的统一，包括环境友好性原则、经济可持续性原则、社会责任原则、创新原则等。

绿色企业评价指标是用于评估企业绿色性质和可持续发展水平的一组标准和度量方法。这些指标可以根据不同的行业和企业类型而有所不同，通常包括碳排放和能源使用、资源管理、社会责任、创新和研发、可持续供应链、财务绩效等。建立绿色企业评价指标体系，有助于企业了解自身绿色度和可持续性水平，加强企业信息透明度，使利益相关者（如投资者、客户和政府监管机构等）能够更好地评估企业的环保和社会责任表现，使企业在环保和商业成功之间实现平衡，因此一套绿色企业评价指标体系无疑是一座理论通向实践的桥梁。目前，国内外已开发出不少可用于评估绿色企业或企业可持续管理绩效的指标体系。例如，中国首届绿色公司年会发布了"中国绿色公司评估标准"[④]。根据《上市公司治理准则》，公司绿色发展的治理机制包括绿色管理和绿色文化，并在考核监督、信息披露、风险防控和内部控制等方面践行绿色治理理念，基于系统论和内部控制原理，构建"五绿一体"的公司绿色治理观测指标，即由绿色环境、绿色管理、绿色排放、绿色信息和绿色监控五个维度构成[⑤]（表 11-2）。

---

① 沈满洪. 习近平生态文明体制改革重要论述研究[J]. 浙江大学学报（人文社会科学版），2019，49（6）：5-15.
② 沈满洪. 绿色发展的中国经验及未来展望[J]. 治理研究，2020，36（4）：20-26.
③ 黄莲琴，梁晨，何蔓莉. 公司绿色治理：公众与媒体的力量[J]. 会计研究，2022（8）：90-105.
④ 林永生，张怡凡. 企业可持续管理：动机、途径与甄别[J]. 中国发展观察，2023（2）：110-115，109.
⑤ 黄莲琴，梁晨，何蔓莉. 公司绿色治理：公众与媒体的力量[J]. 会计研究，2022（8）：90-105.

表 11-2　公司“五绿一体”的绿色治理观测指标体系

<table>
<tr><th>一级指标
（准则层）</th><th>二级指标
（指标层）</th><th>一级指标
（准则层）</th><th>二级指标
（指标层）</th></tr>
<tr><td rowspan="9">X1
绿色环境</td><td>X11 绿色治理的理念和目标</td><td rowspan="9">X2
绿色管理</td><td>X21 有效使用资源的政策、措施与技术</td></tr>
<tr><td>X12 绿色治理机构与体系</td><td>X22 绿色设计</td></tr>
<tr><td>X13 环境管理制度的制定与实施</td><td>X23 绿色采购</td></tr>
<tr><td>X14 环境标志认证情况</td><td>X24 绿色产品研发与技术创新</td></tr>
<tr><td>X15 环保教育与培训情况</td><td>X25 绿色生产（清洁生产）</td></tr>
<tr><td>X16 企业参与环保公益活动</td><td>X26 绿色营销</td></tr>
<tr><td>X17 环境管理会计的运用</td><td>X27 环保投入强度</td></tr>
<tr><td>X18 企业环境保护荣誉奖项</td><td rowspan="2">X28 绿色办公措施</td></tr>
<tr><td>X19 企业环境违规及处罚情况</td></tr>
<tr><td rowspan="6">X3
绿色排放</td><td colspan="3">X31 建设项目环境影响评价和“三同时”制度执行情况</td></tr>
<tr><td colspan="3">X32 减低污染物（“三废”）排放量的政策与措施</td></tr>
<tr><td colspan="3">X33 污染物达标排放情况及总量减排任务完成情况</td></tr>
<tr><td colspan="3">X34 处置废弃物以降低对环境影响的政策与措施</td></tr>
<tr><td colspan="3">X35 废弃物回收再利用情况</td></tr>
<tr><td colspan="3">X36 依法缴纳排污费或环保税情况</td></tr>
<tr><td rowspan="6">X4
绿色信息</td><td>X41 环境信息系统的构建与运行</td><td rowspan="6">X5
绿色监控</td><td>X51 环境风险应急机制的建设</td></tr>
<tr><td>X42 环境信息公开平台</td><td>X52 环保设备稳定运行情况</td></tr>
<tr><td>X43 环境信息披露情况</td><td>X53 环境定期检测情况</td></tr>
<tr><td>X44 环境信息内部沟通情况</td><td>X54 环境监督问责机制</td></tr>
<tr><td>X45 环境信息外部沟通情况</td><td>X55 绿色考核与激励机制</td></tr>
<tr><td>X46 环境信息预警处理机制</td><td>X56 绿色审计</td></tr>
</table>

（二）绿色企业建设理念溯源与演变

绿色企业建设的起源可以追溯到 20 世纪 60 年代末西方兴起的绿色运动，这一运动涌现于西方社会，并在环保和可持续发展的理念下推动了绿色企业的兴起。当时，人们开始意识到工业化进程对环境造成了极大的负面影响，逐渐将企业承担环境责任的意识渗入企业经营中，形成了绿色企业建设的初步概念。

最初的绿色企业建设理念更加关注企业的环境合规和资源节约。企业遵守环境法规，并采取措施以减少能源消耗和废物排放，降低对环境的负面影响；随着人们对可持续发展理念的认识加深，绿色企业建设开始注重企业的社会责任，关注员工福利、社区发展和公益事业，并将其纳入企业战略和经营决策中。

随着环境保护相关政策的出台，越来越多的企业开始认识到可持续发展的重要性，绿色企业建设进入快速发展阶段。绿色企业建设理念进一步演变为强调循环经济和绿色供应链，企业开始推行产品生命周期管理，提倡资源的循环利用和废物的减量化。以创新驱动引导绿色企业建设理念发展，企业逐渐在技术创新和绿色科技应用方面推动产品和生产过程向环境友好型转型，在商品的生产供应链上开始要求合作伙伴遵守环境和社会责任标准，积极参与绿色产业和低碳经济的发展。

我国绿色企业创建正处于不断发展和演进的阶段，尽管是积极向上的趋势，但仍然面临一些挑战，如技术和资金投入、环保意识培养、监管执行等方面的问题。

二、绿色企业生态文明与环保理念构建

《生态文明体制改革总体方案》指出，生态文明体制改革要树立六个理念：树立尊重自然、顺应自然、保护自然的理念，树立发展和保护相统一的理念，树立“绿水青山就是金山银山”的理念，树立自然价值和自然资本的理念，树立空间均衡的理念，树立山水林田湖草是一个生命共同体的理念。① 绿色企业生态文明与环保理念构建涉及企业在经营过程中如何保护环境、节约资源，并为社会可持续发展做出贡献。在现阶段，建设绿色企业有着坚实的理论基础，主要包括可持续发展理论、循环经济理论、低碳经济理论、绿色管理理论等。

（一）树立人与自然的和谐观念

绿色企业的建设目标是实现企业生产经营活动的根本转变，即实现从高消耗、高污染和高损害的非持续发展经济向能源资源消耗最少化、环境污染最轻化和生态损害最小化的可持续发展经济转变。企业建设以人为中心、以人与自然和谐并存、企业发展的自身利益与社会利益相结合为目标，科学协调企业实力与综合发展之间的关系，采取措施减少对环境的负面影响，将环境责任纳入其经营决策和战略规划中，确保环境保护与经济利益的平衡。

（二）树立环境道德观念

将平等、公正等道德理念引申到人与自然的关系中，可以帮助我们更好地认识人对自然的道德义务。企业可以设立奖励机制，鼓励员工参与环保创意和提出环保建议，通过支持环保组织、参与环境教育活动、推动环境友好的技术创新等方式，从而帮助企业形成良好的环境道德新风尚。企业可以与供应商、合作伙伴和消费者建立合作关系，选择环境友好的供应商，携手共同推动可持续供应链的建设。企业员工也可以参与节能减排行动，共同建设绿色企业，促进企业绿色可持续发展。

（三）树立环境法律观念

“谁污染谁治理”是中国污染防治政策的核心。深入了解法律法规可以确保企业自身的经营活动符合法律要求，并承担企业相应的法律责任与社会责任；通过建立健全的环境管理体系，制定并执行相关的环境规章和程序，有助于企业明确自身的责任和义务；通过建立监测和评估机制，能够确保企业的经营活动符合环境法律的要求；企业在与相关的监管机构和法律机构建立密切合作关系的过程，是积极沟通、参与公共讨论和政策制定的过程，与相关法律机构建立合作关系，有助于确保企业在环境法律事务上能够遵守法律要求并处理相关的法律纠纷。总体来说，通过遵守环境法律法规、建立健全的环境管理体系、与监

① 沈满洪. 习近平生态文明体制改革重要论述研究[J]. 浙江大学学报（人文社会科学版），2019，49（6）：5-15.

管机构和法律机构建立合作关系的方式，有助于绿色企业树立环境法律观念，遵守环境法律法规，处理环境相关事项纠纷。

三、绿色企业联动机制与管理模式构建

绿色企业联动机制是指不同企业之间或企业与政府、非营利组织之间建立合作关系，共同推动绿色经济发展和环境保护。这是一种可以促进企业间的信息共享、资源共享和经验交流的方式，构建企业联动机制与管理模式能更快地推动绿色企业发展，主要包括以下几个方面的内容。

（一）加入绿色发展行业协会和组织

行业协会和组织可以为绿色企业提供与其他企业的联系和交流平台，同时，绿色企业可以通过协会和组织了解行业内相关的最新信息，获取先进的绿色发展技术和管理经验，从而提升企业的竞争力。企业在员工培养方面，通过获得专业的培训和教育资源，提升企业员工的专业知识和技能，不断更新企业人才的知识储备，了解最新的环保法规和标准，掌握先进的环保技术和管理方法，从而更好地开展绿色经营；协会和组织通常代表行业与政府相关机构进行对话与合作，企业通过行业协会和组织有可能优先获得政策的支持；企业也可以参与政策制定，提出建议和意见，推动出台有利于绿色企业发展的政策和法规，为行业发展争取更好的政策环境。

（二）参与绿色企业联合项目和倡议

通过参与联合项目和倡议，企业可以与其他绿色企业合作，共同应对环境挑战，推动绿色科学技术的创新发展，助力绿色科研成果研发，实现企业间的相互合作和资源共享。联合项目通常涉及多个企业合作，共同开展研究和开发环保技术、产品或解决方案，通过共享资源、经验和专业知识，加速绿色技术的研发和应用，为企业带来更多商机和竞争优势；联合项目和倡议通常与环境保护和可持续发展密切相关，参与其中表明企业对环保事业的承诺和责任感，能够恰到好处地增加企业的社会公信度，优化企业形象，利于企业扩大业务网络，与其他行业领导者和专家建立联系，共同开拓新的市场和商机。

（三）与其他行业的绿色企业建立合作关系

通过与其他行业的绿色企业合作，有利于企业实现资源共享、技术创新和市场拓展，共同推动环境保护和可持续发展的目标建设。在资源不均匀分配的情况下，不同行业的企业面临不同的环境挑战和资源需求，建立跨行业的绿色企业合作关系，能有效挖掘企业可融合资源，实现企业之间的优势互补，通过合作，携手共进，破解行业“瓶颈”，实现强强联合；在不同行业领域运营的企业，专业知识和技术水平各有所长，通过企业合作可以有效进行技术交流和信息交互，加速绿色技术的创新和应用，共同开拓新的市场领域，提供更全面的解决方案和服务，满足客户对绿色产品和服务的需求。

（四）建立绿色供应链管理系统

绿色供应链管理体系是指通过对企业与供应商的合作，实现对环境影响小、资源消耗

少、可追溯、可循环利用、可持续发展的供应链管理体系。许多中国企业积极推动绿色供应链管理，要求供应商采取环保措施，以确保产品的环保性能。绿色企业与供应商建立绿色供应链管理系统，就是要企业与供应商共同努力，提高和改善环境保护的意识及行为，这不仅限于企业自身，更是涵盖了整个供应链，有助于推广环保实践。这一绿色供应链管理系统的建立，是企业和供应商相辅相成，相得益彰的过程，一方面，企业可以与供应商共同制定环境管理指导方针，提供培训和技术支持，帮助供应商提升环保意识和能力，共同改进供应链的环境表现；另一方面，企业通过建立绿色供应链管理系统，可以获得这些认证和标准的认可，进一步提升企业的市场竞争力。

四、绿色企业发展模式与宣传路径构建

绿色企业的建立既是一种全新的发展理念，也是一种现代化企业生产和发展的模式。绿色企业发展模式与宣传路径构建需要借助现代化的方式和方法，基于最新的理论成果展开，并提出绿色企业发展的新对策，进而发展绿色生态经济。只有处理好生态与经济的关系，企业才能做到真正永久持续地发展。

经济结构的生态化是生态经济主导化的前提。就三大产业结构而言，第三产业比重越大，经济生态化程度越高；就科技贡献而言，科技进步贡献率越高，经济生态化程度越高；就资源循环利用角度，资源循环利用率越高，经济生态化程度越高。

在经济生态化方面，传统产业和存量经济要做到清洁化和循环化，新兴产业和增量经济要做到高新化和轻型化，真正做到产业结构和消费结构的绿色转型，使人们的生产和消费活动真正控制在资源阈值、环境阈值和气候阈值范围之内；在生态经济化方面，要从供给侧结构性改革的视角做好生态产品的有效供给，从资源环境日益稀缺的视角做好生态环境价值的转化。[①]

（一）经济生态化的发展模式

构建经济生态化的发展模式需要企业在战略、运营和文化层面都积极参与。这种模式强调了环保和可持续性的核心价值，有助于企业减少环境风险，提高效益，同时为社会和环境做出积极贡献。

绿色企业在生产的过程中，注重资源效益和循环经济，通过优化资源利用，减少浪费，实施废物回收和再利用计划，推动循环经济。这有助于绿色企业提高生产效率，减少对有限资源的依赖；在创新和技术驱动方面，通过持续创新和采用清洁技术，绿色企业可以提高生产过程的环保性能，减少对环境的负面影响；建立牢固的生态合作与伙伴关系，通过与政府、社会组织、其他企业和供应链伙伴建立合作，共同推动可持续发展，分享最佳实践，并共同解决环境问题。

（二）生态经济化的宣传路径

生态经济化的宣传路径对于绿色企业来说至关重要，有助于传达企业的环保理念、吸引社会更多的关注和支持，增强品牌形象，实现可持续经济增长，同时为环境和社会做出积极

---

① 沈满洪. 生态文明建设要先行示范[J]. 浙江经济，2020（6）：21-22.

贡献。这将有助于提高企业的声誉和市场份额，并加强其在可持续发展领域的领导地位。

首先，提高企业自身的权威性和可信度。绿色企业通过公开环保政策、实践和成果，确保信息透明度，能够提高消费者和投资者对企业的可信度；通过教育和宣传活动，向员工、客户和社会传达生态经济化的理念，强调可持续生活方式的重要性，提高企业整体的环保素质；通过认证，获得环保标志，如 ISO 14001 等，提供给消费者更加容易识别和信任的绿色产品和服务。

其次，绿色企业建设可以通过积极响应环境保护的号召，以参与绿色金融和绿色投资的方式吸引资金支持，展示企业的环保潜力；通过定期发布可持续发展报告，向利益相关方提供关于企业环保和社会责任实践的详细信息，展示企业在可持续发展方面的承诺和进展。

最后，绿色企业可以借助社交媒体和数字网络的渠道，积极传播企业的绿色成就和环保承诺，这将有助于企业吸引更加广泛的受众，并加强品牌形象。

第三节 绿色社区创建

一、绿色社区建设理念溯源与演变梳理

随着经济发展、社会进步，社区居民越来越关心他们所生活的环境和未来社区建设，然而，城市化及其随之带来的环境问题也在以一种危险的方式汇聚，环境污染、生态系统崩溃、住房不平、交通拥堵等问题层出不穷。在环境问题、快速城市化、可持续发展理念崛起以及经济快速发展、居民生活水平提高、科技进步等多重因素的相互作用下，绿色社区建设理念应运而生。

党的十九大报告指出，要“加快生态文明体制改革，建设美丽中国”。“推动绿色发展”是生态文明建设的重要一环，而“绿色社区”又是推进绿色发展的重要内容，符合新时代可持续性、绿色化发展的理念和要求。

（一）绿色社区建设理念概述

何为绿色社区，学术界关于“绿色社区”的概念界定各有侧重。国外对绿色社区解释中较具代表性的观点来自全球生态社区网，绿色社区是指城市社区或乡村社区中运用生态设计、绿色建筑、绿色产品、可再生能源、社区建设实践等将居民低环境影响的生活方式与社会环境结合的社区。

在我国，“绿色社区”是指符合可持续发展思想，具有完备硬件和软件设施的社区组织[①]。有学者认为，绿色社区的内涵包括：一是减少对地球资源与环境的负荷和影响；二是创造健康舒适的居住环境；三是与自然环境相融合并致力于生活模式、现有的生产模式和消费模式的改造。绿色社区建设是实施可持续发展战略的中、微观模式，是落实环境保护基本国策的有效载体，是现代城市社区文化的集中呈现。

绿色社区建设理念是强调在城市社区中推动可持续发展、生态保护和提高居民生活质

---

① 李久生，谢志仁. 略论中国绿色社区建设[J]. 环境科学与技术，2003（6）：33-34，60-66.

量的核心理念，是通过可持续性实践、生态保护、居民参与和绿色技术来改善城市社区质量，降低环境冲击，建成更加可持续、宜居的社区生活。

在我国，绿色社区建设具有两大坚实的理论基础，能够为绿色社区建设提供合理的支撑和科学的指导。一方面，马克思的社会有机体理论为社会主义生态文明建设提供了思想渊源，为绿色社区建设提供了科学理论层面的可能性；另一方面，绿色社区建设涵盖自然、社会、文化、生态、工程设计与管理运营等领域，是多学科、多领域统筹推进的结果，系统工程理论使绿色社区建设逐渐成为现实①。

（二）绿色社区建设理念溯源与演变

绿色社区萌芽于 1898 年英国建筑学家霍华德在专著《明天的花园城市》中提出的观点，他认为，理想的城市应是经济活力涌流、社会安定有序，同时应具备令人感到舒适的自然环境，在城市达到一定的规模后，应该建设新的城市，以吸纳人口，促进产业的增长②，这便是绿色社区理念的雏形。19 世纪末到 20 世纪 70 年代，绿色社区理念侧重营建园林社区。20 世纪 70 年代至 21 世纪初，强调软环境建设的可持续社区。进入 21 世纪后，关于绿色社区的研究则侧重大数据时代的智能低碳社区建设。

我国的绿色社区建设始于 20 世纪 90 年代的环保社区建设，建设理念仍属于绿色社区建设的 1.0 版本，主要关注社区的环境保护和资源的节约。进入 21 世纪，我国绿色社区理念建设发展势头较快：2001 年，绿色社区创建活动在我国开始启动，绿色社区建设开始注重社会共享和社区参与；2003 年，政府出台了一系列相关政策和法规，鼓励居民参与环保活动、社区服务和公共决策；在 2004 年的世界环境日上，首次颁布全国统一的绿色社区标志，开启了绿色社区在全国范围的大规模创建，相继出现一些著名的绿色社区案例，如北京建功南里社区。

经过 30 多年的实践，我国的绿色社区建设取得了明显的成果。当前，我国绿色社区建设正处于全面展开和加快建设的时期，从环境保护到社会共享，再到生态系统保护和数字智能应用，绿色社区正在环保设施和绿化、低碳交通、居民参与，技术创新等领域不断地演化和发展。然而，由于绿色社区建设的时间短，理论探索尚处于初级阶段，实践模式尚不成熟，当前中国绿色社区建设尚面临建设标准不完善、生态标准偏低等现实问题和社区生态系统脆弱、生态灾害频发、生态压力剧增等重大挑战③。

二、绿色社区评价指标体系建立与验证

绿色社区评价指标体系是用于评估社区可持续性和环保程度的工具，包括一系列用于量化和衡量社区建设的指标和标准，从而确定社区是否符合绿色和可持续发展的要求。建立绿色社区评价指标体系的意义在于促进社区的可持续发展，减少资源浪费，降低环境影响，提高居民的生活质量。

自 20 世纪 70 年代以来，西方国家陆续开始创建和发展绿色社区，相应的绿色社区评价指标体系也不断建立和完善。从内容和指标体系来看，主要分为建设技术和人文经

① 董杰. 新时代我国绿色社区的建设与完善[J]. 治理现代化研究，2018（1）：91-96.

② Ebenezer H，Osborn F J. Garden Cities of To-Morrow[M]. Taylor and Francis，2013.

③ 刘清洁，贾圆鑫，刘友田. 生态文明视域下绿色社区建设的理论与路径新探[J]. 社科纵横，2020，35（12）：80-85.

济两方面指标。国外较为成熟的绿色社区评价体系包括美国 LEED-ND 评价体系、英国 BREEAM-Communities 评价体系、日本 CASBEE 评价体系等。我国绿色社区评价体系主要包括《城市居住区规划设计标准》（GB 50180—2018）、《绿色生态城区评价标准》（GB/T 51255—2017）和《绿色住区标准》（T/CECS 377—2018、T/CREA 001—2018）等，从住区和生态城区的角度出发，构建区域化绿色指标体系，其内容与国外类似，从区域角度，主要从场地布局、外部生态环境、交通路网、区域能源资源、利用等方面对其进行具体的指标要求，此外还对区域经济和人文等方面进行了考虑[①]。

绿色社区评价指标体系的构建涉及多个方面因素和多个学科领域的知识和方法。构建一套科学、合理的评价指标体系，能够实现对社区绿度、可持续发展水平的客观、准确、全面的评价，从而为绿度、可持续发展提供理论基础与实践指导。建立绿色社区评价指标体系主要包括以下几个方面的内容。

（一）确定评价目标和范围

首先明确评价的目标和范围。评价目标可以包括社区的环境质量、资源利用效率、居民生活质量等方面。评价范围可以根据实际情况确定，可以是一个小区、一个城市或者一个地区。

（二）确定评价指标

评价指标是评价体系的核心，选择能够客观反映社区绿色程度和可持续性的指标，从环境、经济、社会和治理等方面选择相关指标，环境方面可以包括空气质量、水质状况、垃圾处理等指标；经济方面可以包括资源利用效率、经济增长方式等指标；社会方面可以包括居民满意度、社区参与度等指标；治理方面可以包括政府管理效能、社区规划和管理等指标。具体的评价指标和分数标准可能因地区、项目和评估机构而异，当前我国较为成熟的《绿色住区标准》包含 28 个评价项、179 个子项，从住区的规划建设到管理运营，对住区人居软环境和硬件设施进行系统评价与认证，强调系统性、协同性。

（三）确定指标权重

社区的不同区域、建设因素对于绿色社区的建设会产生或大或小的影响，在对于绿色社区的评价中主要是通过确定各个影响因素、评价指标的权重反映出来。指标权重可以采用层次分析法、主成分分析法[②]等方法进行确定，影响权重分配的因子可以是专家评估、居民的问卷调查结果或是其他条件，从而对各个指标的重要性进行量化，从而确定指标的权重。

（四）建立评价模型

在确定了评价指标和权重后，需建立绿色社区评价的数学模型，可以采用加权求和法、模糊综合评价法等方法，将各个指标的得分进行综合，得到社区的绿色程度评价结果。

---

① 宫玮. 推动绿色社区建设的思考与建议[J]. 绿色建筑，2020，12（1）：32-36.

② 余敏江. 生态治理评价指标体系研究[J]. 南京农业大学学报（社会科学版），2011，11（1）：75-81.

（五）验证和改进

建立评价指标体系后进行验证和改进。可以通过实地调研、数据收集和统计分析等方法，对指标体系进行验证，检验其科学性和实用性，并在此基础上，进一步完善所建立的指标体系，从而更好地适应评估的要求。

建立与验证绿色社区评价指标体系有助于各方了解社区的绿色化水平，并鼓励通过采取措施来改进社区的可持续性，同时，它也有助于推动可持续发展理念在社区和城市层面的传播和应用。

三、绿色社区发展法律法规健全与完善

2020 年 8 月，住房和城乡建设部、国家发展改革委等 6 部门联合印发了《绿色社区创建行动方案》，明确要求推进绿色社区建设；2021 年 9 月，中共中央、国务院《关于完整准确全面贯彻新发展理念做好碳达峰碳中和工作的意见》中要求加快推进绿色社区建设。由此可见，绿色社区的建设和发展是生态文明建设的迫切需求。在全球和区域资源环境的压力下，我们要牢固树立绿色发展理念，认真贯彻落实绿色社区创建行动目标。

健全和完善的法律法规能够为绿色社区的发展做支撑，我们要充分发挥法律法规等制度在生态文明建设中的保障作用①，以确保社区的可持续性和环境友好性，通过制定相关法律法规，加强环境保护、资源管理、可持续交通、社区治理等方面的规范，为绿色社区的发展提供法律依据和指导，促进社区的可持续发展和环境友好性。

（一）制定绿色社区相关法律法规

推动绿色社区的发展，可以通过制定相关的法律法规来规范社区的建设和运营，这些法律法规可以包括环境保护法、城市规划法、建设法以及特定的绿色社区法规和政策。在社区法规中明确社区的绿色发展目标、规划和设计要求、环境保护措施等各方面内容，能够为绿色社区的发展提供法律层面的指导。

（二）加强法律法规的执行和监督

制定绿色社区相关法律法规只是第一步，关键在于加强执行和监督。通过加大对绿色社区的监管力度，可以保证环保政策的有效执行；通过建立投诉举报机制，可以鼓励居民和社会组织参与对违法行为的监督和举报；通过组织举办绿色社区的培训和教育活动，向居民和社区组织传授环保知识和技能，可以提高他们的环保意识和能力。

（三）加强环境保护和资源管理

注重环境保护和资源管理。可以将社区的环境保护责任和义务，包括垃圾分类、废水处理、能源利用等方面的要求，列入需要遵守的规章；加强对资源的管理和保护，鼓励循环利用和节约使用；设立奖惩机制，激励社区居民和开发商积极参与绿色社区建设。

---

① 沈满洪. 习近平生态文明体制改革重要论述研究[J]. 浙江大学学报（人文社会科学版），2019，49（6）：5-15.

（四）促进可持续交通和低碳出行

绿色社区的发展可以通过支持居民采用可持续交通和低碳的出行方式，减少居民对汽车的依赖和污染气体的排放。相关法律法规可规定社区内的交通规划和设计要求，包括建设步行和自行车道、提供公共交通设施等，这些规定可确保社区的交通基础设施符合可持续交通和低碳出行的原则。

（五）加强社区治理和居民参与

绿色社区可以设立奖励制度，鼓励绿色社区的居民和组织积极参与环保行动。例如设立环保奖励基金，对在节能减排、垃圾分类、资源回收等方面做出突出贡献的个人和组织给予奖励；可以设立社区居民委员会或绿色社区协会，以提高居民的参与性和自治性；同时，制定相关政策和措施，加强社区管理和监督，确保社区的绿色发展目标得到落实。

四、绿色社区多元治理机制革新与共享

绿色社区是以可持续发展为目标，关注环保与资源有效利用的社区，绿色社区的多元治理机制革新与共享是推动社区可持续发展的重要手段。随着经济的不断发展，人们已不再满足于单纯的物质财富，而是追求更加美好的生活。这需要多方努力，齐抓共管，多措并举。多元治理模式既能提升社区成员的参与度，又能提升社区决策的有效性与公平性。推动多元治理机制创新，有助于社区成员实现环境资源共享、分担环保责任、实现资源有效使用、降低浪费、提升社区整体效益。

（一）政府主导、各方参与，建立多元治理机制

传统的社区治理模式往往由政府主导，缺乏居民和社区组织的参与。绿色社区的多元治理机制多建立在政府、居民、社区组织和企业等多方参与的基础上，有关部门各司其职，发挥政府引导和监管的作用，居民和社区组织积极参与社区规划、决策和管理，企业承担社会责任，共同推动绿色社区的发展。

社区通过建立社区议事会、居民代表大会等机制，鼓励社区成员积极参与决策和管理，增加决策的民主性和透明度；社区可以建立合作机制，通过建立社区与政府、企业、非营利组织等各方的合作机制，共同推动环境保护和资源利用的工作。例如，与企业合作开展环保项目，与政府合作制定环境政策；社区还可建立在线平台，方便社区成员交流和参与决策。

（二）广泛宣传、经验共享，实现多元信息交互共享

充分的信息共享和公众参与、社区之间的经验共享和社区与社会组织之间的合作交流有益于绿色社区持续健康发展。政府可以建立信息公开制度，及时向居民和社区组织提供有关绿色社区的信息，包括规划、建设、环境保护等方面的信息；同时政府可以鼓励居民和社区组织参与社区的决策和管理，通过公众听证会、社区咨询等方式，征求居民的意见和建议，提高社区治理的透明度和民主性；政府还可以组织绿色社区的经验交流会议和研讨会，共同解决问题；通过鼓励社区组织和研究机构开展合作研究，推动绿色社区的创新和发展。

（三）多措并举、技术创新，搭建多元智慧共享平台

为实现绿色社区的可持续发展目标，可以采取多措并举的方式，其中技术创新和智能化管理是至关重要的，通过引入先进的技术和智能化系统，可以提高社区的管理效率、资源利用效率和环境保护水平。

政府可以鼓励企业和科研机构开展绿色技术研发，提供技术支持和培训，推动社区的智能化建设。绿色社区可以建立能源共享平台，通过共享太阳能、风能等可再生能源，实现能源的高效利用和减少碳排放；绿色社区可以建立共享交通系统，包括共享自行车、电动汽车等，降低交通拥堵和空气污染；绿色社区可以建立农田共享机制，鼓励社区成员共同耕种和分享农产品，促进农业的可持续发展等，借助技术创新和智能化管理手段以提高资源利用效率和环境保护水平。

绿色社区的多元治理机制革新与共享是推动社区可持续发展的关键。通过建立多元治理机制，实现资源的高效利用和环境保护。政府、居民、社区组织和企业等各方应该共同努力，形成合力，推动绿色社区的发展。

第四节　绿色社团创建

一、绿色社团组建理念溯源与演变梳理

20 世纪中后期，快速工业化和城市化带来的环境问题引起人们的广泛关注，随着环境问题的升级，各国政府开始制定环保政策和法规，但社会基层的参与和推动仍然不足，这促使一些热心环保的个人和团体自发组织，积极参与到环保活动中，催生了绿色社团。

（一）绿色社团建设理念概述

绿色社团是指一群志同道合的人共同关注环境保护、可持续发展和生态平衡等议题，并通过集体行动推动环境保护和可持续发展的实践。相关概念解释可以从狭义和广义两个部分展开说明，从狭义上说，绿色社团是一个志愿服务类社团，是环境保护社团和生态保护社团的总称；从广义上说，绿色社团是包括所有含有生态环保理念的各种社团。

我国的绿色社团主要有四种组织形式：一是由政府部门发起成立的环保民间组织，如中华环保联合会、野生动物保护协会等；二是由民间自发组成的环保民间组织，如自然之友、地球村等以非营利方式从事环保活动的民间机构等；三是学生环保社团及其联合体，包括学校内部的环保社团、多个学校环保社团联合体等；四是国际环保民间组织驻华机构[①]。

绿色社团建设指标是评估和监测绿色社团发展状况的工具，可以帮助政府、组织和研究机构了解绿色社团的影响力、效能和可持续性，从而制定更好的政策和支持措施，通常包括社团数量和多样性、项目和活动、会员和志愿者、融资和资源、政府支持、社团独立性等指标。

---

① 中华环保联合会. 中国环保民间组织发展状况报告[J]. 环境保护，2006，34（10）：60-69.

（二）绿色社团建设理念溯源与演变

绿色社团在发达国家历史悠久。20 世纪 60 年代前，为缓解工业发展带来的生态问题，英国牛津大学教授组织学生进行环境问题调研，形成了世界上第一个生态环保类社团的雏形。随着 1962 年蕾切尔·卡逊的《寂静的春天》出版，学生对“向大自然宣战”“征服大自然”观念产生动摇，越来越多有识之士参与绿色学生社团活动。

在我国，1994 年通过的《中国 21 世纪人口、资源、环境与发展》白皮书，第一次将可持续发展与环境保护列入国家长期的经济和社会发展计划，以环境保护为主题的大学生协会迅速成长起来。根据资料记载，北京林业大学的山诺会是我国最早的一个生态环境协会，自此我国绿色大学生社团就进入了一个迅速的发展阶段。进入 21 世纪，我国绿色大学生社团进入了全新的发展时期，互联网通信技术的发展为构建绿色大学生社团提供了一个崭新的平台。2012 年，党的十八大将生态文明建设纳入“五位一体”总体布局中，这给高校绿色大学生社团带来了全新的指引，各大高校环保社团不再满足于自己学校的影响力，开始采用合作、联合的方式，争取在自己的区域内让环保事业有更大的影响力，我国高校环保社团进入了第二个整合发展的时期。

随着生态文明建设不断发展，政府也为绿色社团的建设提供了一定程度的政策和资源支持，鼓励社会组织参与到环境保护的工作中，公众对环境问题的关注度不断提高，越来越多的人参与到绿色社团的活动中，绿色社团数量不断增加，随之而来的是社团建设方面的问题和挑战，包括法律法规的限制和不确定性、融资问题、信息传播受限、监管和审查等方面的问题需要在今后的发展中得到解决。

二、绿色社团运行规章制度健全与发展

绿色学生社团具有自发性、广泛性、专业性、互补性、陶冶性等特点。在社团管理的建设方面，我国的法律法规对于社会组织的注册和运营存在一定的限制和不确定性，这可能影响绿色社团的正常发展和活动，绿色社团运行规章制度是日常行为活动最基本的准则，制定和健全规章制度对于确保社团的有序运行、促进成员参与和发展具有重要意义。

（一）完善社团规章制度

绿色社团应该制定章程和规章制度，以明确组织的宗旨、目标、组织结构、成员权利和义务等为主要内容。这些章程和规章制度应该经过成员的广泛讨论和投票通过，确保每个成员都有机会参与决策过程。

制度的完善主要分为社团的内部构成、社员发展、工作秩序和活动管理等几个部分：在社团的内部构成方面，可以考虑制定明确的组织章程和内部规章制度，组织章程应明确社团的宗旨、目标和组织结构，规定成员的权利和义务；社员发展是社团的重要组成部分，建立健全的社员管理制度包括招募新成员的程序和标准、成员的培训和发展计划等；工作秩序是社团高效运作的关键，建立明确的工作流程和责任分可以确保各项工作有条不紊地进行，避免重复劳动和资源浪费；活动管理是社团的重要任务，建立规范的活动策划和执行流程可以确保活动目标明确、内容丰富，并合理安排资源和时间。及时、正确地改进制度不仅能使社团工作更加高效地进行，还能激发社团成员的积极性和能动性，增强社团的

凝聚力和亲和力，为社团的可持续发展奠定坚实基础。

（二）完善社团管理机制

绿色学生社团作为学生日常活动的重要组成部分，得到了学校党委、团委及各教育工作者的重视与大力支持，对建设和充实绿色大学生社团文化，加强对绿色大学生社团的领导和完善领导机制至关重要。

首先，在加强对绿色学生社团的领导方面，学校可以设立专门的机构或部门，负责统筹和指导绿色学生社团的发展，该机构或部门应由经验丰富的教育工作者和社团指导老师组成，帮助社团规划和实施各项活动；其次，学校可以建立健全社团管理体系，包括明确的组织架构、职责分工和权责关系，确保社团内部的管理和运作有序进行；最后，学校还可以建立定期的领导会议和交流平台，促进社团领导与成员之间的沟通和合作。通过加强对绿色大学生社团的领导，学校可以推动绿色大学生社团文化的建设和发展，使其成为学生参与环保事业的重要平台，为培养具有环保意识和责任感的优秀人才做出贡献。

（三）建立开放包容机制

积极鼓励民主参与，建立开放包容的文化氛围有利于确保每个成员都能享有平等的发言权和决策权，推动绿色社团持续健康发展。为此，学校可以采取一系列措施保证成员的参与和决策过程的民主化。例如，采用在线平台或社交媒体等工具，为成员提供交流和互动讨论的平台，通过在线投票和调查，实现更加方便、快捷的信息和意见收集，使决策过程更加民主和透明。此外，采用柔和的鼓励机制充分激发参与者的主观能动性，对于那些在工作中表现出色的社团负责人、积极参与社团活动的学生以及成绩突出的工作人员给予适当的表彰和奖励，激发工作动能。最后，学校在把握学生社团发展方向的同时，应当根据绿色大学生社团的特点，引导社团活动的开展。

三、绿色社团之间合作交流平台的构建

搭建绿色社团间的合作交流平台对于促进社团之间沟通和信息交流至关重要。学校可以通过建立在线社交平台、组织定期会议和研讨会、开展合作项目和活动、建立合作网络和联盟、提供培训和知识共享机会、建立合作项目数据库等方式，实现社团之间的互动和合作，推动环境保护和可持续发展建设。

（一）建立在线社交平台

我们常见的门户交流网站、社交媒体群组都是开展信息交互的线上社交的方式，可以通过建立在线社交平台的方式为绿色社团提供交流与合作的场所，该平台具有会聚不同院校、社团、组织等的环境保护爱好者，并为其提供资源共享、专题讨论、信息交互等的功能，社团成员可以在平台上分享自己的项目经验、环保知识和资源，互相学习和启发。此外，平台还可以提供活动日历、活动通知、社团绿色活动团建等功能，方便同学们了解和参与社团的活动。

（二）组织定期会议和研讨会

定期举办绿色社团之间的会议和研讨会，为成员提供面对面的交流和合作机会。这些会议可以包括主题演讲、小组讨论、工作坊等形式，围绕绿色社区发展的重点议题，如可再生能源利用、废物管理、生态保护等，通过会议和研讨会，成员可以分享自己的经验和见解，共同探讨解决方案，推动绿色社区的发展，促进成员之间的深入交流和合作。

（三）开展合作项目和活动

绿色社团可以共同策划与实施合作项目和活动，以解决共同面临的环境问题。这些项目和活动涉及环境保护、可持续发展、教育推广等方面，通过绿色社团的共同努力，达到最大影响力和最佳效果。通过合作项目和活动，组织社区成员开展清洁行动、环保宣传活动、绿色科技创新项目等，提升社区的环境意识，营造更加可持续的社区环境。

（四）建立合作网络和联盟

绿色社团可以建立合作网络和联盟，将各个社团联系起来，共同推动环境保护和可持续发展的事业。合作网络和联盟可以通过签署合作协议、共享资源和经验、开展联合宣传、与政府、企业和非营利组织建立合作等方式，加强社团之间的合作与交流。社团可以通过合作网络和联盟共同制定发展目标和行动计划，共享资源和信息，提高合作效率和影响力。

（五）提供培训和知识共享机会

绿色社团之间的合作交流平台可以提供培训和知识共享的机会，帮助成员提升专业能力和知识水平。通过组织专题培训、分享会、研究报告等形式，促进成员之间的学习和经验交流，社团成员们也可以分享自己在环保领域的专业知识和经验，提供实用的技能培训，帮助其他成员提升能力，通过培训和知识共享，共同提高整体素质，推动绿色社区的发展。

（六）建立合作项目数据库

建立合作项目数据库，记录和分享绿色社团之间的合作项目和经验。通过建立合作项目数据库，可以促进社团之间的交流和合作，激发更多的创新和合作机会，推动绿色社区的发展，这个数据库可以包括项目介绍、成果展示、合作经验等内容，为其他社团提供参考和借鉴，增加更多合作机会。社团成员可以将自己的合作项目和经验上传到数据库中，供其他社团浏览和学习。

四、绿色社团连接治理机制交流与创新

绿色社团作为推动环境保护和可持续发展的重要力量，能够有效连接不同利益相关者、建立有效的治理机制、促进交流与创新。通过建立多方合作平台、推动政策倡导与改革、创新社会参与方式、建立跨界合作项目和建立信息共享平台等措施，可以促进不同治理机制之间的交流与合作，推动环境保护和可持续发展的创新和实践。这种连接与创新的努力将为解决环境问题和实现可持续发展目标带来持续的动力。

（一）建立多方合作平台，推动各方协同发展

绿色社团的首要任务之一是连接各方利益相关者，包括政府机构、企业、非政府组织、学术界和社区居民等。通过建立合作伙伴关系和网络，绿色社团可以集结各方资源和专业知识，共同推动环境保护和可持续发展的议程，促进信息共享和经验交流，加强各方之间的合作与协调。定期举办的绿色会议、研讨会和工作坊能够促进各方绿色社团组织之间的交流与合作，完善制定环境保护和可持续发展的政策和行动计划。在绿色社团的管理和运行方面，通过建立信息共享平台，建立共享数据库、开展研究报告和案例分享、组织经验交流会等方式，能够有效促进各个治理机制、社团之间的互动与学习，推动环境保护和可持续发展的实践的传播和推广。

（二）促进政策倡导与改革，推动治理机制有效运行

有效的治理机制是绿色社团成功运作的关键。推动政策倡导与改革，也就是绿色社团与政府和决策者合作，推动环境保护和可持续发展议程的制定和实施。通过提供专业意见、参与公共听证会和政策研究等方式，为决策者提供科学依据和建议，促进政策的创新和改进，从而推动治理机制有效运行，这包括建立透明、负责任和可持续的决策过程，确保各方利益得到平衡和尊重，鼓励广泛的民主参与和民主决策，使每个成员都能发表意见和参与决策制定。

（三）创新社会参与方式，建立跨界合作项目

创新是绿色社团取得进展的关键因素，能够推动绿色社团更高效地实现可持续发展目标，提高资源利用效率，减少环境影响。在绿色社团建设的过程中，应鼓励成员提出新的想法和解决方案，推动技术和方法的创新，以应对环境挑战。

一方面，绿色社团可以创新社会参与方式，鼓励更多的公众参与环境保护和可持续发展的行动。以开展公众教育活动、组织志愿者行动、开展公众咨询和参与决策等的方式，提高公众对环境问题的认识和参与度，推动社会的整体环保意识的提升；另一方面，绿色社团可以与其他组织和机构合作，共同开展创新项目和研究；与其他领域的组织和机构建立跨界合作项目，共同解决复杂的环境问题。例如与科研机构合作开展环境科学研究，与企业合作推动绿色技术创新，与社区组织合作推动可持续发展实践等，这种跨界合作可以促进知识和资源的共享，推动环境保护和可持续发展的创新。

绿色社团的创建是一个艰辛而充满希望的过程，需要更多的群众力量参与到环保事业建设中。从绿色社团的兴起到后来组织各种环保活动，成功地唤起了更多人对环境问题的关注，相信在未来，通过与其他社团和组织的深入合作，必将推动环保事业繁荣发展。

第十二章　全面加强生态文明法治建设

法治兴则国家兴，法治衰则国家乱。[①] 法治是人类文明进步的重要标志，是推进人与自然和谐共生的中国式现代化必由之路，是发展市场经济、实现强国富民的重要保障，是解决社会矛盾、维护社会稳定、实现社会正义的有效方式。在国家治理体系和治理能力的建构中，需要坚持和完善中国特色社会主义法治体系，以法治思维和法治方式推进生态环境治理体系和治理能力现代化。生态兴则文明兴，建设生态文明是中华民族永续发展的千年大计，全面推进美丽中国建设内在的要求是全面加强法治建设。本章主要从生态文明法治的内涵与意义、生态文明法治体系、如何加强生态文明法治建设等方面展开阐释。

第一节　生态文明法治的内涵与意义

一、法治的基本要义

“奉法者强则国强”。“法治”一词在人类历史上由来已久，甚至可以远溯至中国春秋战国时期以及西方古希腊、古罗马时代。法治兴则国兴，法治强则国强。随着历史发展，法治已经成为现代社会与当代世界的基本概念，被广泛使用。现代法治主要是指法的统治，相当于英文中的“rule of law”，是以民主为前提和目标，以法律至上为原则，以严格依法办事为核心，以制约权力为关键的国家治理方式、社会管理机制、社会活动方式和社会秩序状态。[②] 因此，一个现代化国家首先必然是法治国家。法治更是一种治国方略、社会调控方式，强调依法治国、法律至上，法律具有最高的地位。

法治不同于法制，需加以辨别。法律是秩序和正义的综合体。[③] 静态意义上的法制即法律制度，主要是指掌握政权的社会集团按照自己的意志，通过国家权力建立起来的各种具有约束力的法律制度。动态意义上的法治是指一切社会关系的参加者严格地、平等地执行和遵守法律，以及法律制定、法律实施和法律监督等一系列活动的过程，包括立法、执法、司法、守法等各个环节的有机统一。两者关系如下：①只有在法治理念、法治精神的指导下，才有可能建立和健全法制；②只有建立了完备的法制，才能做到有法可依，才能使依法治国方略得以实现；③法制状态虽然不能直接导致法治，但法治状态必须以完备的法制作为基础；④法治强调通过法律治理国家和社会，要求一切国家机关和各级领导者都要依法办事，在法律面前人人平等，不允许凌驾于法律之上的个人特权；⑤通过法律制定、

---

① 中共中央文献研究室. 习近平关于全面依法治国论述摘编[M]. 北京：中央文献出版社，2015：8.

② 张文显. 法理学[M]. 5 版. 北京：高等教育出版社，2018：366.

③ [美]博登海默・E. 法理学：法律哲学和法律方法[M]. 邓正来，译. 北京：中国政法大学出版社，2004：330.

法律实施和法律监督，即立法、执法、司法、守法的整个环节，在以依法办事为核心的动态过程中，法治理想状态得以实现。[①] 总之，法治是良法与善治、纸面上的法与实践中的法、静态意义上的法制与动态意义上的法治的有机结合。

当代中国法治的基本要义是从中国法治国情与实际情况出发，传承中西方法治文化的优秀部分，并融汇现代法治具有普遍意义的要素而形成的，比较集中地体现为两个“十六字方针”：①旧“十六字方针”。1978 年，党的十一届三中全会将我国对于法制建设的基本要义概括为“有法可依、有法必依、执法必严、违法必究”。随着 1997 年党的十五大提出“依法治国，建设社会主义法治国家”，2002 年党的十六大提出“全面落实依法治国基本方略，加快建设社会主义法治国家”，我国的法治观也在发生深刻变化。②新“十六字方针”。2012 年，党的十八大报告要求坚持党的领导、人民当家作主、依法治国有机统一，将全面推进依法治国的总体要求概括为“科学立法、严格执法、公正司法、全民守法”。在全面推进生态文明法治建设过程中，科学立法是前提条件，严格执法是关键环节，公正司法是重要任务，全民守法是基础工程。新“十六字方针”的提出，标志着中国特色社会主义法治进入了一个新的发展阶段。

我国的“全国法制宣传日”是每年的 12 月 4 日。2001 年 12 月 4 日是第一届全国法制宣传日。2001 年 4 月 26 日，中共中央、国务院转发的《中央宣传部、司法部关于在公民中开展法制宣传教育的第四个五年规划》确定：“将我国现行宪法实施日即 12 月 4 日，作为每年一次的全国法制宣传日。”同时，该日期也是国家宪法日。1982 年 12 月 4 日第五届全国人民代表大会第五次会议通过《中华人民共和国宪法》，第十二届全国人民代表大会常务委员会第十一次会议决定：将现行《中华人民共和国宪法》的通过、公布、施行日期，即 12 月 4 日以立法形式设立为中国国家宪法日。

总之，社会主义法治国家的建设主要包括完备统一的法律体系、普遍有效的法律规则、严格的执法制度、公正的司法制度、专门化的法律职业等。建设中国特色社会主义法治体系是一个系统工程，其基本任务包括建设完备的法律规范体系、高效的法治实施体系、严密的法治监督体系、有力的法治保障体系以及形成完善的党内法规体系。[②] 建设“法治中国”，必须坚持依法治国、依法执政、依法行政共同推进，坚持法治国家、法治政府、法治社会一体建设，从而形成中国特色社会主义法治体系。

二、生态文明法治的基本内涵

《中国共产党章程》提出树立尊重自然、顺应自然、保护自然的生态文明理念。生态文明法治是对生态文明建设实行法治化的状态和过程，是生态文明建设的规范化、制度化、法律化，要求把法治的精神、原则和要求贯彻到关于生态文明建设的立法、执法、司法、守法以及护法等各个环节。[③] 保护生态环境必须依靠制度、依靠法治。推进生态文明法治建设，除了要制定优良的生态文明法律体系形成“良法”外，更重要的是要建立健全生态文明法治体系，实现长治久安、政通人和、人与自然和谐共生的“善治”。这个法治体系包括完备的生态文明党规国法规范体系、高效的生态文明法治实施体系、严明的生态文明

---

① 周尚君. 法理学入门笔记[M]. 北京：法律出版社，2018：247.

② 徐显明. 论坚持建设中国特色社会主义法治体系[J]. 中国法律评论，2021（2）：1.

③ 付子堂. 法理学进阶[M]. 6 版. 北京：法律出版社，2022：302.

法治监督体系和有力的生态文明法治保障体系。

运用法治保护生态和促进生态文明，需要以确认和保证可持续发展战略的实现为核心。可持续发展要求既满足当代人的需求，又不对后代人满足其需要的能力构成危害的发展。2015年，联合国可持续发展峰会通过《2030年可持续发展议程》，确立了可持续发展的17个目标和169个具体行动。2012年11月，党的十八大将生态文明建设纳入中国特色社会主义事业“五位一体”总体布局，“美丽中国”建设成为执政理念。党的十八大以来，党和国家在经济建设、政治建设、文化建设、社会建设、生态文明建设“五位一体”总体布局中，从立法、执法、司法、守法维度，加强党规国法协同实施，全面构筑最严格制度、最严密法治，为生态文明建设夯实制度基石和法治保障体系，推动物质文明、政治文明、精神文明、社会文明、生态文明协调发展。

建设人与自然和谐共生的美丽中国，法治作用不可替代。2017年，党的十九大基于新形势、新判断和新任务，对生态文明法治建设做出改革和建设部署，并修改《中国共产党章程》，要求实行最严格的生态环境保护制度。2018年，全国人大修正《中华人民共和国宪法》，对生态文明建设做出基本规定，这在我国宪法史上尚属首次，标志着生态文明法治建设进入新的历史阶段。在习近平生态文明思想和习近平法治思想的引领下，中国生态环保法律体系不断完善，生态环境监管执法日益强化，生态环境司法保护提质增效，生态文明理念融入环境法治各个方面，环保守法成为新常态的特征更加明显。

我国从环境立法、执法、司法多个维度，全面构筑最严格制度、最严密法治，为生态文明建设夯实了制度基石。2023年7月17日至18日，习近平总书记在全国生态环境保护大会上指出，党的十八大以来，我们把生态文明建设作为关系中华民族永续发展的根本大计，开展了一系列开创性工作，决心之大、力度之大、成效之大前所未有，生态文明建设从理论到实践都发生了历史性、转折性、全局性变化，美丽中国建设迈出重大步伐。中国生态文明法治建设工作在国际上变为参与者、贡献者和引领者。

三、生态文明法治建设的意义

第一，有助于促进人与自然关系和谐共生以及人类社会的可持续发展。自工业化以来逐渐出现且日益严重的生态环境问题包括：大量的二氧化碳等废气排放到大气层，造成全球变暖、海平面上升，威胁到低海拔沿海地区人民的生存；臭氧层被破坏，皮肤癌及其他种类疾病快速增加；森林面积锐减，土地荒漠化加剧；土壤、大气、水体污染直接毒害包括人类在内的生命体，物种在快速减少。[①] 我国生态环境保护结构性、根源性、趋势性压力尚未得到根本缓解，生态文明建设仍处于压力叠加、负重前行的关键期。人与自然的关系需要法律调整，生态文明建设需要法治保障；法治能够规范人与自然的关系，促进人与自然和谐共生，促进可持续发展。生态文明最基本的理念是“尊重自然、顺应自然、保护自然”。2018年，习近平总书记在全国生态环境保护大会上提出“要加快构建生态文明体系”，并详细阐述了生态文化体系、生态经济体系、目标责任体系、生态文明制度体系、生态安全体系五大生态文明体系。因此，建立系统完整的生态文明制度体系，打造生态环境保护的制度屏障，将为“美丽中国”建设提供重要支撑。生态文明建设重在建章立制，

---

① 张文显. 法理学[M]. 5版. 北京：高等教育出版社，2018：409.

必须践行绿水青山就是金山银山的理念，坚持节约资源和保护环境的基本国策，坚持以节约优先、保护优先、自然恢复为主的方针，坚持用最严格制度、最严密法治保护生态环境和建设美丽中国。

第二，有助于依法推进和保障“美丽中国”建设。建设美丽中国，是全面建设社会主义现代化国家的重要目标，是满足人民美好生活新期待的必然要求。党的十八大以来，生态文明建设战略地位更加凸显，生态文明建设的谋篇布局更加完善、更加系统，也更加成熟。2012 年 11 月，党的十八大首次把“生态文明建设”纳入中国特色社会主义事业“五位一体”总体布局。2017 年，党的十九大把“增强绿水青山就是金山银山的意识”等写入党章，把“坚持人与自然和谐共生”作为新时代坚持和发展中国特色社会主义的基本方略之一。2018 年，十三届全国人大一次会议第三次全体会议通过《中华人民共和国宪法修正案》，“生态文明”被写入宪法，从根本大法的角度把生态文明纳入中国特色社会主义总体布局和第二个百年奋斗目标体系。因此，需要对人们开发、利用、管理自然资源，以及保护与改善环境的过程和行为加以规范和调整，以法治方式来调整和平衡各种利益关系。生态文明法治是中国特色社会主义法治的组成部分，生态文明法治处于应对环境问题、推进环境事业的关键地位，亦是实现人与自然和谐共生的中国式现代化不可或缺的重要保障。运用法治思维和法治方法推进生态文明建设是“美丽中国”建设的必然结果。

第三，有助于将生态文明建设纳入制度化、法治化轨道。生态文明作为一种新的文明形态是对旧的发展模式和社会制度的一种扬弃和超越，同样会不可避免地对法律人的思维方式和法学方法产生巨大影响，必然导致对原有立法目的、原则、制度的反思和更新，从而带来整个法律体系的转变和更新。法治是治国之重器，法治具有规范性、权威性、强制性、确定性、广泛性、统一性、公开性、普遍性、程序性、综合性、体系性等显著的比较优势。坚持用最严格制度、最严密法治保护生态环境，是习近平生态文明思想核心要义的一部分。习近平总书记指出：“保护生态环境必须依靠制度、依靠法治。只有实行最严格的制度、最严密的法治，才能为生态文明建设提供可靠保障。”[①] 生态文明建设是一场涉及生产方式、生活方式、思维方式和价值观念的革命性变革。若要实现这样的变革，必须把法治建设作为生态文明建设的重中之重，构建产权清晰、多元参与激励约束并重、系统完整的生态文明制度体系，把生态文明建设纳入制度化、法治化轨道。

第二节 生态文明法治体系

一、国家层面的生态文明法治建设

（一）构建“四梁八柱”的环境保护法律规范体系

第一，确立《中华人民共和国环境保护法》的基本法地位。2014 年修订的《中华人民共和国环境保护法》被称为“史上最严的环保法”，是一部在生态环保领域起统领作用的基础性、综合性法律。[②] 其功能定位是宣示国家环境政策、明确环境与发展的关系、确立

① 中共中央文献研究室. 习近平关于社会主义生态文明建设论述摘编[M]. 北京：中央文献出版社，2017：99.
② 陈真亮. 现代环境法总论[M]. 北京：法律出版社，2022：59-60.

政府环境责任、明确环境法的原则和基本制度等；创新性地规定了政策制定考虑环境影响、环境资源承载能力监测预警机制、联防联控、跨区域协调机制、环境与健康、生态红线、生态补偿、总量控制、排污许可、监测制度、“三同时”制度、环境保护税、环境应急管理、企业违法责任、信息公开、公众参与、“黑名单”制度、环境公益诉讼等方面的内容。环境保护基本法——《中华人民共和国环境保护法》以及单行法——《中华人民共和国节约能源法》《中华人民共和国土地管理法》分别规定了“保护环境”“节约资源”“十分珍惜、合理利用土地和切实保护耕地”三项基本国策。这些体现了“美丽中国”建设的新要求，自此我国的生态环境保护法律体系建设进入以生态文明理念为指导的全面升级时期。

第二，环境资源法律规范更加体系化。良法是善治之前提。党的十八大以来，全国人大及其常委会认真实施宪法关于生态文明的规定，进入立法力度最大、制度出台最为密集、监管执法尺度最严的时期。我国已有与生态环境和自然资源保护有关的法律 30 余部、行政法规 100 多件、地方性法规 1 000 余件，还有其他大量涉及生态环境保护的法律法规规定，立法实现从量到质的全面提升，并已启动环境法典的编纂研究工作。已初步形成以宪法为依据、以环境保护法为龙头、以污染防治与生态保护单行法为骨干的专门环境立法体系，以及以民法典绿色化、以刑法生态化、以诉讼法协同化的生态文明建设法律规范体系。[①] 2018 年，修改后的《中华人民共和国宪法》将“科学发展观”“新发展理念”“生态文明”“和谐美丽的社会主义现代化强国”纳入宪法序言，并且将“领导和管理经济工作和城乡建设、生态文明建设”规定为国务院的一项重要职权。2020 年《中华人民共和国民法典》在世界上首次规定“绿色原则”，在物权编、合同编、侵权责任编用近 30 个条文建立“绿色规则”体系。在法律制度方面，不仅将绿色经济、社会、文化发展的规范予以协同，将自然资源保护、污染防治和生态系统保护的规范予以协同，还将生态环保、循环经济、节能减碳、气候变化等的规范予以协同。

第三，形成国家法律法规和党内法规相辅相成、相互促进、相互保障的格局。2012 年修改《中国共产党章程》，将“中国共产党领导人民建设社会主义生态文明”写入党章，并强调“实行最严格的生态环境保护制度”。中共中央、国务院出台《关于加快推进生态文明建设的意见》《生态文明体制改革总体方案》等顶层设计文件后，一系列创新性制度陆续出台，如中央生态环境保护督察、生态文明建设目标评价考核、领导干部离任环境审计、环境保护党政同责以及终身责任制等，为推进生态文明建设提供了重要制度保障，形成党规、国法“组合拳”。

（二）构筑“协同高效”的生态文明法治实施体系

第一，通过加强严格执法来促进绿色低碳发展。党的十八大以来，中国生态文明领域执法取得显著成效，各部门职责权限更加明晰，生态执法日益规范严格。中共中央印发《深化党和国家机构改革方案》、生态环境部出台《关于深化生态环境领域依法行政，持续强化依法治污的指导意见》等文件，集中整合生态文明建设领域执法职责，有效整合生态领域的执法权，加大重点领域执法力度和强度。修订后的《中华人民共和国环境保护法》及配套办法，规定按日连续处罚、查封扣押、限产停产和环保拘留等特色制度。中央生态环境保护督察在

---

① 吕忠梅. 习近平法治思想的生态文明法治理论[J]. 中国法学，2021（1）：59.

探索中自我发展，“督政”和“督企”并举，为环境执法的强化提供监督保障。全国人大连续5年开展生态环境保护领域的法律执法检查，助力打好污染防治攻坚战。

第二，通过公正司法促进环境司法专门化。环境司法专门化是指在国家或者不同的地方设立专门的司法机关，或司法机关在其内部设立专门的审判、检察机构或组织，进行专门的环境司法活动。最高人民法院印发《关于全面加强环境资源审判工作为推进生态文明建设提供有力司法保障的意见》（法发〔2014〕11号），标志着环境司法专门化改革全面展开。司法部门先后出台多个关于环境公益诉讼的司法解释、工作规范、指导性案例等，明确环境公益诉讼的运行规则。全国各级法院着力构建中国特色专门化环境资源审判体系，已设立环境资源审判专门机构或组织2 426个，涵盖四级法院的专门化审判组织架构基本建成；实行环境资源刑事、民事、行政案件“三合一”审理模式，将环境保护理念贯穿审判全领域、全过程。过去10年，全国各级人民法院共审结环境资源案件196.5万件，环境公益诉讼案件1.58万件，生态环境损害赔偿案件335件。环境公益诉讼和生态环境损害赔偿诉讼并立的司法格局也正式形成，努力让人民群众在每一个司法案件中都感受到公平正义。最高人民检察院设立公益诉讼检察厅，并推动形成省级检察院设立公益诉讼检察机构、市县两级检察院组建公益诉讼专门机构或专门办案组的工作体系。2023年，最高人民检察院联合最高人民法院首次向社会共同发布行政公益诉讼典型案例，在首个“全国生态日”发布生态环境保护检察公益诉讼典型案例。根据《中国环境资源审判（2022）》，最高人民法院联合检察机关、公安机关、生态环境和资源行政执法机关等单位，持续促进生态环境司法审判与行政执法的衔接配合，坚持专业审判与公众参与相结合，引导专家辅助人、人民陪审员规范参与环境公益诉讼，协调推进源头保护和诉源治理。各级司法机关大力推进环境司法专门化专业化，注重指导性案例和典型案例的约束引领功能，统一案件办理规范、统一司法程序、统一裁判标准、统一法律适用规则，创新以生态环境治理多元化为特征的环境司法工作格局，极大地提升了生态环境领域的司法保障水平，努力做到让人民群众在每一个环境案件中感受到公平正义，为实现中国环境司法现代化奠定坚实基础。

第三，通过全民守法为生态文明法治实施夯实社会基础。党的十八届四中全会《关于全面推进依法治国若干重大问题的决定》把全民守法提升到与科学立法、严格执法、公正司法同等重要的地位。全民守法将为科学立法、严格执法、公正司法提供必要的法治条件、文化氛围和社会基础。中国加强生态文明建设的法制宣传和教育，推进全民守法，提升公民生态文明法治观念，形成符合生态文明建设低碳环保的绿色生产生活方式。生态环境部、中共中央宣传部、中央文明办等部门联合印发《“美丽中国，我是行动者”提升公民生态文明意识行动计划（2021—2025年）》，将“志愿服务行动”列入“十四五”时期“十大专项行动”。

（三）强化“权力制衡”的生态文明法治监督体系

法治监督体系以“权力制衡”为核心，其目标在于确保宪法法律的统一实施，主要由党内监督、行政监督、司法监督、民主监督、群众监督、舆论监督等构成。其中党内监督居于主导地位，其他几种监督制度相互配合，发挥各自功能：一是建立由政府、市场和社会的多元主体共同参与的规范高效“权力制衡”的体系，提升生态文明建设及生态环境治理效能。《中央生态环境保护督察工作规定》要求增强监督的严肃性、协同性、有效性。《生态环境保护专项督察办法》规定成立中央生态环境保护督察组，实行环境保护终身责任制。《中华人民共和国环境保护法》规定了各级人民政府对环境质量负责、企业承担主体责任、社会组织依法参与、新闻媒体舆论监督的多元共治的现代环境治理体系。《环境保护公众参与办法》《环境影响评价公众参与办法》等鼓励公众获取环境信息，依法、有序、自愿、便利参与环境保护工作，保障公众知情权、参与权、监督权。二是形成监督事项有法可依、监督结果得以有效落地实施的生态文明法治监督体系。生态文明建设要求鼓励社会环保组织依法开展环境公益诉讼，社会公众参与生态文明建设，构建由政府、市场、企业、公众共同监督的多元主体共同参与环境治理格局。生态文明法治监督体系合理分配各主体之间利益，科学制定领导干部生态文明考核评价机制、企业激励约束机制等长效机制。

二、党内法规层面的生态文明建设

（一）加强党对生态文明法治建设的全面领导

坚持走中国特色社会主义法治道路，最根本的就是要坚持党的领导、人民当家作主、依法治国有机统一。坚持党对生态文明建设的全面领导，是我国生态文明建设的根本保证。《中国共产党章程》规定“中国共产党领导人民建设社会主义生态文明”。党的二十大报告强调：“中国式现代化，是中国共产党领导的社会主义现代化。”党对生态文明建设的全面领导，体现在从思想、法律、体制、组织、作风上全面发力，全方位、全地域、全过程领导生态文明建设。党中央、国务院统筹制定生态环境保护的大政方针，提出总体目标，谋划重大战略举措。实践证明，只有通过充分发挥党在领导立法、保证执法、支持司法、带头守法等方面的作用，才能确保生态文明法治建设始终符合人民群众的根本利益。

（二）初步建立生态文明建设的党内法规体系

党内法规是中国特色社会主义法治体系的有机组成部分。根据《中国共产党党内法规制定条例》第 3 条规定，党内法规是党的中央组织，中央纪律检查委员会以及党中央工作机关和省、自治区、直辖市党委制定的体现党的统一意志、规范党的领导和党的建设活动、依靠党的纪律保证实施的专门规章制度。其名称有党章、准则、条例、规定、办法、规则、细则。党的十九大报告提出“加快生态文明体制改革，建设美丽中国”。生态文明党内法规体系是生态法治体系的重要组成部分。[①] 党中央、国务院以“1+N”形式推出一批重点改革措施：“1”是指《生态文明体制改革总体方案》；“N”包括《关于加快推进生态文明建设的意见》《中国共产党问责条例》《中央生态环境保护督察工作规定》《生态环境监测网络建设方案》《领导干部自然资源资产离任审计规定（试行）》等专项党内法规。党中央坚持“督政”与“督企”并举，推动将党的制度优势转化为生态环境治理效能。国家法治层面的环保问责制度、离任审计制度、目标责任制与考核制度、生态红线制度、监测数据制度、综合执法制度等有效实施，都离不开党内法规的大力推动。

---

① 付子堂. 法理学进阶[M]. 6 版. 北京：法律出版社，2022：310.

（三）生态文明建设的党内法规责任体系不断完善

根据《党政领导干部生态环境损害责任追究办法（试行）》第10条规定，党政领导干部生态环境损害责任追究形式有：诫勉、责令公开道歉；组织处理，包括调离岗位、引咎辞职、责令辞职、免职、降职等；党纪政纪处分。随着党和国家监督制度的改革深化，我国形成了以党内问责为主导、监察问责为中心、行政问责为配合的一体化问责体系；党组织和监察委员会对行政机关公职人员的问责成为异体问责的主要形式，行政问责转化为以行政机关自我监督为主的行政内部问责体系。未来，要将生态文明建设要求分解到相关党内法规及支持与保障的党内法规中；加强党内法规同国家法律的衔接和协调，厘清党内法规与国家法律的边界，促进党内法规与国家法律体系内在统一、协调一致、相得益彰，形成党规国法“组合拳”。总之，以习近平生态文明思想和习近平法治思想作为根本遵循，覆盖全面、务实管用、严格严密的中国特色社会主义生态环保法律体系和党内法规体系初步形成。

三、地方层面的生态文明法治建设

（一）生态文明建设的地方立法实践与主要成就

第一，地方积极履行生态文明领域立法权。地方性法规主要包括《中华人民共和国立法法》中规定的地方性法规、自治条例和单行条例，可以分为执行性立法、先行性立法、补充性立法、试验性立法、自主性立法等。[①]现行有效的环境保护有关地方性法规1 000余件，为各地生态文明建设提供了良好的法治保障。一些地方性环境保护立法表现出一定的超前性，在国家公园、气候变化、生物多样性、碳达峰碳中和、气候变化应对、生态产品价值实现等领域率先进行积极探索。具有代表性的有《浙江省生态环境保护条例》《西藏自治区国家生态文明高地建设条例》《云南省创建生态文明建设排头兵促进条例》《天津市生态文明教育促进条例》《四川省大熊猫国家公园管理条例》《湖州市生态文明典范城市建设促进条例》等。

第二，加强生态文明建设的地方立法与区域协同立法。根据党中央决策部署和全国人大常委会关于全面加强生态环境保护、依法推动打好污染防治攻坚战的决议要求，各地高度重视生态环境保护方面的立法，突出地方特色，注重可操作性，着力做好对上位法的细化和补充。其中，推进区域协同立法已经成为一些地方立法的特色和亮点。比如京津冀、汾渭平原、长三角、粤港澳大湾区等区域通过协同立法，有力推动跨区域生态环境的共同治理。又如北京市、天津市和河北省三地人大常委会共同起草《关于京津冀协同推进大运河文化保护传承利用的决定》，经三地人大常委会分别表决通过，均自2023年1月1日起施行。2023年修改后的《中华人民共和国立法法》赋予“区域协同立法”的法律地位和效力。

第三，国家生态文明试验区法治建设取得重要成果。根据2016年中共中央办公厅、国务院办公厅印发的《关于设立统一规范的国家生态文明试验区的意见》，福建、江西、贵州、海南被设立为国家生态文明试验区，开展生态文明体制改革综合试验，为“美丽中

---

① 陈真亮. 现代环境法总论[M]. 北京：法律出版社，2022：63-65.

国”建设积累地方法治经验。比如，率先出台全国首部省级层面生态文明建设的地方性法规《贵州省生态文明建设促进条例》；贵阳市在2007年成立全国首家环保法庭清镇市人民法院环境保护法庭；提起全省首例海洋环境民事公益诉讼；建立全国首个检察生态环境保护警示教育基地等。2020年年底，国家发展改革委印发《国家生态文明试验区改革举措和经验做法推广清单》，包含14个方面90项改革举措和经验做法，向全国分享试验区“先行者”的改革样本。

（二）生态文明建设的地方执法实践与主要成就

第一，完善四级环境行政执法体系，行政执法成效明显。法律的生命在于实施，法律的权威在于实施。行政执法是生态文明法治的重要环节，是最为广泛、最普遍实施环境法律的活动。我国已建立起国家、省、地、县四级环境行政执法体系，拥有环境监察机构3 600多个，环境监察人员4.5万人，每年开展现场执法200多万人次，环境行政执法能力和水平正在不断提高。根据全国生态环境部门统计，2022年全国共下达行政处罚决定9.1万个，累计罚款76.72亿元；配套实施五类案件9 850件，其中按日连续处罚案件数量为143件，罚款金额为1.55亿元，查封、扣押案件4 836件，限产、停产案件629件，移送拘留案件2 815件，移送涉嫌环境污染犯罪案件1 427件。同时，持续优化执法方式，不断提高生态环境执法效能；实施监督执法正面清单制度，各地将4.49万家企业纳入正面清单，对守法企业“无事不扰”，发挥正面激励作用。随机抽查企业50.99万家次，较2021年减少16.1%，有效降低对企监管频次。持续推动包容审慎执法监管，各地通过批评教育、签订承诺书、帮扶指导等措施，帮助企业找到解决问题的办法和途径，促进依法合规开展生产经营活动。

第二，地方生态文明执法体制改革取得显著成效。生态环境执法体制改革涉及央地各层级多维度的事项，各地依托法律法规、党内法规、规范性文件等不同形式的制度，充分呈现出生态环境保护领域条块关系的新格局。尤其是《关于优化生态环境保护执法方式提高执法效能的指导意见》出台之后，各地分别围绕执法职责、执法方式、执法机制、执法行为，建立了以执法事项目录、现场检查计划、“双随机、一公开”监管、非现场监管、区域交叉检查、专案查办、监督执法正面清单、执法监测工作机制、举报奖励机制、第三方辅助执法机制、行政执法公示、规范行政处罚自由裁量权、典型执法案例指导制度等为核心的体系化的效能提升制度。这一系列改革将实体与程序相结合、纵向与横向相联动，对下沉压实企业污染治理主体责任和政府的监管主体责任发挥显著成效。2021年，《中华人民共和国行政处罚法》第18条明确国家在城市管理、市场监管、生态环境、文化市场、交通运输、农业等领域推行建立综合行政执法，相对集中行政处罚权，为生态环境保护综合执法改革做出了明确授权。在地方层面，大多数省（区、市）也陆续出台关于生态环境保护综合行政执法改革的专门方案。由此，形成从中央到地方以法律和政策文件为主要推动力的综合执法改革之路。

（三）生态文明建设的地方司法实践与主要成就

第一，各地法院积极促进环境司法专门化。各地法院以环境司法专门化为主要抓手，组织机构建设由常态化向整体化延展、工作机制由精细化向集约化开拓、司法规则由法制化向具体化迸发、司法队伍建设由专一化向一体化推进、司法理论研究由精深化向实质化发展。各地法院充分发挥审判职能作用，成为展现人民法院司法为民、公正司法的重要窗口和推进生态文明建设的重要力量。环境资源审判组织体系基本形成，审判职能归口模式广泛推行，跨区划集中管辖及司法协作更加成熟，跨部门联动治理不断拓展，队伍专业化建设不断加强。

第二，各地法院和检察院加强环境司法协作。各地法院以民事诉讼法中的行为保全制度为基础，探索运用环境侵权禁止令、公益诉讼及时预防和制止环境违法行为。“云南绿孔雀”案、江西三清山巨蟒峰案等被联合国环境规划署数据库收录。各地法院探索多元化跨行政区划集中管辖模式，深化司法协作机制。如黄河流域 9 家高级法院签署框架协议，湖北、河南、陕西三省高级法院开展环丹江口水库司法协作等，构建不同层级的流域司法协作机制，不断探索跨域环境治理。各地检察院探索环境刑事、民事、行政案件与环境公益诉讼案件“多检合一”新模式；建立“林长+河（湖）长+检察长”协作机制，强化检察机关与行政机关之间有关案件线索移送、协助调查取证、信息交流共享等方面工作衔接，形成环境公益保护司法协作的新实践。形成传统环境侵权诉讼和环境公益诉讼、生态环境损害赔偿诉讼并行、专门化与专业化交织的“3+2”诉讼模式，形成集成和协同的环境司法共治格局。

第三节　生态文明法治建设的四个环节

科学立法、严格执法、公正司法、全民守法是社会主义法治的基本要求和基本方针，是一个有机联系的统一整体。生态文明法治建设要加强立法、执法、司法、守法四个环节，任何一个环节都不可或缺或者偏废。

一、加强生态文明建设的科学立法

第一，推动生态制度系统完备先行示范。《中共中央关于全面深化改革若干重大问题的决定》首次确立了生态文明制度体系，从源头、过程、后果的全过程，按照“源头严防、过程严管、后果严惩”的思路，阐述了生态文明制度体系的构成及其改革方向、重点任务。要求到 2020 年，构筑起由八项制度构成的产权清晰、多元参与、激励约束并重、系统完整的生态文明制度体系。党的十八大以来，共制定和修订生态环境保护领域法律 20 多部，如制定《中华人民共和国土壤污染防治法》《中华人民共和国生物安全法》《中华人民共和国长江保护法》《中华人民共和国噪声污染防治法》《中华人民共和国湿地保护法》《中华人民共和国黑土地保护法》《中华人民共和国黄河保护法》等，修改《中华人民共和国大气污染防治法》《中华人民共和国固体废物污染环境防治法》《中华人民共和国野生动物保护法》等。要坚持科学立法，提高立法质量，填补自然生态保护、流域保护、特殊地理区域保护等方面的立法空白，促进山水林田湖草沙一体化保护与系统治理。生态文明制度建设要遵循“由硬及软”的演化趋势——更加重视绿色财政制度和生态产权制度的运用，达到以尽可能低的成本实现尽可能好的生态文明建设成效；要遵循“由繁到简”的演化趋势——要更加重视基于生态文明制度的替代性和互补性进行制度整合，通过制度优化实现更高的制度绩效；要遵循“由管到治”的演化趋势——要更加重视生态文明建设的多主体协同和相互制衡的治理结构的构建，以形成生态文明建设的长效机制。

第二，加快相关法律法规的“立改废释纂”步伐以良法促善治，以良法促善治。要集中开展生态环保领域法规、规章、司法解释及其他规范性文件专项审查和全面更新工作，完善生态环境保护制度、资源高效利用制度、生态保护和修复制度、生态环境保护责任制度，增强生态文明立法的系统性、整体性、协同性。尤其是要处理好污染治理、资源利用与生态保护的关系，处理好生态环境保护与经济社会发展的关系，统筹推进污染治理等第一代环境问题与生物多样性保护、气候变化应对等第二代环境问题的解决，为降碳、减污、扩绿、增长的协同提供坚实法治保障。既要推进生物多样性保护法、应对气候变化法、国家公园法等相关立法工作，补齐生态环境保护短板；也要强化地方性法规与国家上位法的协同衔接，提升地方性法规的针对性与可操作性，避免出现过度同质化。

第三，促进其他实体法与程序法等传统部门法的生态化。法律生态化是指以生态文明为导向，以当代生态学原理为理论基础，以维护环境权益和促进可持续发展为目标，按照生态系统管理的基本要求，对现行环境资源立法体系进行改造的趋势和过程。具体而言，一是要摒弃只注重污染防治的小环保观，确立系统、平等关注污染防治、资源节约和生态保护的大环保观；二是要健全和完善由污染防治法、资源保护法和生态保护法为三大基干的生态文明建设立法体系；三是要对民法、行政法、经济法、刑法等传统部门法进行生态化改造，使其与专门的环境资源立法一起形成生态文明法治建设的整体合力；四是强化环境法与其他部门法的协同衔接，共同搭建起涵盖生态文明建设有关的法律、行政法规、地方性法规、规章的完整纵向体系。

第四，全面系统完善生态文明党内法规体系。在生态文明建设和改革的规范化方面，党内法规的作用主要是通过规范主体、规范行为、规范监督，依靠党的纪律来凝聚共识、加强领导、明确责任、改进作风、形成合力。因此，要在规范党的生态文明宣传教育、领导体制、领导方法、责任职责、目标责任、目标考核、奖励约束等重要方面提升党内法规的质量。建议统筹规划，开展生态文明党内法规的系统性和规范性建设；重点建设，分级分领域制修订生态文明建设和改革的专门党内法规；全面融入，将生态文明建设和改革要求分解到各级各类党内法规中；厘清关系，形成党内法规与国家法律相辅相成、相互促进、相互保障的格局。①

第五，编纂生态环境法典，完善环境资源保护法律制度体系。新时代立法工作更应从提升法律实施效能入手，推动从数量型立法向质量型立法转变；推动立法模式从“成熟一个制定一个”向系统规划、统筹推进、协同共进转变；增强法律体系的科学性、稳定性、权威性和生命力，推动立法方式从以创制为主，向统筹创制与清理法律、编纂法典和解释、修改、补充、废止法律的健康持续发展转变。未来，可以制定统筹生态文明建设的基本法——“生态文明建设促进法”，系统设计生产发展、生活富裕、生态良好以及生态保护、资源节约、循环经济、污染防治、节能降碳工作的体制、政策、制度、机制和法律责任。2021 年，全国人大常委会明确将启动环境法典编纂研究纳入年度工作计划。2024 年 3 月，全国人民代表大会常务委员会工作报告提出“要编纂形成生态环境法典草案并提请审议”。中国环境法典编纂应该采取适度法典化方式，以可持续发展为核心价值，以生态文明为逻辑主线，采取“总则—污染控制编—自然生态保护编—绿色低碳发展编—生态环境责任

① 常纪文. 全面系统完善我国生态文明党内法规体系[J]. 中国环境管理，2022（3）：14.

编”的体例结构。在大数据时代，为全面回应数字化治理、数字法治建设的需求，未来中国生态环境法典宜定位于编纂与数字时代相匹配的生态环境法典。

二、加强生态文明建设的严格执法

第一，深化生态环境保护综合行政执法改革。综合行政执法指通过体制和制度创新，将原来由几个执法部门分别行使执法权的领域统一由一个具有行政执法主体资格的执法部门行使执法权的行政执法体制。2018 年，中共中央办公厅、国务院办公厅印发《关于深化生态环境保护综合行政执法改革的指导意见》，明确强调生态环境保护综合行政执法的范围集中于环境保护和国土、农业、水利、海洋等部门，实现跨部门整合生态环境保护领域的执法职责，组建新的生态环境保护综合执法队伍，由其统一行使相应的行政处罚权和行政强制权等执法职能。生态环境综合执法体制改革下，环境领域的执法权在横向的整合路径与行政执法体制改革的主流趋势相对一致，实行机构撤并、职能整合。系统推进全国生态环境保护执法机构规范化建设试点与“大综合一体化”行政执法改革，统筹执法资源和执法力量。全面完成省级以下生态环境机构监测监察执法垂直管理制度改革，实施“双随机、一公开”环境监管模式。

第二，全面推进生态环境与自然资源保护领域依法行政。法令行则国强，法令弛则国乱。天下之事，不难于立法，而难于法之必行。依法行政是指行政机关必须根据法律法规的规定设立，并依法取得和行使其行政权力，对其行政行为的后果承担相应的责任的原则。首先是要依法规范生态环境执法的权力行使，将建设法治政府的基本要求贯彻到生态执法全过程，规范和约束公职人员的执法行为，杜绝执法不规范、执法能力弱化、执法态度不端正的问题。要对执法队伍的执法过程进行全程监督，依法进行政务信息公开，强化生态执法的问责力度。要构建生态环境执法的指标考核体系，削减地方政府对环保部执法行为的干预。要坚持刚柔相济的原则，采取监督监管、诫勉式约谈、行政处罚等执法方式。推进“互联网+执法”，大力推进非现场执法，加强智能监控和大数据监控，依托互联网、云计算、大数据等技术，充分运用移动执法、自动监控、卫星遥感、无人机等科技监侦手段，实时监控、实时留痕，提升监控预警能力和办案水平。

第三，加强跨区域、跨流域执法联动与协作机制建设。党的二十大报告提出“健全现代环境治理体系”。要建立健全区域协作机制，推行跨区域跨流域环境污染联防联控，加强联合监测、联合执法、交叉执法。鼓励市级党委和政府在全市域范围内按照生态环境系统完整性实施统筹管理，统一规划、统一标准、统一环评、统一监测、统一执法，整合设置跨市辖区的生态环境保护执法和生态环境监测机构。在执法上，应强化跨区域联动和跨领域联动，推动环境行政由行政区行政向区域行政、由基于部门的专业化行政向辐射全局的整体性行政迈进。[①] 建立健全生态警长机制，全面实施“生态警务”，由各级公安机关开展生态环境重点区域和部位巡查，履行好立体防控、宣传防范、共建共治、打击犯罪、源头保护等生态环境保护职责。加强生态环境与自然资源保护综合执法队伍与市场监管、文化市场、交通运输、农业、城市管理等综合执法队伍之间的执法协同与合作。

① 秦天宝．人与自然和谐共生的中国式现代化之环境法治保障[J]．武汉大学学报（哲学社会科学版），2023（3）：28.

三、加强生态文明建设的公正司法

第一，建立健全行政执法与司法衔接机制。要完善案件移送标准和程序，建立生态环境保护综合执法队伍与公安机关、人民检察院、人民法院之间信息共享、线索和案件移送、联合调查、案情通报等协调配合制度；完善生态环境保护领域民事、行政公益诉讼制度，建立健全生态环境损害赔偿制度；加大对生态环境违法犯罪行为的制裁和惩处力度，实现行政执法和司法无缝衔接。人民检察院对涉嫌环境污染、生态破坏犯罪案件的立案活动，依法实施法律监督。加强公安机关环境犯罪侦查职能，进一步加大对破坏生态环境犯罪的打击力度。公安机关、人民检察院依法要求生态环境部门做出检验、鉴定、认定、调查核实、提供行政执法卷宗等协助和配合的，生态环境部门应当予以协助和配合。积极探索司法机关与行政机关、专业机构协作解决纠纷的工作方式，建立环境刑事案件与行政处罚的诉罚衔接、环境民事案件和公益诉讼案件的诉调衔接、生态环境损害赔偿案件的诉商衔接机制。建立“河长+法官”“林长+检察官”的环境司法合作平台、常态化联席协商、信息共享等一系列衔接机制的建设与探索，逐步深化“法检行”的协作机制。综合运用打击、监督、保护、预防、服务等措施，探索建立集“专业化法律监督+恢复性司法实践+社会化综合治理”于一体的生态检察新模式，构建预防与救济并行的环境司法体系。

第二，推动构建生态环境公共利益保护大格局。公益诉讼指特定的国家机关和相关的组织，根据法律的授权，对违反法律法规，侵犯国家利益、社会利益或特定的他人利益的行为，向人民法院起诉，由人民法院依法追究法律责任的活动，主要包括民事公益诉讼和行政公益诉讼。最高人民检察院发布的《生态环境和资源保护检察白皮书（2018—2022)》显示，全国检察机关 5 年内共立案办理生态环境和资源保护领域公益诉讼案件 394 894 件，其中行政公益诉讼 343 394 件、民事公益诉讼 51 500 件，提出检察建议和发布公告 333 823 件，生态环境领域公益诉讼案件占比呈逐年递增趋势。检察机关办理生态环境和资源保护领域案件的监督类型不断丰富拓展，除传统的大气、水、土壤等环境要素外，还涉及珍稀鸟类、濒危植物、湿地、自然保护区、文物等群众反映强烈的新领域公益损害问题。未来，要依法延伸公益诉讼审判职能，积极融入现代环境治理体系，综合运用诉讼指引、非诉执行、司法建议等方式依法监督生态环境保护执法，强化司法审判与行政执法衔接。推动国家公园、自然保护区、人文遗产保护地等重点区域生态环境和资源的一体化保护和系统治理，协同推进降碳、减污、扩绿、增长。积极参与生态环境领域重大立法事项，研究制定生态环境公益侵权等司法解释，推动司法实践有益经验的规则转化，丰富完善生态环境公益保护的预防性、恢复性裁判规则，巩固生态环境公益保护的司法实践成果。

第三，积极参与全球环境治理，构建人与自然生命共同体。自 1972 年联合国人类环境会议以来，中国积极促进环境法治发展和国际环境治理，提出“人与自然生命共同体”“地球生命共同体”“人类卫生健康共同体”等倡议，为构建全国环境治理贡献中国司法智慧和司法规则，积极承担大国责任、展现大国担当，推动构建公平合理、合作共赢的全球环境治理体系，实现由参与者到重要贡献者、引领者的重大转变。2022 年，最高人民法院、亚洲开发银行、欧洲环保协会共同主办气候变化司法应对国际研讨会，为共建地球命运共同体建言献策。最高人民法院发布《中国生物多样性司法保护》报告。联合国环境规划署司法门户网站刊载第三批 10 件中国环境资源司法案例，向世界展示中国环境司法的有益探索和成功经验。截至 2022 年，我国已经与 38 个发展中国家签署 43 份气候变化合作文件。未来要继续举办生态文明贵阳国际论坛，持续深化与各国在绿色低碳技术、装备、服务、基础设施建设等方面的交流与合作，推动我国新能源等绿色低碳技术和产品“走出去”，让绿色低碳成为共建“一带一路”的底色。同时，坚持公平、共同但有区别的责任及各自能力原则，建设性参与和引领应对气候变化国际合作，推动落实《联合国气候变化框架公约》《生物多样性保护公约》，为构建人与自然生命共同体贡献中国司法智慧和司法规则，为推动人类可持续发展提供中国法治方案。

四、加强生态文明建设的全民守法

第一，深入践行习近平生态文明思想、习近平法治思想。生态环境保护离不开政府、企业和公众的共同努力。2023 年 6 月 28 日，第十四届全国人民代表大会常务委员会第三次会议通过《关于设立全国生态日的决定》，将 8 月 15 日设立为全国生态日。政府和社会各界要积极宣传贯彻习近平生态文明思想、习近平法治思想，深化习近平生态文明思想的大众化传播，提高全社会生态文明意识。人民群众要成为生态文明法治建设的忠实崇尚者、自觉遵守者、坚定捍卫者。总之，要充分调动人民群众投身依法治国实践的积极性和主动性，形成守法光荣、违法可耻的社会氛围，使全体人民成为社会主义法治的忠实崇尚者、自觉遵守者、坚定捍卫者，使尊法、信法、守法、用法、护法成为全体人民的共同追求。①

第二，推动生态文化繁荣发展先行示范。生态文明建设同每个人息息相关，每个人都应该做践行者、推动者。因此，要通过多种形式开展法治宣传教育活动，普及生态文明知识，增强公民的生态文明建设意识、法治意识。深入挖掘优秀传统生态文化资源，推动传统生态文化创造性转化、创新性发展。加强生态文化理论研究，积极建设新时代生态文化主题宣教阵地，深化生态文明领域交流与合作，加快生态文明国际合作示范区建设。将生态文明知识纳入国民教育体系和领导干部培训体系，抓好领导干部这个“关键少数”。推进公民生态文明志愿服务建设；大力倡导简约适度、绿色低碳、文明健康的生活理念和消费方式，让绿色出行、节水节电、光盘行动、垃圾分类成为习惯，激发全社会共同呵护生态环境的内生动力，把“美丽中国”建设转化为全民自觉行动。

第三，坚持多元共治，构建生态环境治理社会参与体系。生态文明是人民群众共同参与共同建设共同享有的事业。每个人都是生态环境的保护者、建设者、受益者，没有哪个人是旁观者、局外人、批评家，谁也不能只说不做、置身事外。首先是要强化社会监督，完善公众监督和举报反馈机制，充分发挥“12369”环保举报热线作用，畅通环保监督渠道。加强舆论监督，鼓励新闻媒体对各类破坏生态环境问题、突发环境事件、环境违法行为进行曝光。引导具备资格的环保组织依法开展生态环境公益诉讼等活动。其次是要发挥各类社会团体作用。工会、共青团、妇联等群团组织要积极动员广大职工、青年、妇女参与环境治理。行业协会、商会要发挥桥梁纽带作用，促进行业自律。最后是要提高公民环保素养。把环境保护纳入国民教育体系和党政领导干部培训体系，组织编写环境保护读本，推进环境保护宣传教育进学校、进家庭、进社区、进工厂、进机关。引导公民自觉履行环境保护责任，逐步转变落后的生活风俗习惯，积极开展垃圾分类，践行绿色生活方式，倡

---

① 《习近平法治思想概论》编写组. 习近平法治思想概论[M]. 北京：高等教育出版社，2021：303.

导绿色出行、绿色消费。积极构建美丽中国数字化治理体系，建设绿色智慧的数字生态文明，促进生态环境治理体系与治理能力现代化。

综上所述，国家治理体系包括以党章为根本的党内法规制度体系和以宪法为统领的法律制度体系，《中国共产党章程》和《中华人民共和国宪法》是国家治理体系和治理体制的基石。要全面加强党内法规和宪法法律的有机衔接，是加强党对国家和社会全面领导的根本性制度保证。其中，国家法律法规的立法和党内法规建设是生态文明法治的基础，执法和督察是生态文明法治实施的手段，参与和监督是生态文明公正执法的保障，全面普法和积极守法是良好生态文明法治氛围的关键。

总之，建设美丽中国是全面建设社会主义现代化国家的重要目标，是实现中华民族伟大复兴中国梦的重要内容。锚定美丽中国建设目标，坚持精准治污、科学治污、依法治污，根据经济社会高质量发展的新需求、人民群众对生态环境改善的新期待，加大对突出生态环境问题集中解决力度，加快推动生态环境质量改善从量变到质变。要强化美丽中国建设法治保障，高度重视全面依法治国，全面推进科学立法、严格执法、公正司法、全民守法，坚持依法治国、依法执政、依法行政共同推进，坚持法治国家、法治政府、法治社会一体化建设，努力建设中国特色社会主义法治体系、建设社会主义法治国家。

后　记

2023年是时任浙江省委书记习近平擘画的浙江省"八八战略"实施20周年。"八八战略"的战略之五是：进一步发挥浙江的生态优势，创建生态省，打造"绿色浙江"。20年来，浙江省委、省政府以"一张蓝图绘到底""一任接着一任干"的"接力棒"精神，持续推进浙江生态文明建设，实现了生态文明建设战略从"绿色浙江"到"生态浙江"、从"美丽浙江"到"诗画浙江"的迭代升级，浙江省成为全国第一个通过国家验收的生态省，"千万工程"被联合国授予"地球卫士奖"。习近平生态文明思想的萌发和升华、形成和发展有力地指引浙江省的生态文明建设，并指引浙江省朝着生态文明先行示范省和新时代"富春山居图"的目标奋力前行。

2024年是时任浙江省委书记习近平视察浙江林学院（浙江农林大学的前身）并作出重要指示20周年。习近平同志曾对浙江林学院提出殷切期望："生态省建设，林学院大有可为，责任重大。"20年来，浙江农林大学师生员工牢记嘱托，始终按照"生态性大学"的要求推进人才培养、科学研究、社会服务和文化传承创新，构建了与生态性大学要求相匹配的生态化学科专业体系、生态化教育教学体系、生态化科学研究体系、生态化社会服务体系、生态化校园文化体系、生态化校园建设体系。为每一名学子打上"生态烙印"，让"生态育人"成为全校上下的普遍共识，生态文明教育已经成为学校鲜明的办学特色。

中国式现代化是人与自然和谐共生的现代化。按照中央的部署，我国将在2035年基本建成美丽中国、本世纪中叶建成美丽中国。按照规划，浙江省将在2035年建成美丽浙江。"绿水青山就是金山银山"不仅是一种理念，更是一种行动。2023年8月15日，我国迎来了首个全国生态日，并发布《全国生态日湖州倡议》。无论是建设美丽中国、建设美丽浙江还是建设生态性大学，当代大学生都责无旁贷，都将成为生态文明建设的践行者、推动者、引领者。因此，面向大学生开展生态文明教育具有十分重要的现实意义和时代意义。浙江农林大学是这么想的，也是这么做的。

浙江农林大学第三次党代会明确提出学校的办学定位是建设区域特色鲜明的高水平生态性研究型大学。紧接着，从2021年开始全面实施"生态育人，育生态人"工程，策划并开展生态节等系列活动，把以往陆陆续续各自开展的生态文明教育活动进行系统集成，并按照"以研究带动教学，以研究促进工作"的理念，积极开展生态文明教育研究。我牵头申报的"中国式现代化背景下大学生生态文明教育研究"获批国家社科基金教育学专项项目（编号：BIA230169）。课题组在长期积累的基础上边研究、边教学，启动了《大学生生态文明教程》的编写工作。本书便是该课题的阶段性成果。

本书由我和浙江农林大学党委副书记施美红同志共同担任主编，由浙江农林大学生态文明研究院副院长钱志权教授和浙江农林大学党委委员、宣传部部长、教师工作部部长倪建均副教授担任副主编。主编和副主编初拟章节的提纲，按照分工由各章执笔人拟写具体章节提纲，经过编写组的集体研讨，确定了编写提纲。根据定稿的提纲，各章执笔人形成初稿，由主编审读初稿并提出明确、具体的修改建议。修改后形成合成后的研讨稿，编写组认真地进行了集体研讨，明确了进一步修改完善的思路和重点。各章执笔人再次进行修改，最后由主编共同审定。浙江农林大学生态文明研究院和党委宣传部承担了大量的组织协调工作。因此，本书是分工合作的成果。各章的具体执笔人如下：

第一章：沈满洪（浙江农林大学生态文明研究院院长兼首席专家、浙江农林大学经济管理学院教授）、魏玲玲（浙江农林大学团委书记、浙江农林大学生态文明研究院研究员）

第二章：李兰英（浙江农林大学生态文明研究院学术部部长、浙江农林大学经济管理学院教授）

第三章：徐丽华（浙江农林大学生态文明研究院研究员、浙江农林大学风景园林与建筑学院副院长、教授）

第四章：熊立春（浙江农林大学生态文明研究院研究员、浙江农林大学经济管理学院副教授）

第五章：郅玉玲（浙江农林大学生态文明研究院研究员、浙江农林大学文法学院教授）、郭建忠（浙江农林大学教务处处长、化学与材料工程学院教授）

第六章：方晓波（浙江农林大学生态文明研究院研究员、浙江农林大学环境与资源学院副教授）、余克非（浙江农林大学环境与资源学院讲师）

第七章：李健（浙江农林大学生态文明研究院外联部部长、浙江农林大学风景园林与建筑学院教授）

第八章：顾光同（浙江农林大学生态文明研究院生态经济研究所所长、浙江农林大学经济管理学院教授）

第九章：钱志权（浙江农林大学生态文明研究院副院长、浙江农林大学人文社科处专聘副处长、浙江农林大学经济管理学院教授）

第十章：蔡碧凡（浙江农林大学生态文明研究院生态文化研究所副所长、浙江农林大学风景园林与建筑学院副教授）、陈胜伟（浙江农林大学新闻中心主任、党委宣传部副部长、教师工作部副部长）

第十一章：徐达（浙江农林大学生态文明研究院生态文化研究所所长、浙江农林大学风景园林与建筑学院党委副书记、副教授）、周晓光（浙江农林大学党委学工部部长、学生处处长）

第十二章：陈真亮（浙江农林大学生态文明研究院生态治理研究所所长、浙江农林大学文法学院教授）、连燕华（浙江农林大学人文社科处行政主管）

作为本书主编，衷心感谢全国教育科学规划领导小组将“中国式现代化背景下大学生生态文明教育研究”作为国家社科基金教育学专项项目予以立项！衷心感谢浙江农林大学党委、行政领导班子，勉励我卸任党委书记后不仅要做好生态文明建设研究，而且要做好生态文明教育研究！衷心感谢编写组的全体老师，他们人人都是可以独当一面开展研究的高级专家，但是在本教材的编写中依然充分体现了团队协作精神和育人为本意识！衷心感谢本书的组织实施单位浙江省新型重点专业智库——浙江农林大学生态文明研究院和浙江农林大学党委宣传部及其各位参与同志！

当然，书中难免还有这样或那样的瑕疵和问题。敬请广大同行和本书读者批评指正。

沈满洪

2024 年 1 月